内蒙古自治区人工影响天气岗位培训教材

达布希拉图　苏立娟　主编

气象出版社
China Meteorological Press

内容简介

本书结合内蒙古自治区人工影响天气工作的业务特色和工作现状，对人工影响天气的发展历程、基本原理、云物理探测手段、模式应用，人工影响天气全流程业务、新技术装备应用，人工影响天气业务系统以及管理等方面进行了详细介绍。本书共分为9章，每章都配有相应的思考题，并列出了详细的参考文献，方便读者深入学习。

本书图文并茂、内容全面，涵盖了近年来国内人工影响天气领域的科研、业务及管理成果，可供从事人工影响天气业务和管理人员参考。

图书在版编目（CIP）数据

内蒙古自治区人工影响天气岗位培训教材 / 达布希拉图，苏立娟主编. -- 北京 : 气象出版社，2022.4
ISBN 978-7-5029-7680-4

Ⅰ. ①内… Ⅱ. ①达… ②苏… Ⅲ. ①人工影响天气—岗位培训—教材 Ⅳ. ①P48

中国版本图书馆CIP数据核字(2022)第056038号

内蒙古自治区人工影响天气岗位培训教材
Neimenggu Zizhiqu Rengong Yingxiang Tianqi Gangwei Peixun Jiaocai

出版发行：气象出版社
地　　址：北京市海淀区中关村南大街46号　　**邮政编码**：100081
电　　话：010-68407112(总编室)　010-68408042(发行部)
网　　址：http://www.qxcbs.com　　**E-mail**：qxcbs@cma.gov.cn
责任编辑：张　斌　　**终　　审**：吴晓鹏
责任校对：张硕杰　　**责任技编**：赵相宁
封面设计：博雅锦
印　　刷：北京中石油彩色印刷有限责任公司
开　　本：787 mm×1092 mm　1/16　　**印　　张**：14.5
字　　数：371千字　　**彩　　插**：2
版　　次：2022年4月第1版　　**印　　次**：2022年4月第1次印刷
定　　价：80.00元

目　录

第 1 章 概 述

人们常说“天有不测风云”，其实不然。随着自然科学的不断发展，人类对天气变化的探测和预报已达到相当高的准确程度，同时还可以利用人工干预的手段，使天气现象朝着人们预定的方向发展。

人工影响天气是指为避免或者减轻气象灾害，合理利用气候资源，在适当条件下通过人工干预的方式对局部大气的云物理过程进行影响，实现以增雨(雪)、防雹、消雾、消云等为目标的活动。它是气象服务于防灾减灾、保护人民生命财产安全和提高人民生活质量、合理开发利用气候资源、生态建设与保护的重要科技手段之一。

1.1 人工影响天气发展的历史进程

1.1.1 早期人类探索活动

人工影响天气是人类自古以来的理想，17 世纪末，中国清代的《广阳杂记》就载有“夏五、六月间，常有暴风起，黄云自山来，必有冰雹，土人见黄云起，则鸣金鼓，以枪炮向之施放，即散去”，这是中国古代用土炮防雹的生动描述。首次有科学依据的人工增雨的设想是由气象经典著作《风暴原理》(1841 年)的作者美国人艾斯比(Espy)在 1839 年提出的。他认为在潮湿空气中可用烈火产生上升气流来成云致雨。这种设想是否具体实施尚未见记载。

1930 年，荷兰学者范拉特(Verart)进行了一次大规模的人工降水试验，在 2500 m 高空播撒了约 1.5 t 干冰(固态 CO_2)，在约 8 km^2 的面积上产生了降水，不过他当时并未认识到干冰对冷云催化的作用机制。1930—1940 年，在原有的云物理探测、试验和理论研究基础上，瑞典学者贝吉龙(Bergeron)提出冰、水混合云的降水理论，德国学者芬德森(Findeisen)进一步扩充和完善了这一理论，为解决冷云降水机制奠定了坚实的基础，现在常把它称为贝吉龙-芬德森(Bergeron-Findeisen)理论，该理论开创了现代云物理研究的先河。

1946 年 7 月 12 日，美国人谢弗(V J Schaefer)发现作为制冷剂的干冰可促使局部空气冷却到 −40 ℃以下，在形成的低温高湿区中自发产生大量冰晶。同年 11 月 13 日，他乘坐一架单翼飞机，在纽约一山地上空进行了人类首次飞机播云试验，播撒干冰后 5 min 内播撒区云全部冰晶化，并形成雨幡降落，这一重大发现奠定了他成为现代人工影响天气之父的地位。

受干冰成冰作用的启示，冯内古特(Vonnegut)选取类似冰结构的碘化银(AgI)作为人工冰核的成冰试验获得成功。他在研究碘化银烟粒发生方法方面起到了先导作用，使碘化银作为有效催化剂能很快成功地应用于人工影响天气作业。此后，全世界开始大规模持续地开展人工影响天气试验活动。

1.1.2 我国人工影响天气发展概述

1956 年 1 月毛泽东主席召开最高国务会议，讨论并通过《1956—1967 年全国农业发展纲要》。期间，时任中央气象局局长涂长望汇报了“气象科学研究 12 年远景规划”，会议一致同意把人工降雨试验列入重点项目。毛泽东说:“人工造雨是非常重要的,希望气象工作者多努力。”

1958年2月,国家科学规划委员会批复同意成立以赵九章先生为组长的云雾物理专业组,计划在第二个五年计划期间建立云物理实验室、飞行实验室、高山云雾观测实验站。其目的是取得云结构及云降水形成物理过程的资料,开展局地天气控制试验,建立发展现代大气物理研究方法和实验技术。

1958年吉林省遭遇60年未遇的特大干旱。吉林省气象局受“人工影响云雾”文章的启发,提出要搞人工造雨,并在苏联专家的协助下,由吉林氮肥厂生产出干冰。1958年8月8日在我国首次实施飞机云中播撒干冰试验,8月8日至9月13日以吉林和丰满水库为中心,共进行了20架次人工增雨试验,取得了不同程度的增雨效果。吉林省的人工增雨活动受到了中央气象局领导的关怀和支持,并委派有关部门领导和专家赴现场考察和协助开展人工增雨试验。

为了缓解西北干旱,8—9月在甘肃进行了人工增水及高山融冰化雪、河西水库防止蒸发的综合性考察和试验,共进行了18次飞行观测与催化试验。同年还在河北、安徽、广东以及武汉、南京等地开展包括暖云和冷云人工增雨、消云等催化试验,大大加快了我国人工影响天气试验研究的步伐。台湾省电力公司从1951年起与当地空军合作在台湾省开展了长期的人工造雨作业试验。

1958年底我国召开了第一次人工增水工作会议,1959年9月又召开了全国防雹现场经验交流会议,这两次会议对我国人工影响天气的试验活动起到了重要的推动作用。早期的工作借鉴国外的经验,开始对云、雾、降水微结构、人工冰核的筛选和制备、吸湿性核的增长、催化机理等进行了研究。社会的需求,加速了我国这一科学技术领域的发展,并带动了我国云、降水物理学的发展,成为我国大气物理学领域中发展最快的一个分支。

1962年以后,在“10年科学发展规划”指导下,人工影响天气研究不断深入,研究领域不断扩大,人们对我国不同地区自然云的宏、微观特征有了初步的认识,并对人工增雨的可能性、积云动力学以及暖云降水微物理学等问题进行了理论研究。20世纪70年代采用区域回归随机试验方案的福建古田水库人工降雨试验计划开始实施。中国科学院大气物理研究所组织几十名科技人员利用雷达、探空、闪电计数器,对山西昔阳和大寨进行有设计的人工防雹试验,对雹云资料和防雹效果进行了分析。此时,在全国范围内逐步形成了以“三七”高炮为主体的催化作业体系。但由于作业的盲目性,往往造成作业效益低、浪费多的现象。在此期间,科技人员忙于外场作业,研究工作得不到保证,科技水平提高缓慢,管理不严,作业中的伤亡事故时有发生。

1980年底,根据党中央提出的“调整、改革、整顿、提高”的方针,主管部门对人工影响天气工作提出了加强科学试验、大规模作业要慎重的调整意见。经过几年努力,无论在新型技术装备的引进和研制,还是科学研究等方面都有了很大的改善和提高。同时缩减了作业次数和规模,减少了盲目性。1981年开始,实施了我国迄今为止范围最大、参加单位和人员最多、获得成果最丰富的“北方层状云人工降水试验研究”科研项目。期间,利用引进的PMS测量系统,于1982年改装了伊尔－14飞机一架,在我国北方多个省(区)进行了云微物理特征飞机探测。

1987年以来,在认真总结成绩和经验教训的基础上,国家气象局制定了《关于当前开展人工影响天气工作的原则意见》。主要原则是积极慎重、稳步前进,强调人工影响天气由各级政府领导，加强科学研究，外场作业密切结合科学试验。在其指导下，结合需求，逐步扩大作业规模，重视现代化建设、作业科学水平和效益提高，组织开展多项研究计划，建设人工影响天气试验和作业基地。从此，我国人工影响天气工作逐步走上快速发展的道路。

20世纪90年代，国家“九五”科技攻关项目支持“人工防雹减灾技术”和“人工增雨农业减灾技术”研究课题。结合过去30多年的科学研究、外场试验、室内实验，我国在云和降水学研究领域已取得一大批理论研究成果，人工影响天气的科技水平有了明显提高，我国已初步形成了有一定科学依据的以飞机、高炮和火箭为主要手段的人工增雨和防雹作业体系。

21世纪初，出于抗旱防灾、减灾和改善生态环境的需要，我国人工影响天气呈现快速发展势头，国家也增大了对人工影响天气研究的支持力度，人工影响天气的理论和探测研究得到快速发展。国家分别在2000年、2005年和2010年启动了3个人工增雨技术研究项目，主要研究人工增雨技术和装备。通过研究，我国云和降水的综合探测水平有了显著提高，云和降水物理以及人工影响天气理论和技术研究取得明显进步，数值云模式和中尺度模式模拟水平有了长足的进步。结合探测分析、野外试验和室内实验，在云降水物理过程和降水机制研究、云的微物理结构、云水资源和人工增雨潜力评估、催化条件预测、催化剂和催化技术等方面取得了新进展。

经过几代人工影响天气科技工作者的不懈努力，人工影响天气事业得到蓬勃发展。中国气象局成立了人工影响天气中心，承担国家级人工影响天气业务的指导和建设工作，并开始用数值模式预报人工增雨的条件，指导地方业务。我国已基本建立了国家、省、地、县4级人工影响天气业务体制。人工影响天气的服务领域不断扩展，由较为单纯的预防、减轻旱灾和冰雹天气灾害延伸到应对污染、森林火灾等突发事件和重大活动的气象保障。2013—2018年，全国累计实施飞机作业6100余架次、地面作业29万余次，增雨目标区面积约500万 km^2，防雹可保护面积达50万 km^2。加大东北、华北和西南等区域抗旱、人工增雨(雪)和防雹作业力度，有效减轻农业旱灾和雹灾损失；在青海三江源、甘肃祁连山、新疆天山等生态重点保护区和主要流域源头实施常态化作业，生态修复效果明显；多次实施人工增雨(雪)作业，为扑灭大兴安岭等地森林火灾做出贡献；完成了抗战胜利70周年纪念大会、G20杭州峰会等国家重大活动保障任务。人工影响天气不但已经成为我国减轻气象灾害的重要手段，为国民经济特别是农业的发展做出了重大贡献，对生态环境的保护和改善以及重大活动的保障也发挥了重要作用。依据规划，我国还要建设6个提升人工影响天气能力建设工程。目前我国人工影响天气规模、经费投入已达世界之最。

1.1.3 内蒙古自治区人工影响天气发展历程

内蒙古自治区年降水量一般在50～500 mm，自东北向西南递减，全区大部分地区降水稀少，干旱严重。另外，受气候背景和地形环境影响，冰雹天气频发。频繁的干旱和冰雹灾害给农牧业生产和人民生活造成了很大的影响，人工增雨和防雹工作的需求量极大。

1.1.3.1 *发展早期(1958年至1972年3月)*

1958年底，全国八省(区)人工降水会议之后，内蒙古自治区政府统一部署了全区人工影响天气工作。1959年夏天首先在准格尔旗用土炮进行防雹试验，1960年又在通辽市进行飞机人工增雨试验。1961年成立由自治区科委、计委、气象局等8个单位组成的自治区人工控制天气委员会，加强对这一工作的领导。

1962 年组建巴彦淖尔盟(现巴彦淖尔市)梅林湾消雹试验站。在当时科研人员的努力下对防雹工具进行改进和定型,西部地区遂以礼花炮和廿响为主要防雹工具;他们在总结群众识别冰雹经验基础上,提出识别冰雹云的指标和“三打三不打”的作业方法,指导早期内蒙古自治区爆炸法防雹的实践。

早期的飞机人工增雨试验,在春季用干冰催化系统性层状云,在夏季用盐粉催化浓积云和层状暖云。1964 年首次在飞机上安装一套仿制的手动观测仪器以及飞机气象仪。1965 年,通辽市机场执行东部人工降雨任务,首次将 AgI 水溶胶作为冷云催化剂在飞机增雨中应用,并在此后的实践中完善了液体催化剂半自动喷洒设备。从 1965 年至 1967 年最初 3 年的云中实测资料统计分析证实,喷洒 AgI 水溶胶前后冰雪晶浓度的升高是肯定的。

1968—1972 年,飞机人工增雨试验中止。

1.1.3.2　恢复时期(1972 年 4 月至 1977 年)

1972 年 4 月内蒙古气象科学研究所恢复。在当年 12 月长沙召开的全国人工降雨、防雹科技座谈会的推动下,1973 年 2 月自治区召开了全区人工降雨、防雹工作会议,一边对科技人员进行技术培训,一边制定全区人工降雨、防雹科研计划。由于当年干旱严重,在内蒙古军区尤太忠司令员的大力支持下,飞机人工降雨得以恢复。由空军执行任务,用轰一5 播撒 AgI。

1972 年,内蒙古全区已有 37 个旗(县)在 45000 多个点上开展爆炸法防雹。乌兰察布盟(现乌兰察布市)察右前旗气象局首先对爆炸法防雹效果进行了客观分析。同年,顾震潮先生来内蒙古对防雹工作做实地调研指导,之后内蒙古气象科学研究所和多伦县气象局连续 5 年在深秋季节进行雾中爆炸试验,证实爆炸对雾的动力扰动明显,同时爆炸也能触发过冷雾滴的冻结。

受四川高炮降雨工作的影响,1973 年内蒙古开始了三七高炮人工降雨、防雹试点工作,试点在呼和浩特周边的 9 个点上展开。1974 年内蒙古引进首部 711 测雨雷达,给降水(雨、雹)观测提供了有力的工具。1979 年全区已有 8 部 711 雷达在人工影响天气中发挥积极的作用。同时,内蒙古气象科学研究所的科研人员系统总结了多年来对冰雹云的观测个例,提出用 711 雷达识别冰雹云的指标。

由于效果明显,三七高炮应用于防雹不推自广,扩展迅猛,1985 年全区已有 200 个高炮防雹点。从安全考虑,内蒙古人工降雨防雹办公室不失时机地开展防雹的标准化建设,即“二库(炮弹专库、高炮库)一室(24 小时通信值班室)一平台(作业炮位)”。为了保证雹季有炮手值班,必须顾及炮手实际利益,推广包头共青农场炮点“以炮养炮”的经验,即在炮点周围划出一片土地组织炮手搞综合经营增加收入。同时,又组建高炮检查和维修两支队伍,对全区高炮有计划地检查维修,消除隐患,保障作业安全。通过规范化、制度化的管理,逐步形成以 711 雷达指挥作业为特征的 5 片防雹示范区。防雹工作获得稳步发展,效果有所提高。

从 1976 年开始,围绕这两种液体催化剂展开了一系列室内试验研究。包括稳定胶体溶液和增效催化剂的实验研究,不同浓度 AgI 水溶胶成冰阈温云室测定和粒子尺度谱的电镜测定(与北京大学地球物理系合作),暖云催化剂的室内实验。为了提高 AgI 水溶胶的成核率,又研究了促进冰晶繁生的催化技术。

1977 年,内蒙古气象科学研究所解决了成吨配制尿素、硝酸铵混合饱和溶液的问题,作为暖云催化剂,开始从实验室走向外场取代盐粉、尿素,从此告别了飞机上播撒粉剂时的繁重体力劳动和粉尘污染。

1978年对前5年使用AgI水溶胶冷云催化的72次试验个例进行了系统分析。设计了非固定目标区人工增雨效果统计检验方法，并找出播云增雨的有利条件。1980年获得自治区科技成果二等奖。

1.1.3.3 走出低潮，迎来迟到的黄金发展期（1978—1997年）

20世纪80年代初，改革开放热浪滚滚，人工影响天气事业发展却处于低潮。我国第一代人工影响天气科技人员仍满怀信心，阔步向前。

从1980年开始，由中国气象科学研究院人工影响天气研究所牵头，新疆、陕西、吉林、内蒙古、宁夏等省（区）气象科学研究所共同承担的“北方层状云人工降水试验研究”经历12年坚韧不拔的努力终于获得重大成果，获国家科技进步奖二等奖。1986年4月，全区防雹工作会议从健全机构、加强管理，确保安全；举办不同类型的培训班，提高队伍素质；重视科学试验，加速现代化防雹工程建设等方面进行了部署，提出了各盟（市）建立冰雹年鉴，积累观测事实以及进行有设计的炮响雨落试验的意见。

1985年，内蒙古气象科学研究所成功研制符合要求的新型冷云催化剂IS-5（AgI气溶胶粒子与干冰的混合物），而后在内蒙古的飞机播云增雨作业中曾较长时期使用IS-5作为冷云催化剂（内蒙古气象科学研究所，2008）。

1986—1991年开展了多信息识别雹云的研究工作，利用测雨雷达综合指标、雷声频谱分析、光电信息的谱特征等多种信息和手段识别雹云的技术，使雹云识别率明显提高。1987年6月内蒙古大兴安岭北部永安山原始森林因雷击起火，在内蒙古、吉林、黑龙江执行降雨任务的飞机迅速飞抵海拉尔，加上空军另派的2架飞机，共5架飞机协助扑火；3省（区）的人工影响天气科技人员聚集于海拉尔，这是我国最大规模的一次人工增雨协作行动。这次多机协同作业所试用的“双区播云增雨扑火技术”，在日后的同类任务中继续采用。1988年10月，自治区农委和自治区气象局联合上书《关于我区近几年人工降雨防雹工作开展情况和对今后工作建议的汇报》，这是一份对本区人工影响天气事业的发展有重要意义的文件。同年11月成立内蒙古自治区人工降雨防雹指挥部，由自治区政府副主席阿拉坦敖其尔任总指挥、自治区气象局局长王文辉任副总指挥。原设在自治区气象局的人工降雨防雹办公室作为该指挥部的办公室，负责全区人工降雨、防雹的业务、行政管理，技术指导，日常事务处理。

1986年，在呼和浩特市郊区太平庄人工防雹基地，首次将IS-5用气球携带定时入云散开。气球携带IS-5入云成为当时地面人工降雨的主要技术手段。1991年，伊克昭盟（现鄂尔多斯市）首次引进云南宣威生产的火箭进行地面人工降雨试验，自治区人工降雨防雹办公室及时总结推广有关经费渠道、管理制度等方面的经验，保证了火箭人工降雨在内蒙古全区持续稳定的发展。到1999年，全区已有30部车载火箭发射装置，有58台定点火箭发射架。

自1987年开始，内蒙古西部阿拉善盟联合伊克昭盟（现鄂尔多斯市）借银川机场实施飞机人工增雨。1989年内蒙古东部4盟、市联合租用飞机1架实施人工增雨，1990年着手在通辽市建设我区东部人工增雨基地。至此，全区在4—8月有3架飞机用IS-5作为冷云催化剂执行人工增雨任务。1993—1996年，白塔中部增雨基地先后引进双通道微波辐射计（北京大学研制）、GMS静止气象卫星云图接收处理系统、机载AgI丙酮溶液燃烧器（中国气象科学研究院研制）、大气重力波探测系统（贵州省气象科研所研制）、XDR数字化雷达。

1.1.3.4 大发展时期（1998年至今）

进入21世纪，人工增雨、防雹规模继续扩大。1999年，内蒙古气象科学研究所引进北京大学研制的GPS卫星定位和温湿综合探测系统，该系统可实时观测到增雨作业飞机的空间位置以及所处位置的温度和湿度，为科学作业奠定了基础。2005年，白塔中部增雨基地的运一12飞机上加装了液态水含量仪（从美国引进）和AgI焰条催化装置（乌海556厂生产），建成地空通信指挥系统，并在白塔中部增雨基地设置指挥机，实现对全区飞机作业的统一监控。2006年，应业务发展所需，依托内蒙古气象科学研究所，成立内蒙古人工影响天气中心，建成了内蒙古人工影响天气指导产品发布平台及内蒙古人工影响天气业务技术系统，引进了MM5嵌套云微物理模式，开展了科技部国家科技支撑计划项目、公益性行业（气象）项目子项目、自治区科技厅及气象局相关项目的研究工作，多项成果获省部级科技进步奖（内蒙古气象科学研究所，2008）。这些科研项目的实施，对进一步提高内蒙古人工影响天气业务工作的水平有很大帮助。

2002年3月乌海556厂与乌海市气象局联合开发"RYI-6300型增雨防雹火箭及其发射系统"，通过中国气象局和内蒙古国防科工办联合主持的技术鉴定。该产品于2002年荣获国家五部局联合颁发的国家重点新产品证书，2004年获内蒙古自治区科技进步三等奖，到2018年已在国内20个省（区、市）和蒙古国投入使用。2007年，内蒙古自治区人工影响天气重点实验室通过自治区科技厅审批。2011年建立内蒙古自治区气象局人工影响天气科技创新团队。

近十余年，内蒙古人工影响天气事业进入了现代化建设的飞速发展期。

人工影响天气机制体制日趋完善。自治区、盟（市）、旗（县）三级均成立了人工影响天气与气象灾害防御指挥部，建立了人工影响天气联席会议制度；人工影响天气运行经费全部纳入地方财政预算。据统计，三级政府每年投入的经费达到8000万元；自治区发改委与气象局联合发布了《内蒙古自治区人工影响天气发展规划（2016—2020年）》，明确了"十三五"期间人工影响天气发展的指导思想、基本原则、发展目标，提出了自治区人工影响天气规划布局和主要功能，确定了业务能力建设和重点工程建设任务。

业务能力显著提高。以科学开展催化作业为核心，全区基本建立了包括作业过程预报和作业计划制定、作业条件潜力预报和作业预案制定、作业条件监测预警和作业方案设计、跟踪指挥与作业实施、作业效果检验的五段业务，覆盖人工影响天气业务全过程，形成了较为完整的业务体系；建成了内蒙古云降水精细化分析系统、内蒙古自治区人工影响天气综合业务系统、内蒙古人工影响天气可视化信息系统、人工影响天气移动指挥监控系统及人工影响天气装备弹药物联网管理系统等业务系统，业务指导及作业指挥能力显著提升，信息化和科学化水平得到明显提高。

探测能力得到加强。引进人工影响天气机载云粒子探测系统、多通道微波辐射计、GNSS/MET水汽监测系统、激光雨滴谱仪、各类雷达等特种观测设备；开展探测资料融合分析及应用、云宏微观物理特征分析、作业条件预报方法、云水资源评估、效果检验等研究型业务工作，不断提升人工影响天气软实力建设。

科研成果不断转化。全区围绕人工影响天气业务需求，确立优先领域，发挥人工影响天气重点实验室的优势，积极争取各类科研项目，开展飞机大气探测，对典型云降水过程的云微物理特征进行研究；开展雨滴谱观测试验研究；开展卫星资料及反演产品的应用研究；开展云微物理数值模式应用及检验工作；总结典型云系监测识别指标，形成作业概念模型；建立全区增雨作业综合预报模型；建立冰雹云判别和预警识别的指标体系及技术方法；围绕空中水汽和云水资源的演变过程及时空分布特征，利用多种资料开展云水资源监测评估。科学研究成果不断转化为支撑业务发展的生产力，大幅度提高了人工影响天气作业指挥的科学性、准确性、及时性，提升了人工影响天气的综合效益和科技内涵。

自1958年以来，内蒙古自治区人工影响天气事业经历了60年的风雨历程。到2022年，全区每年使用9架飞机（其中自购6架）、210部新型火箭、384门防雹高炮、109座地面碘化银烟炉开展人工增雨（雪）和人工防雹作业。近年来，全区年均飞机作业150架次、火箭作业1200余点次、地面烟炉作业300余次、高炮作业800点次，全区年均人工增雨（雪）作业影响区面积约60万 km^2，年均可增加降水约20亿 m^3；高炮防雹保护面积约267万 hm^2，年均减少冰雹灾害损失3亿元左右。在重大社会活动、森林草原防扑火及生态环境保护的人工影响天气保障和作业服务中发挥了重要作用，多次受到国务院、自治区党委政府、中国气象局的表彰奖励。

人工影响天气是大气科学中云物理学的重要应用领域，由于这门科学技术的发展具有重大的潜在社会、经济效益，已日益得到政府、社会和群众的认同，从而给它带来很强的生命力。但是由于自然云雨的复杂多变，人工影响天气作业条件和催化技术方法的实时掌握以及增雨效果的客观评估仍有较大难度，人工影响天气至今仍是一项发展中的科学技术，尚存在许多关键技术问题亟待突破和解决。

1.2 自然云和降水的形成与发展

云和降水形成过程可分为动力学过程和微物理过程。云和降水也是云中微物理过程和动力过程相互作用的结果。动力学过程起到输送和集中水汽的作用，同时产生支撑云和降水形成的上升运动，这是云和降水形成的基本条件。而输送、集中和上升的水汽如何成云致雨，这就得靠云中的微物理过程。动力学过程研究水平尺度 $10^1 \sim 10^5$ m 以至 10^6 m，垂直厚度 $10^1 \sim 10^4$ m 范围内云和降水的形成、发展和衰亡。微物理过程研究云体的组成元素云粒子（包括云滴和冰晶）和降水粒子（雨、雪、霰、冻滴和冰雹等）所经历的凝结（凝华）、碰并和蒸发等形成与增长过程，其尺度仅 $10^{-5} \sim 10^1$ cm。

目前，对于云和降水粒子形成、增长和转化相应规律的认识，大多是从理论研究和可控条件下的实验与数值模拟分析中得到的。实际上，自然云的环境和相应的微物理进程十分复杂，加上观测条件方面的限制，我们对它们的认识还需要不断地深入。

1.2.1 云的分类与基本特征

1.2.1.1 *云的分类*

云（雾）是大气中水汽凝结（凝华）成的水滴、冰雪晶或由它们混合组成的可见悬浮体。云具有各种各样的外形和空间尺度，可以出现在不同的高度，其组成也可以有不同的相态（固态或液态）。云的生成、外形特征、量的多少、分布及其演变，反映了当时的天气形势、大气运动、稳定程度和水汽状况等，是人工影响天气作业条件判别的重要依据。

现在通用的国际云图是由世界气象组织（World Meteorological Organization，WMO）于1956年公布的，其沿用并发展了1802年法国博物学家让·拉马克（Jean Lamarck）和1803年英国科学家卢克·霍华德（Luke Howard）的分类法。根据云的共同特征，结合实际需要，按云底高度分成高云、中云、低云三族，然后按云的外形特征、结构和成因划分为10属及29类（表1.1）。高云云底一般距地面6000 m以上，低云云底距地面2000 m以下，中云的云底高度介于高云和低云之间。另一种分法则将积雨云从低云族中分出，称为直展云族。

在云物理学研究中，为了通过云的外形特征揭示云的物理本质，还通常将云区分为层状云和积状云(即对流云),或根据云内温度和云粒子的相态将云区分为暖云(云中温度高于 0 ℃)和冷云(云中温度在 0 ℃以下),以及水云、冰云和混合云等,也有人将完全由过冷水滴(温度低于 0 ℃的水滴)组成的云称为过冷云。

此外,在按国际分类的 29 种云状中,能产生达到地面的降水(包括毛毛雨、雨、雪、冰粒、霰、雹等)的降水性云仅占少数,主要有雨层云、蔽光高层云、蔽光层积云、积雨云,在一定的条件下层云、蔽光高积云、浓积云也可能出现小的降水。而大多数云并不直接产生降水,属于非降水性云。

表 1.1 云的分类及其拉丁简写

云族	云属		云类	
	中文名	拉丁简写	中文名	拉丁简写
低云	积云	Cu	淡积云	Cu hum
			碎积云	Fc
			浓积云	Cu cong
	积雨云	Cb	秃积雨云	Cb calv
			鬃积雨云	Cb cap
	层积云	Sc	透光层积云	Sc tra
			蔽光层积云	Sc op
			积云性层积云	Sc cug
			堡状层积云	Sc cast
			荚状层积云	Sc lent
	层云	St	层云	St
			碎层云	Fs
	雨层云	Ns	雨层云	Ns
			碎雨云	Fn
中云	高层云	As	透光高层云	As tra
			蔽光高层云	As op
	高积云	Ac	透光高积云	Ac tra
			蔽光高积云	Ac op
			荚状高积云	Ac lent
			积云性高积云	Ac cug
			絮状高积云	Ac flo
			堡状高积云	Ac cast
高云	卷云	Ci	毛卷云	Ci fil
			密卷云	Ci dens
			伪卷云	Ci not
			钩卷云	Ci unc
	卷层云	Cs	毛卷层云	Cs fil
			薄幕卷层云	Cs nebu
	卷积云	Cc	卷积云	Cc

1.2.1.2 各种云属基本特征

1. 雾

雾是近地面空气中的水汽凝结(或凝华)成大量悬浮在空气中的微小水滴或冰晶，导致水平能见度低于 1 km 的天气现象。雾的等级按水平能见度大小划分，分为轻雾、大雾、浓雾、强浓雾、特强浓雾五个等级。

2. 低云

低云主要包括积云、积雨云、层积云、层云、雨层云五属。

低云多由微小水滴组成，厚的或垂直发展旺盛的低云下部由微小水滴组成，中上部由微小水滴、过冷水滴和冰晶混合组成。低云的云底距地面高度较低，一般在 2000 m 左右，它随季节、天气条件和经纬度不同而变化。多数低云都有可能产生降水，雨层云多出现连续性降水，积雨云多产生阵性降水，有时降水强度很大。

3. 中云

中云主要包括高层云、高积云两属。

中云是由微小水滴、过冷水滴或者冰晶、雪晶混合组成的。中云的云底高度一般为 2000～6000 m。高层云在夏季多出现降雨，而在冬季多出现降雪。高积云较薄时不会出现降水，但在高原地区会出现雨幡(雪幡)。

4. 高云

高云主要包括卷云、卷层云、卷积云三属。

高云由微小的冰晶组成。云底高度一般在 6000 m 以上，在高原地区较低。高云出现降水较少，冬季北方的卷层云、密卷云有时会出现降雪，偶尔也能观测到雪幡。

1.2.2 云雾生成的宏观条件

由相对湿度的近似定义式 $f=\frac{e}{E}\times100\%$，取对数求微分 $\frac{\mathrm{d}f}{f}=\frac{\mathrm{d}e}{e}-\frac{\mathrm{d}E}{E}$，将方程 $\frac{\mathrm{d}E}{\mathrm{d}T}=\frac{L_vE}{R_vT^2}$ 代入，得

$$\frac{\mathrm{d}f}{f}=\frac{\mathrm{d}e}{e}-\frac{L_v\mathrm{d}T}{R_vT^2}$$

式中，L_v 为凝结(蒸发)潜热，R_v 为普适气体常数，e 为水汽压，E 为饱和水汽压，T 为温度。

由上式可知，通过增加空气中的水汽($\mathrm{d}e>0$)或降低空气的温度($\mathrm{d}T<0$)这两种方式，均可提高空气的相对湿度，直至达到饱和产生凝结。因此，水汽由未饱和达到过饱和而生成自然云雾通常有两条途径，一是增加空气中的水汽，即增湿，二是降温，以降温最为重要。大气中有多种降温过程，如空气绝热上升运动、辐射冷却和湍流热传导等，其中以垂直上升运动对云的形成最为重要。一般说来，云主要是靠潮湿空气在上升运动过程中绝热膨胀降温达到饱和而生成的，因此，充足的水汽和强的上升气流是云生成的两个必要条件。

云既然是空气上升膨胀冷却的结果，其形态就主要取决于空气上升的特征。控制云生成的上升运动有大范围辐合抬升、不稳定层结下的对流运动、地形抬升、锋面抬升以及波动湍流运动等，不同上升运动形式，生成不同形态的云。

低压、冷涡、切变线活动都可以形成辐合抬升，水平方向常延伸几百到千余千米，垂直方向占有大部分或整个对流层，持续时间较长，如果配合合适的水汽条件，可以产生大范围的层状云系；在合适的天气条件下，如局地有深厚的不稳定层结或由地面加热而形成的低层不稳定，

若有启动或触发机制造成空气抬升，就容易发展成对流云。触发机制可以是动力的，也可以是热力的。气流的辐合、锋面或地形对气流的抬升，都属于触发对流的动力原因。山地及热性质不均匀的下垫面常常是对流云的源地。在大气边界层中，湍流运动可以使热量、动量和水汽等属性重新分布，水汽的分布将趋于均匀，温度层结将趋于中性。若地面水汽比较充足，由湍流向上输送的水汽可在低空逆温层以下积累，逐渐达到饱和生成层云。这种过程若发生在近地面层，加上辐射降温，可在地面生成雾。

云雾一旦形成，凝结与并合的微物理过程就开始改变滴谱，并产生降水粒子。水汽的多少是降水多少的首要条件，一地降水的强度除决定于垂直速度外还取决于该地上空整个大气的水汽含量和饱和程度。大规模的水平气流将水汽从源地输送到降水区，水汽在该地区水平辐合，才能上升冷却凝结成雨。各地空中的水汽含量、水汽来源和垂直运动都是不同的，因而降水量的大小也就有很大的差异。如果某地水汽来源充足，且造成降水的天气系统（如锋面、台风等）特别活跃，就易于造成较强的连续性降水，导致江河水位猛涨或山洪暴发，常常形成洪涝灾害。相反，如果某地不具备降水条件，长时间少雨或无雨，就可能形成旱灾。

1.2.3 降水云宏观特征

云的宏观特征是指将云作为一个整体来看时所表现出来的特征，一般包括云的外形、空间尺度、生命期等。此外，通常将云中气象场（如温度场和气流场）和含水量分布也归之为宏观特征。

云雾复杂多样的宏观特征，不仅反映了云雾内部过程的复杂性，同时也反映了云雾出现的天气条件。它对我们了解云的内部过程有很大的帮助，对人工影响天气作业，例如作业对象的选取、云中水分多少的估计、作业方法，乃至天气预报工作都有很大用处。因此，认真掌握这些基本事实是十分重要的。

1.2.3.1 对流云宏观特征

对流云又称积状云，它是大气对流的产物。发展旺盛的对流云常伴有大量降水，是中低纬度地区夏季降水的主要云属。许多中小尺度灾害性天气，如暴雨、雷暴、冰雹和龙卷等，也都与对流云的猛烈发展有关，因此，一直受到人们重视。

对流云顶部有轮廓鲜明的花椰菜状隆起。这种外在形状反映了它的内部结构。实际上，一块对流云往往是由若干个尺度在几百米到一两千米的云塔（对流单体）所组成。对流单体相继生成、发展和演变过程的综合构成了整块积云的生命过程。对流云降水全过程在雷达 PPI 上表现为中心 40 dBZ 以上局地块状对流单体回波，尺度较小、边缘清晰，不伴随层状云回波。

一个雷暴云有时只含一个对流单体，称作单体雷暴云；有时同时含有多个对流单体，称为多单体雷暴云。单体雷暴云有强弱之分，个体庞大、强度很大的称为超级单体，否则称为弱单体。多单体雷暴云可分为无序多单体和有序多单体（有时简称多单体）。后者位置按单体生成发展先后排列，前者则随意散布。有时多单体雷暴云排列成带，被称为飑线，强度特别大。能够降冰雹的那部分雷暴云又称冰雹云。

一般认为单个气团雷暴的生命期为 1～2 h，分为形成、成熟和消散三个阶段。形成阶段是指从淡积云向浓积云发展的阶段。在此阶段，云内上升气流占优势，它提供丰富的水汽，水汽凝结释放的潜热使云内温度高于环境 0.5～4 ℃，甚至 10 ℃左右，在负温区冰相出现时也放出潜热，这些热量转化成动能，促使积云进一步发展。在中纬度地区这一阶段历时 10～

15 min。成熟阶段是从浓积云向积雨云过渡的阶段，历时 10～30 min，云顶部向两侧延展成砧状，这个阶段易形成降水，降水粒子下落时拖曳周围空气一起下沉，使云中出现有组织的下沉气流。积云进入消散阶段。

对流云的空间尺度随地区、气团性质、季节和云体发展的不同阶段有很大差别。垂直尺度和水平尺度具有同一数量级的，属于小尺度天气系统。中纬度地区锋面上的对流云在发展初期其厚度已达 5～6 km，旺盛时期云顶凸入平流层的例子也时有发现。一般对流云的水平尺度在淡积云阶段为几百米到 1 km，浓积云和积雨云的水平尺度为几千米，但有些降雨性积雨云可以伸展到 10～20 km，超级单体冰雹云可以达到 30 km，多单体雷暴云的水平尺度为几十千米，飑线有时可延伸几百千米。

对流云中的流场随对流云发展阶段的不同而改变。在其形成阶段，云中全为有组织的上升气流，平均速度为几米每秒。但在降雨性积云中，气流最大上升速度可达 20～30 m/s，一般位于云的中部，随着积云的发展，这个位置将向云的中上部移动。在成熟阶段，气流上升速度比发展初期要大，更重要的是这时云中还出现了与上升气流有着相同量级的下沉气流。另外，对流云中还具有极强的湍流特性。

对流云含水量（单位体积云内液态水和固态水的总质量，单位为 g/m^3）平均值的数量级为 10^0 g/m^3，最大可超过 10 g/m^3。观测表明，含水量时空变化很大，不仅在不同地区差别很大，即使在同一块云中不同部位、不同时间也有差异。对流云内含水量分布的特点是有一含水量最大区，其四周含水量逐渐递减。

1.2.3.2　层状云宏观特征

层状云系是一种主要的大范围降水系统，尤其是层状冷云，它是我国北方冬半年的主要降水云系，也是为缓解北方春季干旱开展人工增雨的主要作业对象。

层状云的宏观特征与对流云相比有着显著的区别。首先，层状云水平尺度一般要比垂直尺度大一两个量级；其次，寿命也比对流云长得多，如与天气系统相联系的层状云，其生命期往往可以持续几天。我国北方层状云降水系统，常具有多尺度复合结构特征，包括尺度为几十千米的云带、云团。其降水常集中于几个持续时间 1～2 h 的强降水时段。

层状云的形成过程与大范围的、有规则的上升运动或大范围不规则的扰动有关。前一种情况形成锋面气旋云系，包括卷云、卷层云、高层云、雨层云等，自上而下由冰晶、雪晶和过冷水滴、水滴组成；后一种情况的云系包括高积云、层积云、层云等。降水性层状云大都呈多层次结构。因为大范围的层状云主要产生在大气层结比较稳定的条件下，其上升气流速度较小，最大不超过几十厘米每秒。层状云降水在雷达 PPI 上表现为 30 dBZ 以下大面积较均匀的回波，云图上表现为云系分布面积广，水平结构均匀、密实。

一般层状云中的含水量比积状云低 1～2 个量级，即 10^{-2}～10^{-1} g/m^3。含水量分布的高度也不相同，积状云含水量最大值区是在云的上半部，而在常见的雨层云一高层云的层状云系内，含水量最大值区位于云的下半部。

1.2.3.3　积层混合云宏观特征

积云和层状云组成的积层混合云是我国一种主要的降水云型，其动力、热力场的结构比单一的层云或积云都要复杂，因此，多年来与其相关的降水预报和人工增雨作业一直是我国气象工作的重点和难点。积层混合云在各种重要的天气系统中都有可能出现。

雷达回波上，积层混合云和降水表现为在大面积层状云降水回波背景上或镶嵌有块状对流单体回波，或混杂着积云降水回波带。

积层混合云中对流区回波生命期一般比孤立对流云要长。云内含水量丰富，降水中的供水云通常为“播撒-供给”催化机制。积云区上升速度也较强，通常是较好的人工增雨作业部位。

1.2.4 降水云的微观特征

云雾是由大量离散的液态或固态粒子构成的，包括云滴、雨滴、冰雪晶、霰、冰雹等。它们的微观特征主要指粒子的相态结构、尺度（大小）及其浓度（或数密度）。云物理学中，常用滴谱描述不同云粒子的微物理特征，即各种大小云粒子的浓度分布。它是云雾物理性质的一个重要方面。

在云雾降水微物理规律研究中，几乎所有的问题都涉及粒子尺度，因此粒子尺度是一个最基本的参量。描述粒子大小最简单的方法是用直径（或半径），但实际上除云雾滴和小雨滴外，其他水凝物粒子都是非球形的，故精确描述粒子的尺度需要考虑粒子的形状，对非球形粒子应使用多维尺度，或使用等效直径，或使用粒子的最大尺度等。数密度的常用单位是个/cm^3、个/m^3 或个/dm^3。粒子的尺度分布既可用尺度来描述，也可用谱分布函数来描述。谱分布就是数密度随尺度的变化，常用在理论研究中。谱分布特征也可以用谱宽来说明，它表示样本中直径最大值和最小值之差。云滴谱的特性不仅能反映云的性质和发展阶段，对于判断云能否形成降水也很重要。

1.2.4.1 云雾滴谱

大气中水汽凝结而成的水滴很小。一般来说雾滴尺度较小，在雾形成或消散时期更小，半径可以小于 1 μm。在比较稳定、维持时间较长的地面雾中，雾滴尺度要大一些，平均半径不到 10 μm。通常将云中半径小于 100 μm 的水滴称为云滴，习惯上又将半径处于 50～100 μm 之间的云滴称为大云滴（有人将大于 25 μm 的云滴称为大云滴）。云滴总浓度一般为 10^1～10^3 个/cm^3，小云滴浓度大于大云滴的浓度，它们之间浓度差 1～2 个量级。半径大于 100 μm 的水滴称为雨滴，它的浓度要比云滴小 6 个量级左右。不同地区、不同云型或同一云型的不同发展阶段，云中水滴的尺度大小和数密度都不同，而且不同尺度水滴的下落速度也不同。

由于受表面张力作用，云滴通常呈球形。下降速度约 1 cm/s，通常比云中上升气流速度小得多，因而不能落出云底。即使离开云底而下降，也会在不饱和空气中迅速蒸发而消失。只有当云滴通过各种微物理过程集聚和转化成为降水粒子后，才能降落到地面。

层状云的云滴尺度只有 5～6 μm，积状云中云滴较大，发展强盛时为 10～20 μm，甚至数十微米。但晴天积云中云滴大小与层状云接近。云滴大小也随着云的发展有很大的变化。

层状云和积状云的云滴浓度也不相同。在雾和层状云中浓度高一些，平均可以达到10^2～10^3 个/cm^3。在积云里，云滴浓度要低些，比层状云低一个量级。另外，大陆性云比海洋性云的浓度要高。

不同云型的云滴谱差异较大。一般地，积状云比层状云的谱型宽。在同一云型的不同发展阶段及同一块云的不同高度，其谱型和谱宽也都有差别。积云中随着对流加强和云的发展，云滴谱拓宽，云滴浓度降低，但众数半径变化不大。

一般情况下，云是含有水汽的空气在上升过程中膨胀冷却形成的。膨胀冷却使空气中的

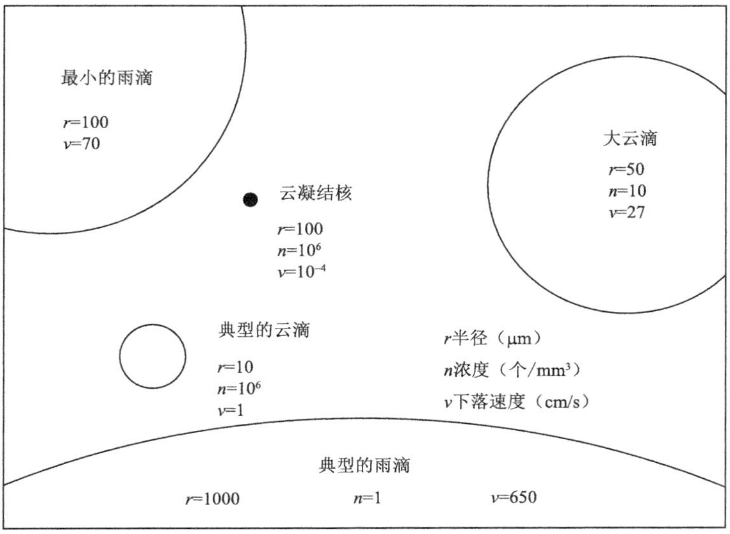

图 1.1　云滴和雨滴的尺度、浓度及下落速度概量示意

水汽达到饱和，然后达到过饱和，在凝结核上凝结形成云滴。云滴形成后仍然可以通过凝结增长，凝结增长是云滴增长的基本过程。

1.2.4.2　冰雪晶微观特征

当温度低于 0 ℃时云中水滴可以形成冰晶。冰晶与云中过冷水滴共存时，由于冰面饱和水汽压低于同温度下水面饱和水汽压，冰晶会获得优势增长。这个过程是通过水汽扩散并在冰面上的沉积而进行的，亦即贝吉龙过程。习惯上常以线性尺度 300 μm 作为冰晶和雪晶的分界线。冰粒子也可以通过与其他冰晶碰并而长大，即所谓的聚并过程。雪晶聚集体常称为雪花。此外，冰晶也可以通过与过冷水滴的碰冻过程而长大，即所谓的凇附机制。冰晶的凇附过程可以生成白色不透明的软雹，又称霰粒或雪丸。由冰晶或冻滴也可凇附生成半透明的冰丸，又称小雹粒，也可以由冻滴或融化的雪晶或雪花再冻结生成坚实而透明的冰粒。

冰晶的基本形状是对称的六角棱柱状，即有 2 个基面和 6 个棱晶面。在通过水汽扩散和凝华机制生长的过程中，由于受环境温湿特性的调制，结果会产生各种形状的冰雪晶，如针状、柱状、板状、枝状和不规则状等。

实验研究已表明，在不同的温度、湿度条件下，沿垂直于基面和棱晶面的生长率不同。Mason 利用云室研究了尼龙丝上的冰晶增长情况。在扩散云室的中间垂直悬挂一根细尼龙丝，让冰晶在尼龙丝上生长。扩散云室中温度和过饱和度的垂直梯度可以精确控制和测量，温度范围为−50～0 ℃，过饱和度在有云存在时的百分之几到干洁无水滴空气中约 300%之间变动。结果表明，尼龙丝上冰晶形状按温度分布情况如下：−3～0 ℃，薄六角片状；−5～−3 ℃，针状；−8～−5 ℃，空心棱柱状；−12～−8 ℃，六角片状；−16～−12 ℃，辐枝状、羽状；−25～−16 ℃，六角片状；−50～−25 ℃，空心棱柱状。在一根尼龙丝上做冰晶增长实验的好处是可以精确地区分冰晶从一种形状变化成另一种形状的温度。例如，−3 ℃是片状冰晶向针状转化的温度，空心棱柱状冰晶向片状转化的温度在−8 ℃等。这些实验结果表明，过饱和度虽然在很大范围内变化，但冰晶生长的基本结晶特性并不改变，过饱和度对冰晶的生长率影响较大，冰面过饱和水汽量大，冰雪晶凝华增长率就大。

上述实验说明，冰晶通过水汽扩散增长受到环境的温湿度条件影响，在不同的温湿度环境中形成的冰晶形状不同。然而，冰晶在云中是不断运动的，其增长环境是变化的。如果在某一特定温湿度环境下增长的冰晶突然落入新的环境，就会在新环境中继续增长，此时其新的形状将是在原来形状上的叠加，故而可以生成各种不同形状的冰晶。

由于冰晶是非球型粒子，故在实际测量时人们常用一些特定的尺度来描述，大部分冰晶用两个量来表示其大小，例如，对板状冰晶，以直径 D 和厚度 H 表示；对柱状冰晶，以宽度 D 和长度 L 表示。柱状冰晶的长度和板状冰晶的直径范围是 10～1000 μm，最大可达几毫米。冰晶微结构的特点是有一定的生长框架，含有少量空气，甚至有些冰晶是空心的，因此大部分冰晶的密度小于冰的密度。

观测发现，云中冰晶浓度通常为 10～50 个/m^3。云顶温度越低，浓度越高。云中冰晶浓度常大于冰核浓度，在成熟的对流云中，特别是在海洋性积云中，冰晶浓度可以很高，达 10^2 个/m^3，这也许与冰晶的繁生过程有关。

自然云中，冰晶在形成过程中需要核的作用。温度低于 0 ℃甚至低于－15 ℃或温度更低的云通常是由液态水滴(过冷水滴)而不是冰晶组成的。而温度低于－41 ℃时，几乎所有小水滴(无需任何类型的核)都冻结成冰晶。在－25～－20 ℃的温度区，冰晶可以通过含有冻结核的云滴的冻结过程和凝结—冻结过程形成。冰晶还可以通过繁生过程形成。冰晶形成后，主要通过凝华过程增长，冰晶与过冷小水滴的撞冻(碰并、结凇)和冰晶间的聚并也是冰晶的增长方式。

1.2.4.3 降水粒子微观特征

将雨滴、雪或冰雪晶聚合体、霰、冻滴和冰雹统称为降水粒子。降水粒子的浓度要比云滴低得多，一般为 10^0～10^3 个/m^3，但尺度则大得多，半径为 10^{-2}～10^{-1} cm。毛毛雨滴小而密，雷阵雨滴则大而稀。

雨滴形成的过程比较复杂，各种方法观测表明，总的看来，雨滴尺度分布还是有一定规律的，即随着雨滴尺度的增大，相应的雨滴数密度迅速降低。尽管大滴数浓度比小滴低得多，但对含水量和雨强的贡献却要大得多。大滴数量增加时，降水率明显增大。到目前为止，人们常常使用 M-P 分布来描述雨滴的尺度分布。雨滴在空气中降落时，其形状由大小决定。半径小于 140 μm 的较小雨滴可认为是球形，随着尺度的增大，雨滴逐渐变成椭球体和平底椭球体，当半径大于 5 mm 时，甚至会破碎。

在一定条件下，雪晶通过碰并可以形成雪花。在这种聚合过程中，气温和冰雪晶形状起主导作用。观测指出，在 0 ℃附近，雪花出现概率最高，尺度也最大。随着温度的下降，在－15 ℃附近有第二个极大值存在。除温度外，雪花尺度也受冰雪晶形状的影响，例如，枝状冰晶容易聚合，而柱状和针状则较困难。雪花最大直径可达 15 mm，但大部分为 2～5 mm。深厚的层状云降水中相当一部分是由雪降落进入 0 ℃层后融化形成的。

冰雹的形状多种多样，有球形、椭球形、锥形、扁圆形和无规则形状。小冰雹普遍近于球形，大冰雹则往往是非球形。按尺度和结构可将冰雹分成微(软)雹、冰丸(小雹、冰粒)和冰雹三类。其中，冰雹的密度一般稍小于 0.9 g/cm^3，与透明冰相差无几。

云中的云滴和冰晶通过凝结、凝华等过程可以形成雨滴、雪、霰、冻滴和冰雹。对于雨滴来说，水汽凝结形成云滴后，云滴在温度、湿度和上升气流不均匀分布的环境中通过凝结、随机碰并继续增长，有的可以增长成雨滴。在云的过冷区形成的冰相粒子，如雪、霰和小冰雹，降落进入云的暖区融化也可以成为雨滴。雪可以由单个冰雪晶增长、接触冰雪晶的过冷小雨滴的冻结及冰雪晶聚合形成。雪形成后可以继续凝华增长，也可以继续聚并冰雪晶增长，同时撞冻过冷水增长。冰晶和雪通过撞冻过冷水增长可以形成霰粒子。霰形成后，主要通过撞冻过冷水增长，其次是自身的凝华增长以及对冰晶和雪的收集。冰雹的形成由两个过程决定，霰和冻滴增长达到一定尺度后向雹转化，冰雹形成后主要通过撞冻过冷水增长。

1.2.5 云雾降水形成的微物理过程

成云致雨要经过一系列复杂的微物理过程。云滴和冰晶不能由原来的相态(水汽、过冷水滴)连续演变过来，需要首先在母相中生成新相的胚胎，而后这些胚胎在适宜的条件下再长大成新相粒子。这种产生新相胚胎的过程称为核化。核化分成两类，即同质核化和异质核化。

同质核化指单一相态中部分分子以聚集方式组成纯新相胚胎。在没有其他物质参与下，水滴或冰晶胚胎仅靠水汽分子随机碰撞聚集形成，要求有很高的过饱和度(相对湿度远超过100%)，如在纯净大气中，水汽必须达到百分之几百的过饱和度才能凝结成水滴。而在成云的实际过程中，水汽过饱和度一般都在1%以下，故实际大气条件下同质核化过程几乎不可能发生。自然云中的同质核化只出现在高空−40 ℃以下的极端低温条件下，小水滴同质核化冻结形成卷云、卷层云和卷积云。

自然云的形成，主要是异质核化过程，包括异质核化凝结、异质核化凝华和异质核化冻结。异质核化指有其他物质参与的核化过程，此时外来物质充当着为凝结预先准备好的凝聚物(核)，也阻止了很大过饱和度的出现。它们的存在有利于水的新相产生，并为新相形成提供基底，悬浮于大气中的某些气溶胶质粒可以作为这种基底，称为大气凝结核。凝结核的存在是大气中发生凝结现象的一个必要条件，对于大气中过冷却水滴的冻结来说，冰核也起着很重要的作用。因此，凝结核和冰核的研究与成云致雨等物理问题密切相关。

1.2.5.1 *云凝结核和冰核*

1. 云凝结核

在实际大气可能达到的过饱和条件下，水汽能在其上凝结成云滴或雾滴的微粒称之为云凝结核(CCN)。云凝结核是大气凝结核中吸湿性较强且尺度较大的一种。因为在有云凝结核存在的条件下，水汽凝结所需的过饱和度显著降低，而且凝结核的尺度越大，凝结所需的过饱和度越小，所以云凝结核在成云致雨过程中是必不可少的。

云凝结核由固态物质、溶液滴或两者的混合物组成，其化学成分较复杂。凝结核通常有两种，一种是亲水性物质(不溶于水但表面能为水所湿润)的大粒子，它不溶于水，但能吸附水汽，在其表面形成一层水膜，相当于一个较大的纯水滴；另一种是含有可溶性盐的气溶胶微粒，它能吸收水汽而成为盐溶液滴，属吸湿性核。

大气中云凝结核的多少因地而异。凝结核浓度随气团性质的不同也有差异。在同一地区，随高度的上升凝结核浓度一般迅速降低。此外，水汽在不同性质、不同尺度的凝结核上凝结所需的过饱和度差别很大。云凝结核浓度与水汽过饱和度存在密切的关系，水汽过饱和度越大，云凝结核的浓度也越大。这是因为过饱和度增大以后，在原来不能起凝结作用的某些微粒上，水汽也能凝结，这种现象称为凝结核活化。

云凝结核的主要来源有三种：(1)燃烧时排放到空气中的各种无机盐烟尘；(2)燃烧过程中

或工业生产中排放的硫氧化物和氮氧化物气体与大气中其他物质化合而成的可溶性微粒；(3)尘土和海水飞沫进入大气的海盐微粒。一般说来，大气中并不缺乏云凝结核，只要水汽超过饱和状态，就可以形成云(雾)滴。因为云凝结核的浓度，对形成的云滴的大小和浓度有重要作用，所以它对云中的微物理过程有重要影响。

2. 冰核

冰核是能使大气中的过冷水滴在其上冻结，或能使大气中的水汽在其上凝华而成冰晶的悬浮微粒。根据冰晶生长的方式不同，分别称为冻结核和凝华核。纯净的小水滴，甚至在－40 ℃的条件下仍然不能冻结。大气冰核的存在，可以大幅度提高成冰的温度，使云中成冰的机会增多。

大气冰核主要是不可溶的粒子，有的也包含一部分可溶物。利用电子显微镜可直接辨别出雪晶中有含硅物质的固体核心。大气冰核的主要成分是土壤和灰尘，乃至煤烟矿尘。实际上自然界很多岩石、土壤的粒子都能在－25～－20 ℃起冰核的作用，其中存在最普遍的就是土壤、灰尘。

在给定温度下，单位体积空气所含的微粒中能起成冰作用的冰核数目，称为冰核浓度。它随温度的降低按指数规律增加。在－20 ℃时，每升空气中约有 1 个冰核，温度每下降 4 ℃，其浓度约增大 10 倍。这是因为原来不起冰核作用的许多微粒在降温之后也能起冰核作用的缘故，这种现象称为冰核活化。大气中的冰核浓度不仅有很大的日际变化，而且随气团性质或地域不同而异。

冰核的存在是大气中冰晶生成的重要条件。它影响了大气中冰晶的形成，也影响到降水过程。大气中经常出现过冷云这一事实表明，有效的冰核常常是不足的。实际上人工影响增雨方法中很重要的一个技术就是向云中引入人工冰核。

1.2.5.2 暖云(雨)过程

大气中存在着各种云凝结核，为水汽凝结成云滴提供了条件。湿空气上升膨胀冷却，其中的水汽达到饱和，并在一些吸湿性强的云凝结核上凝结而成初始云滴的凝结核化过程，即常说的暖云(雨)过程。

随着凝结水量的增加，溶液滴的浓度越来越低，所要求的饱和水汽压也越来越高。但是，随着凝结水量的增加，溶液滴的尺度也随着增大，所要求的饱和水汽压又随尺度增大而降低。因此，不同浓度和不同尺度的溶液滴要求的饱和水汽压值各不相同，当环境水汽压大于相应的临界值时，溶液滴即可继续增长，随着尺度的增大，溶液滴渐趋纯水滴，这时溶液滴的饱和水汽压也转而下降。一个含千亿分之一克食盐的微粒，只要环境的相对湿度略大于 100%，即可成为凝结核而生成云滴。

云中空气上升而膨胀冷却时，水汽不断凝结。在凝结过程中，云滴半径的增长速度和云中水汽的过饱和度呈正比，与云滴本身的大小呈反比。因此，在确定的水汽条件下，云滴凝结增长越来越慢。在 0.05%的过饱和条件下，一个由质量为十亿分之一克食盐生成的初始云滴，半径从 0.75 μm 开始，增长到 1 μm 时需要 0.15 s 的时间，增长到 10 μm 时需 30 min，而增长到 30 μm 时就需要 4 h 以上。虽然水汽在少数大吸湿核上凝结可产生大的云滴，但如果要它继续增长到半径为 100 μm 的毛毛雨滴，就需要更长的时间，而积云本身的生命期大约只有 1 h，故在上述情况下不可能形成雨滴；在层状云中，气流上升的速度只有几厘米每秒，大云滴在不断下落的过程中，还来不及长成雨滴，就会越出云底而蒸发掉。总之，在实际大气中，单靠水汽凝结是不能产生雨滴的。

云滴相互接近时，发生碰撞并合而形成更大云滴的现象，称为云滴碰并增长。在重力场中下降的云滴，半径大的速度较快，可追赶上小云滴而发生碰撞并合，这称为重力碰并。但半径不同的云滴相互接近时，由于小云滴会随着被大滴排开的空气流而绕过大云滴，因此在大云滴下落的途中，只有一部分小云滴能和大云滴相碰。相碰的云滴，也只有一部分能够合并，其他则反弹开来。碰并的比例称为碰并系数，其数值由大小云滴的半径所决定，通常都小于 1。大云滴穿过小云滴组成的云体时，在碰并过程中其半径的增长率与碰并系数、大小云滴之间的相对速度和小云滴的含水量呈正比。大云滴的半径越大，碰并增长就越快。

在实际大气中，云滴间的碰撞是一个随机过程。云中一部分大云滴碰并小云滴的机会比平均情况大，因此长得特别快，而其他云滴的碰并速度则比平均情况慢。由于雨滴的浓度只有大云滴的千分之一左右，因此只需要考虑那些长得最快的少数大云滴长成雨滴的过程。用这样的概念建立起来的随机碰并增长理论，所得到的雨滴生成时间，比连续增长的时间大大缩短，这与实际情况更加接近。此外，气流的湍流混合作用和云滴在电场作用下的相互吸引，也能使云滴相互接近而发生碰并。一般认为，这两种机制主要是对小云滴的增长起作用。由液态水构成的云体，若有足够的厚度、足够的上升气流速度和液态水含量，其中的大云滴就可以在碰并过程中长大为雨滴，这种过程称为暖云降水过程。

直径大于 6 mm 的雨滴在下降过程中会严重变形，有时会破裂成若干个小雨滴；在大小雨滴相互碰并的过程中，有时也会分离出一些较小的雨滴，这些情况统称为雨滴的破碎过程。这种由小雨滴在云中反复经历了上升、增长、下落和破碎的过程之后，在一定条件下迅速形成大量的雨滴，称为朗缪尔连锁反应。

1.2.5.3 冷云(雨)过程

在没有冰核的过冷水中，冰相的生成(水由气态或液态转化为固态)是一个由水分子自发聚集而向冰状结构转化的过程。聚集在一起的水分子簇，由于分子热运动起伏(脉动)的缘故，不断形成和消失。分子簇出现的概率随温度的降低而增大。当分子簇的大小超过某临界值时，就能继续增大而形成初始冰晶胚胎。直径为几微米的纯净水滴，只有在温度低于－40 ℃时才会自发冻结；但当过冷水中存在冰核时，在杂质表面力场的作用下，分子簇更容易形成冰晶胚胎。自然云中冰晶的生成，主要依赖于冰核的存在。在－20 ℃时，每升空气中约有 1 个冰核，仅为同体积云凝结核浓度的几十万分之一。因此云中冰晶的浓度，一般远小于水滴的浓度。

在同一低于 0 ℃的温度下，冰面的饱和水汽压比水面小，故相对于水面饱和的环境水汽压而言，冰面的水汽压就是过饱和的，因此在温度低于 0 ℃的过冷云中，一旦出现冰晶，就可以迅速凝华增长。瑞典学者贝吉龙根据这一现象，于 1933 年提出了降水粒子的生成机制。他认为，在温度低于 0 ℃的云中，有大量的过冷水滴存在，冰晶的出现破坏了云中相态结构的稳定状态；云中水汽压处于冰面和水面饱和值之间，水汽在冰面上不断凝华的同时，水滴却不断蒸发；冰晶通过水汽的凝华可迅速长大形成雪晶。这样，水分从大量的过冷水滴中不断转移到少数冰晶上去，终于形成了降水粒子。此即为冰晶过程，又称贝吉龙过程，国内也有人将其称为蒸—凝过程。

一方面，由于过冷水滴蒸发，水汽向冰晶转移，使冰晶变大；另一方面，过冷水滴又和雪晶碰撞而冻结，使雪晶进一步增大。如果参加碰撞而冻结的过冷水滴很多，雪晶就会转化为球状的霰粒。雪晶还可能在运动中相互粘连成雪团而下降。这些固体降水粒子，在落到地面之前未融化者，就是雪、霰等固体降水；落到温度高于 0 ℃的暖区时，就会融化成雨滴。冰晶浓度在很多场合下高于环境的冰核浓度，这说明参与冰晶过程的冰晶，不仅从冰核作用过程中生成，而且当霰等固体降水粒子在−5 ℃左右和直径大于 24 μm 的过冷水滴碰撞冻结时，会产生小的次生冰晶；当松脆的枝状冰晶碎裂时也可能产生一些碎冰粒。这种产生次生冰晶的过程，称为冰晶繁生。

在中纬度地区，形成大范围持续降水的层状云，往往比较深厚，云顶常在 0 ℃层以上，因而云体的上部温度较低，有大量冰核活化，这是产生冰晶的源地。冰晶变大之后降到云体中部，那里有大量的过冷水滴，可通过冰晶过程将水分供给冰晶，使冰晶继续生长。故一般称这种云的上部为播种云，中部为供水云。在这种过程中长大的雪晶和雪团，落入下部 0 ℃以上的暖云中，就融化成为雨滴。

1.3 人工影响天气的基本原理

大气科学研究的目的不只是要认识和掌握大气运动的规律，其最终发展的目的是要运用这些规律造福于人类，人工影响天气是实现这一目的的重要途径，它同经济发展、社会进步、国家安全和人民生活紧密相连。云和降水过程所伴随的能量十分巨大，一气团雷暴以 10^3 km^3 的云体积计算，其含水量的凝结潜热约 2.5×10^{15} J，相当于燃烧 10^5 t 煤的发热量，因而采用瞬时释放大量能量的方式来影响云和降水，像在大气层进行核武器试验那样出现蘑菇云，并在一定大气层结下可伴有阵雨，显然是不现实的。直至目前，只有在局部范围的特殊场合，才使用直接加热方法消暖雾和防霜冻（兼备其他作用）。比较现实可行的方法是在适当的天气条件下，在云降水自然过程中的某些环节，选择适当的时机，通过使用飞机、火箭、高炮等运载工具，向降水云适当的部位播撒催化剂实施人工干预，充分借助于自然规律因势利导，促使云、降水按预定方向加速发展，起到“牵一发而动全身”的功效，以少量代价换取巨大收益，达到增加降水、减少冰雹等目的。

人工影响天气的物理方式按其影响降水过程的不同分为两类，一类是通过人工方法影响云中的微物理过程以提高降水效率，达到增加降水的目的；另一类是通过人工方法影响云中的动力学过程，以增大云中的上升气流，提高云中水分凝结率，达到较明显地增加降水的目的。

归根结底，人工影响天气作业就是影响自然界云雾降水过程的某些临界状态。在这些临界状态下影响触发机制，以致使云中某些微小的变化引起云雾降水过程的相当大的改变。

1.3.1 人工增雨原理

人工增雨是采用人为的办法对空中可能下雨或者正在下雨的云层施加影响，开发云中潜在的降水资源，使降水量增加。有人把云中的水比喻为一座空中水库里的水，闸门开启得小，流出的水量就少，人工增雨就是向云中播撒适当的催化剂，使“小水库”的闸门开大一点，以便让水多流出来一些，从而提高云的降水效率。

实际上，要使云中水转化成为降水，关键是要促使云粒子长大。云粒子只有长得足够大，才能降落到地面成为降水。要使降水粒子长大，主要是通过重力碰并过程，而为了启动和加速重力碰并，就要有足够的初始大云滴（直径在 20～50 μm 以上）。因此，在不降水或降水效率不高的云中，设法增加这样的大云滴就成为人工增雨的关键。可以人工播撒吸湿性核产生这种大云滴(主要是暖云),也可以播撒冰核通过贝吉龙过程形成这种云滴(冷云)。此外,云中的水汽变成水或冰时伴随着巨大的能量转换,通过人工影响可利用这些释放的潜热加大云中的上升运动和云中水汽的凝结量,达到人工增雨的目的。因此,根据作业云体的性质和催化方法,人工增雨可分为冷云增雨和暖云增雨,冷云人工增雨又存在静力催化和动力催化两种播云效应。

1.3.1.1 静力催化和动力催化

在过冷云(温度低于 0 ℃)中,或在云的过冷部位,如果因为缺乏冰晶而不能降水或降水强度较小,可以人工增加云内冰晶浓度,通过静力和动力效应引发降水或增大其降水强度。

引晶催化原理着眼于影响云的微物理过程,可称为静力催化或催化的(静力)微物理响应。通过播云释放潜热影响云及其环境的热力、动力过程,增加云中的温度、上升速度,增大云的发展高度、云的截面积、云中成雨体积和降水持续时间,甚至促进云体合并,主要表现为提高云中水汽的凝结率和持续供应时段,从而可望较大地提高降水的效率,这称为动力催化或催化的动力效应。实际催化中,这两种效应总是同时出现的,其强度同云的特征和催化剂量有关。

1. 静力催化

贝吉龙过程是近代人工影响冷云降水静力催化的物理基础。根据观测结果,在一般的冷云降水中,自然产生的冰晶浓度有时是很低的,导致降水效率一般也很低,若在其过冷却部位播撒适当数量的成冰催化剂,就可以改变云中的微物理过程,实现通过增加冰晶浓度、促进冰水转化,提高降水效率,达到促进和增加降水的目的。

适宜于进行静力催化的云系包括过冷性层状云、地形云、积层混合云、大陆性积云等以冷性降水性质为主导的降水性云系。云顶温度是进行冷云静力催化播云选择的重要条件之一。国内外许多研究表明,当云顶温度高于 −10 ℃或低于 −24 ℃时,播云无效或效果不显著;云顶温度处于 −24～−10 ℃时,播云有效且显著。因此,国内外把 −24～−10 ℃的温度范围称为静力催化有效的播云温度窗。

2. 动力催化

前面提到,自然天气过程的能量十分巨大,其中动力过程起非常重要的作用。据计算,一次风暴过程凝结的水量约为 10^7 t 的量级,其凝结潜热为 2.5×10^{16} J,相当于燃烧 480 万桶石油的热量;台风中的水汽凝结、凝华和水滴冻结每分钟释放的潜热,相当于爆炸 20 个百万吨级核弹所放出的能量。如果直接耗费如此巨大的能量来制造或消灭一个天气过程,实际上是不大可能的,经济上也是不合算的,因此必须寻找自然天气过程中可利用的条件,用少量的耗费促使它们向预定方向发展。人工如何影响云中的动力过程即动力催化就是在这些对云与降水的形成机理具有充分认识的基础上发展起来的科学概念。

积云动力催化的基本原理可以概括为,在云中引入大量催化剂形成冰晶或水滴,进行这些微物理过程时,会释放出潜热,使云内温度升高,形成或增大上升气流,促使云体在垂直和水平方向迅速发展,相应延长云的生命期,云的发展速度加快,水分积累加大,这样可使原来不产生降水的积云产生降水,使本来可能有降水的积云增加降水量。

1.3.1.2 冷云催化和暖云催化

1. 冷云催化

对于冷云的催化,既可以采用静力催化原理也可以采用动力催化原理来实施。在云内人工产生冰晶的方法有两种。一种是在云中投入冷冻剂，如干冰（即固体 CO_2）、液氮。在1013 hPa下，干冰升华温度为－78 ℃，将干冰投入过冷却云中后，在它的周围薄层内便形成一个冷区，在此冷区内，过饱和度很大，水汽分子结合物能够存在和长大。试验表明，当温度低于－40 ℃时，即有同质核化冰晶。因此，在干冰周围形成了大量的冰晶胚胎，其中较大的冰晶经过湍流扩散到四周空间，继续增长为更大的降水质点后下落。在不同温度下，干冰所产生的冰晶数是不同的。按实验室测定，当云温为－15～－2 ℃时每克干冰可产生 $8\times10^{11}\sim8\times10^{12}$ 个冰晶。另一种方法是引入人工冰核（凝华核或冻结核）。目前人们认为 AgI 是一种非常有效的冷云催化剂。AgI 具有 3 种结晶形状，其中六方晶形与冰晶的结构相似，能起冰核作用，适用于－15～－4 ℃的冷云催化。每克 AgI 所能产生的冰晶数视温度而定，温度低，有效冰核数目多，产生的冰晶数也多。

综上所述，对于冷性云系的人工增加降水活动，可根据当时的发展条件，选择用动力催化或静力催化的方法进行。两种催化方法的相同点是，影响区域都是过冷水云区域，影响的对象都是过冷却云区，使用的催化剂都是冷云催化剂。动力催化和静力催化的不同点是，着眼点不一样，静力催化把过冷却云层中的云水变成降水质粒，动力催化是用过冷云滴冻结时释放的潜热加强上升气流，使积云发展；两种方法采用的催化剂量不一样，静力催化每立方米只需 $10^3\sim10^4$ 个冰核，动力催化要使过冷水滴尽快地冰晶化，必须大剂量播撒，一般每立方米需 $10^5\sim10^6$ 个冰核，与静力催化有 1～2 个数量级的差异。

2. 暖云催化

暖云降水的形成过程是云内具有足够的较大水滴，这些较大水滴靠重力碰并过程迅速长大为雨滴。因此，在缺乏大水滴而不能降水或降水强度不大的云内，通过拓宽云（雨）滴谱，即人工地引进更多的大水滴或可以产生大水滴的吸湿性物质，就可以引发降水或增大降水的强度。

近年来采用吸湿性焰剂在云底附近上升气流区播撒大的人工凝结核，可使云滴数变少，容易产生雨滴，从而促进和加大地面降雨。

国外近年来又重新关注起用吸湿性化学物质催化暖、冷云以促进暖雨过程（凝结/碰并/分裂繁生机制），从而达到增雨的技术。促进暖雨过程主要有两种方法，第一种方法是利用微小颗粒（平均直径为 0.5～1.0 μm 的人工云凝结核）进行催化，通过改变云底初始云滴谱来激发凝结-碰并过程，从而加速降水的发生；第二种方法是用较大的吸湿性颗粒（直径大于 10 μm 的人工降水胚粒）进行催化，通过激发碰并过程加速降水的生成。

1.3.2 人工防雹原理

所谓人工防雹，是采用人为的办法对一个地区上空可能产生冰雹的云层施加影响，使云中的冰雹胚胎不能发展成冰雹，或者使小冰粒在变成大的冰雹之前就降落到地面。

冰雹云常常是发展很旺盛的对流云。产生冰雹的主要条件是云中要有强垂直运动的气流，并且蕴含大量水分。只有这样，云中小的冰雹胚胎才有发展成冰雹的足够水分供应，才有充分的机会捕捉云中水分使自身不断增大。人工防雹的原理，就是设法减少或切断给小雹胚的水分供应。所采取的主要方式有 3 种，第一种方式是向云中撒播 AgI 等成冰催化剂，使云中产生大量人工冰雹胚胎颗粒，与自然冰雹胚胎争夺云中的过冷水滴，大幅度减小冰雹的体积。当小冰雹落到温度高于 0 ℃的暖云中时，冰雹融化成雨，即使未完全融化，也大幅度减轻了危害程度。第二种方式是在云的下部撒播大小适宜、数量足够的盐分、尿素等吸湿颗粒，这些颗粒因吸湿而产生大的水滴，促进暖雨的发展，减少过冷水滴的数量，夺取了冰雹增大所需的水分，遏制了冰雹的发展。第三种方式是沿用传统的火箭或高炮轰击雹云，爆炸产生的冲击波可改变云中的上升气流，震碎发展中的冰雹颗粒，起到减小冰雹危害、增加降水的目的。当前，我国普遍采用高炮或火箭发射碘化银炮弹的办法进行人工防雹作业。

1.3.3 人工消雾原理

人工消雾是指用人工影响的方式消除局部区域内的雾滴以提高能见度的办法，多用在机场、港口等公共场所。依据人工消雾的观点，主要按雾中温度低于 0 ℃或高于 0 ℃将雾分为冷雾和暖雾，以便采取相应的作业技术方法。

1. 人工消冷雾

人工消冷雾主要采用播撒人工冰核（AgI）或致冷剂（干冰、液氮、液态 CO_2 和液态丙烷）促使在冷雾中形成适量冰晶，通过蒸-凝过程，冰晶与水汽和水滴共存，由于冰面饱和水汽压小于水面饱和水汽压，雾中的水汽便会迅速凝华到冰晶上，水滴不断蒸发、数量减少，冰晶凝华增长，并在其下落过程中碰冻一部分雾滴，促使冷雾消失，使能见度明显增大。从技术上讲，人工消冷雾较为成熟，已在一些经常发生冷雾的机场和关键高速公路地段投入业务化应用。

2. 人工消暖雾

人工消暖雾技术尚未投入业务，还处于进一步试验研究之中，近年来取得了一些重要进展。(1)加热法。通过燃烧或释放高温气体加热空气，使雾蒸发消散。(2)吸湿法。向雾中撒播大小适宜的氯化钠、尿素、氯化钙等吸湿性物质，在雾中培植大水滴，拓宽雾滴谱，诱发碰并过程，造成雾滴的减少和沉降，使雾消散。(3)扰动法。加强空气的对流，促进雾滴蒸发，使雾消散。(4)采用直升机破坏雾层顶部的逆温层，使逆温层上的干热空气下沉到雾层而引起蒸发消散。

1.3.4 其他

人工增雨、人工防雹、人工消雾在国内外已有许多成功的实例，一些地方已投入业务性减灾作业，收到了明显的效果。除此之外，人工影响天气还包括人工消减雨、人工防霜冻、人工抑制闪电等其他活动。作为人工影响天气科学技术领域现阶段的组成部分，这些人工影响天气的途径和方法也在试验和试用中，并不乏成功的实例。但总的来说，这些技术仍不成熟，都处于研究试验阶段。

1. 人工抑制闪电

闪电分云闪（云内闪、云间闪、云与云外空间闪）和地闪（云地闪），其中云地闪约占 20%，云地闪造成大量人畜伤亡以及建筑物和电器、微电器的损毁，云地闪也是森林火灾的主要火源。为了减少和抑制自然雷电闪击的危害，科学家们利用各种技术进行试验。主要考虑以下 4 种可能有效的途径：(1)在雷暴云内播撒人工冰核，加强云内冰晶化过程，削弱起电机制的功率；(2)对雷暴云中强电位梯度区，播撒金属箔针（表面镀金属的玻璃纤维针状物），增加雷暴发电机的损耗（通过电晕放电）；(3)以可控制的速率和范围局部进行人工引发雷电；(4)在雷暴内设法阻止产生闪击的触发机制。总之，人工抑制雷电闪击的试验次数还不多，效果也不很显著，仍处在探索阶段。

2. 人工防霜

为了防止低温霜害对农业作物造成的损害，在我国农村采用烟雾方法防霜较为普遍。烟雾防霜法成本较低，其主要是通过烟雾的热效应来达到升温效果，减弱夜间冷却的程度，一般来说，只对轻霜冻适用。另外，还有加热法、送风法、喷水法、泡沫法等许多不同的防霜技术方法，目的是减少地表辐射冷却和有效辐射，加强近地层大气湍流的混合扰动，达到调节近地层气温、防止热损失的目的。

3. 人工消减雨

人工消减雨一般包含两方面的目的，一是人工抑制局地暴雨，调节降水分布以减少洪涝灾害；另一是在特定时段对较小范围通过人工调节局地降水分布消除云雨，服务于预定日期举办的重大节日庆典活动。人工消减雨的指导思想是设法改变自然云的降水状态或过程，从而在特定区域降低降水效率；使云提前或延缓降水过程，使降水空间再分布。人工消减雨主要有以下途径。

(1)提前降水

根据特定时间、空间需求，为了避免目标区受到自然降雨影响，在上风方及周围邻近地区等即将影响目标区降雨云系的来向，进行大规模连续催化作业，使云中小水滴长成大水滴，提前降落，从而改变降雨分布，使无雨或小雨空隙出现在目标区上空。

(2)过量播撒

对云密集播撒产生高浓度冰晶，众多冰晶和自然冰晶竞争有限环境水资源，“分食”水汽，使较大水滴变成小水滴或水汽，从而延缓或减弱降水。播撒剂量取决于云中湿度、云厚和环境风等。

(3)动力下沉

在对流云云顶大量播撒吸湿性粗粒子粉剂，在云中产生下沉气流，破坏云的平衡状态，使干空气进入云中，水滴蒸发，吸湿性物质将蒸发的水汽吸附，加快下沉速度，同时粒子的碰并增长也会使气团的下沉运动得到加强，从而达到抑制对流云发展和减少降水的目的。

要把上述人工影响天气的基本原理用到实际工作中，还有许多技术问题需要解决，其根本原因在于自然界的复杂性。每一个地方、不同的云的情况都不一样，更困难的是我们很难对每块云都了解得十分清楚。因此，应该怎样去影响云，应该在什么时候、在什么部位施加多大的影响，会得到什么结果等一系列问题都需要进行深入的研究。

思考题

1. 高云、中云、低云分别包含哪些云属？
2. 云是如何形成的？
3. 什么是核化？核化分为哪两类？
4. 何为云凝结核(CCN)？
5. 云凝结核的主要来源有哪些？
6. 何为冰核？
7. 简述对流云宏观特征。
8. 简述层状云宏观特征。
9. 简述积层混合云宏观特征。
10. 简述冷云降水机制。
11. 简述暖云降水机制。

12. 简述云雾生成的宏观条件。
13. 各种云粒子的基本尺度、形状及浓度是什么？
14. 何为静力催化？
15. 何为动力催化？
16. 暖云增雨的基本原理是什么？
17. 冷云增雨的基本原理是什么？
18. 人工防雹的基本原理是什么？通常有哪些方法？

第 2 章　云和降水物理探测

2.1　云和降水粒子谱测量及其他机载测量

粒子谱是指单位体积中粒子的数量随粒子大小的分布，云和降水粒子谱分析研究属于云降水物理学研究的一部分。进行云和降水粒子谱测量，主要目的是分析不同类型的自然云和降水的特征，研究云和降水形成、发展及演变的物理机制，进而为建立相应的云降水数值模式奠定基础。云降水形成时的自然环境和相应的微物理过程十分复杂，开展观测研究也面临诸多困难，我们对云降水的形成机制、云降水微物理特征变化等方面的认识还有很大的提升空间，因此探测和研究以自然云为宏观背景的粒子群体的演变规律，仍然是现阶段云和降水微物理学的重要发展方向。

在人工影响天气领域，我们关注的云和降水粒子的一些特征参数可以通过卫星、多普勒天气雷达等探测数据计算和反演，利用天基、地基等多元观测数据反演云微物理特征参数的研究也不断取得进展，但目前研究云微物理的最可靠数据，仍然是依靠飞机搭载的空基观测装备在云中进行直接探测得到。现有的机载大气探测装备，能够在飞机穿云过程中实现对气溶胶、云粒子和降水粒子等云中不同尺度粒子的全谱段精确观测，对云中液态水含量、水汽含量、总水含量等云水资源分布的直接观测，辅以对高空大气温度、湿度、气压、风向、风速等基本气象要素的同步观测，可以为现阶段云微物理研究提供较为全面和精确的数据。

2.1.1　利用激光雨滴谱仪观测地面降水粒子谱

雨滴谱(rain drop size distribution,DSD)是指在单位体积内雨滴大小的分布。雨滴谱观测是云降水物理学研究的重要内容之一，通过雨滴谱分布可以计算各种降水物理参量，如粒子数密度、雨水含量、雨强和雷达反射率因子等，也可以基于雨滴谱数据的统计分析，建立雷达反射率因子和降水强度的经验关系(牛生杰 等,2002;史晋森 等,2008)。

早期测量雨滴谱的方法主要有滤纸色斑法、动力学法、面粉球法、快速摄影法和浸润法等(濮江平 等,2007)，这些传统的方法主要靠人工采样观测，工作量大，时间分辨率低，产生的误差也很大，难以进行精确的研究分析。现在采用的观测方法，主要是利用激光雨滴谱仪进行自动化、高时间分辨率的实时观测。著名气象仪器生产商德国 OTT 公司生产的 Parsivel 激光雨滴谱仪是以激光为基础的光学粒子测量器，可同时测量降水中所有液体和固体粒子的尺度和速度(安英玉 等,2008)。需要注意，激光雨滴谱仪在安装时要保持水平，观测时要保证激光器窗口清洁，这对获取准确的观测数据非常重要。本教材以德国 OTT 公司的 Parsivel 激光降水粒子谱仪为例，介绍地面降水粒子谱的观测。

2.1.1.1　激光雨滴谱仪的观测原理及天气现象识别

激光雨滴谱仪的观测原理如图 2.1 所示。激光发生器发出激光，照射到激光接收器上，当激光束里没有降水粒子降落穿过时，激光接收器的电压最大，降水粒子穿过水平光束时以其相

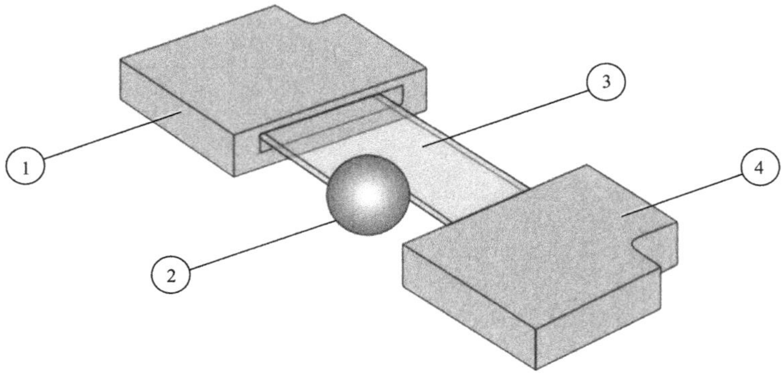

图 2.1　激光雨滴谱仪观测原理

（1—激光发生器，2—降水粒子，3—激光束，4—激光接收器）

应的直径遮挡部分光束，降低了输出电压，从而可以确定降水粒子的直径大小（等效直径）；降水粒子开始进入光束到完全离开光束所经历的时间定义为电子信号的持续时间，降水粒子的下降速度是根据电子信号的持续时间推导出来的。

降水粒子下落时并非标准的球形，激光雨滴谱仪测量的降水粒子直径实际上是降水粒子的长轴直径，因此还应对降水粒子的等效直径进行形变订正。对降水粒子进行形变订正时，可将降水粒子的等效直径分为 3 类：

$$D=\begin{cases} D_H & D_H \leqslant 1\ \text{mm} \\ D_H(1.0075-0.075D_H) & 1\ \text{mm}<D_H\leqslant 5\ \text{mm} \\ 0.7D_H & D_H>5\ \text{mm} \end{cases} \tag{2.1}$$

式中，D 为订正后的降水粒子等效直径，D_H 为未订正的降水粒子等效直径。一般认为，自然液态降水中直径大于 6 mm 的雨滴在下落过程中会破碎成为更小的雨滴，形变订正后仍大于 6 mm 的雨滴可能是由雨滴重叠引起的，分析时应予以慎重考虑。

激光雨滴谱仪按照直径（D）和速度（V）两个维度对被测量粒子进行分类，分类的度量标准是小粒子和慢粒子的级别小，大粒子和快粒子的级别大，其中在直径（D）和速度（V）维度上分别有 32 种类别，降水粒子分类共有 32×32＝1024 种（部分见表 2.1、表 2.2）。不同类型的降水现象，降水粒子分布特征不同，对降水粒子分类后，激光雨滴谱仪就可以根据降水粒子的分布特征判断天气现象。例如，冰雹天气发生时冰雹直径和速度都较大，降雪天气发生时雪粒子直径大但速度小，而毛毛雨天气下降水粒子直径和速度都较小。

2.1.1.2　利用雨滴谱数据分析降水过程的微物理特征参量

分析降水过程的微物理特征参量，一般应选取某一连续降水时段（降水持续时间不少于 5 min）的雨滴谱数据，通过平均雨滴谱进行分析。1024 种降水粒子分类中，某一速度和直径分类下对应的降水粒子数浓度计算公式为：

$$N_i(D_i)=\frac{n_i(D_i)}{V_i(D_i)\times\Delta_i(D_i)\times S\times T} \tag{2.2}$$

式中，$N_i(D_i)$ 为某一速度和直径分类下单位体积内降水粒子数浓度，$n_i(D_i)$ 为该类型降水粒子个数，$V_i(D_i)$ 为该类型降水粒子速度，$\Delta_i(D_i)$ 为该类型降水粒子等效直径范围，S 为采样面积，T 为采样时间。

表 2.1 按等效体积直径的分类

类别	本类平均直径(mm)	本类覆盖范围(mm)
1	0.062	0.125
2	0.187	0.125
3	0.312	0.125
4	0.437	0.125
5	0.562	0.125
6	0.687	0.125
7	0.812	0.125
8	0.937	0.125
9	1.062	0.125
10	1.187	0.125
11	1.375	0.250
12	1.625	0.250

表 2.2 按等粒子下落速度的分类

类别	本类平均速度(m/s)	本类覆盖范围(m/s)
1	0.050	0.100
2	0.150	0.100
3	0.250	0.100
4	0.350	0.100
5	0.450	0.100
6	0.550	0.100
7	0.650	0.100
8	0.750	0.100
9	0.850	0.100
10	0.950	0.100
11	1.100	0.200
12	1.300	0.200

根据平均雨滴谱可计算多种微物理参量，其中 6 个常用的微物理参量为平均直径、众数直径、平均体积直径、优势直径、中数直径、中数体积直径，分别用 D_m、D_d、D_v、D_p、D_{nd}、D_n 表示。6 种直径的物理意义及计算方法见表 2.3，表中的 $N_i(D_i)$ 由平均雨滴谱计算得到。

表 2.3 平均雨滴谱的 6 个微物理参量

微物理参量	符号	定义	表达式
平均直径	D_m	全部雨滴的直径总和除以雨滴总数	$D_m = \sum_{i=1}^{max} N_i(D_i)D_i \Big/ \sum_{i=1}^{max} N_i(D_i)$
众数直径	D_d	最大频率直径	$N(D)$最大值所对应的直径
平均体积直径	D_v	平均雨滴体积对应的直径	$D_v = \left[\sum_{i=1}^{max} N_i(D_i)D_i^3 \Big/ \sum_{i=1}^{max} N_i(D_i)\right]^{1/3}$
优势直径	D_p	对含水量贡献最多的直径	$N(D)D^3$ 最大值对应的直径
中数直径	D_{nd}	降水粒子数的一半是由大于此直径的大雨滴组成的	$2\int_{D_{min}}^{D_d} N(D)dD = \int_{D_{min}}^{D_{max}} N(D)dD$
中数体积直径	D_n	含水量的一半是由大于此直径的大雨滴组成的	$2\int_{D_{min}}^{D_n} D^3N(D)dD = \int_{D_{min}}^{D_{max}} D^3N(D)dD$

计算降水粒子的数浓度是分析降水粒子微物理特征参量的基础。计算每一类型降水粒子的数浓度后，对粒子直径进行积分(求和)，可得到降水粒子的尺度谱分布；对粒子速度进行积分(求和)，可得到降水粒子的速度谱分布。也可以通过降水粒子数浓度进行降水粒子含水量、降水强度分析和雷达反射率反演等。

$$N_T = \sum \frac{n(D)}{V(D)\times S\times T} \tag{2.3}$$

$$W = \sum \frac{\pi}{6} \times 10^{-3} \rho_w D^3 \frac{n(D)}{S \times T \times V(D)} \tag{2.4}$$

$$Z = \sum 6\pi \times 10^{-4} D^6 \frac{n(D)}{S \times T \times V} \tag{2.5}$$

$$\mathrm{dBZ} = 10 \lg Z \tag{2.6}$$

$$R = \sum 6\pi \times 10^{-4} D^3 \frac{n(D)}{S \times T} \tag{2.7}$$

式中，N_T 为总降水粒子数浓度，W 为降水粒子总含水量，Z 为雷达反射率因子，dBZ 为雷达反射率，R 为分钟雨强。降水过程的微物理特征参量既可以通过个例进行有针对性分析，也可以通过长期观测数据进行统计分析。需要注意的是，上述微物理参量的分析主要针对尺度小于 6 mm 的自然发生的液态降水，固态降水或在特殊天气条件下观测到的数据，可能需要根据实际情况另行制定分析方法。

2.1.1.3　地面降水粒子谱的分析

降水粒子（雨滴）谱主要指大量的雨滴中雨滴数密度随直径的分布，称为雨滴尺度谱，也指雨滴数密度随速度的分布，称为雨滴速度谱。雨滴谱是雨滴生成、下落、增长、破碎、蒸发等过程的综合结果，其一般形式是数密度随直径增大而迅速减小（图 2.2），最大雨滴直径称为谱宽。雨滴谱随云的种类、降水机制不同等而不同，在一次降雨中也可能有明显的变化。如阵性降水的雨滴谱一般较宽，数密度随直径减少较缓；连续性降水雨滴谱较窄，数密度随直径减小较快。

1948 年 Marshall 和 Palmer 最早提出雨滴谱的分布为指数形式，而 Ulbrich（1977）则认为使用 3 参数的 Gamma 型分布更能描述实际的雨滴谱分布。许多研究（Willis，1984；Atlas et al.，1977；赵震 等，2005；Loffler-Mang et al.，2000）表明，M-P 分布仅适用于较为稳定的层状云降水，而积层混合云和对流云的降水不稳定，M-P 分布在小滴和大滴处有较大偏差。而 Gamma 分布对于层状云、积层混合云和积雨云降水均有较好的适用性，在进行雨滴谱拟合时也能达到更高的精度（濮江平 等，2010），Gamma 分布的表达形式为

$$N(D) = N_0 D^{\mu} \cdot \exp(-\lambda D) \tag{2.8}$$

式中，D 为雨滴直径，$N(D)$ 为单位尺度间隔、单位体积内的雨滴数，N_0、μ 和 λ 为谱分布表达式中的 3 个参数，N_0 是与粒子浓度相关的参数，μ 是雨滴谱分布的形状，λ 是雨滴谱分布的斜率。

雨滴谱的拟合，既可以选择最小二乘法，也可以选择阶矩估计法。最小二乘法是用数学方法进行拟合，其优势是方法简单，拟合曲线与实际观测曲线更为接近（图 2.2）；阶矩估计法在数值模式中使用较为广泛，其优势是每一阶矩量都有明确的物理意义，但阶矩估计法拟合曲线时需要 3 个阶矩量，而可选的阶矩量较多，因此不同的阶矩选择方案会对曲线拟合结果产生不同影响，选择合适的阶矩量非常关键（郑娇恒 等，2007）。

研究（陈磊 等，2013；刘红燕 等，2006；杨俊梅 等，2016；冯雷 等，2009）表明，反射率因子（Z）与雨强（I）存在一定的关系，可用于定量估测降水。Z-I 关系会因地理位置的不同而不同，也会因为降水性质及时空特征不同而不同。反射率因子（Z）与雨强（I）的关系可表示为

$$Z = aI^b \tag{2.9}$$

根据实测资料，利用最小二乘法可确定系数 a 和 b。雷达定量估测降水通常也是根据这

个关系式来完成的(图 2.3)。

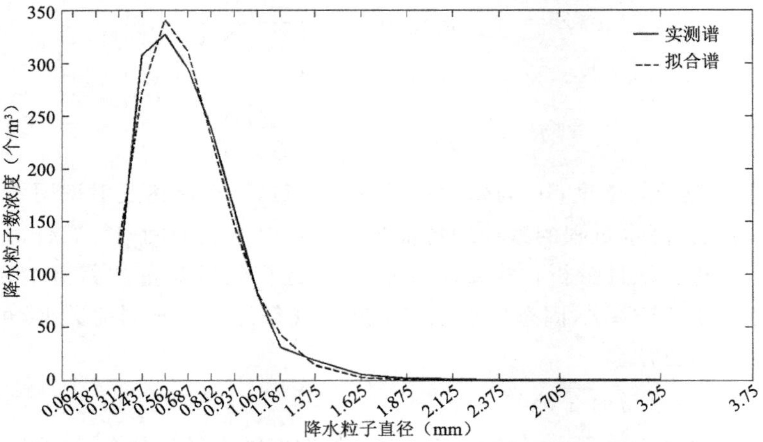

图 2.2　2014 年 8 月 30 日内蒙古气象科研所站混合性降水个例的雨滴谱及利用最小二乘法进行的雨滴谱拟合

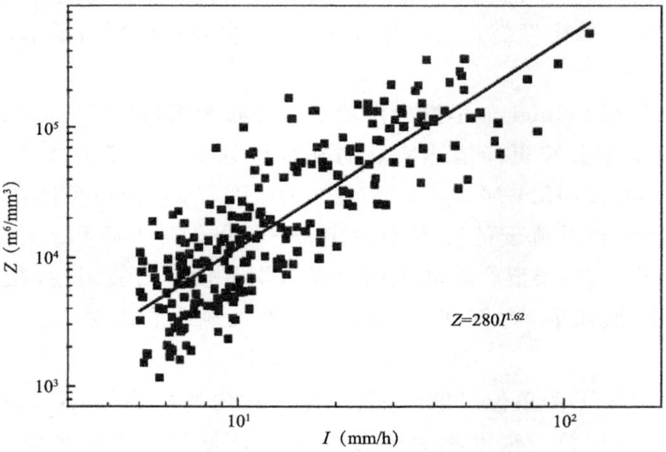

图 2.3　呼和浩特地区对流云降水的 Z-I 关系分析结果

雨滴谱仪可以对降水粒子下落末速度进行测量，时段内各粒子的直径尺度 D，对应其粒子的平均下落末速度(V)，即为降水粒子平均速度谱分布，可用于多普勒天气雷达速度数据的检验等方面(罗启铭 等，2015)。降水粒子平均速度谱计算公式为：

$$V_t = \frac{\sum n(D) \times V(D)}{\sum n(D)} \tag{2.10}$$

式中，V_t 为某一粒子直径对应的粒子平均下落末速度，$n(D)$为实测降水粒子数，$V(D)$为对应的降水粒子速度。一般认为，降水粒子末速度分布服从 Gunn-Kinzer 实验曲线。Gunn-Kinzer 实验曲线的表达形式为

$$V = 9.65 - 10.3^{-0.6D} \tag{2.11}$$

速度谱拟合可利用公式 $V_t = c_1 - c_2^{-0.6D}$ 的形式做出拟合曲线，并给出各项拟合参数(图 2.4)。

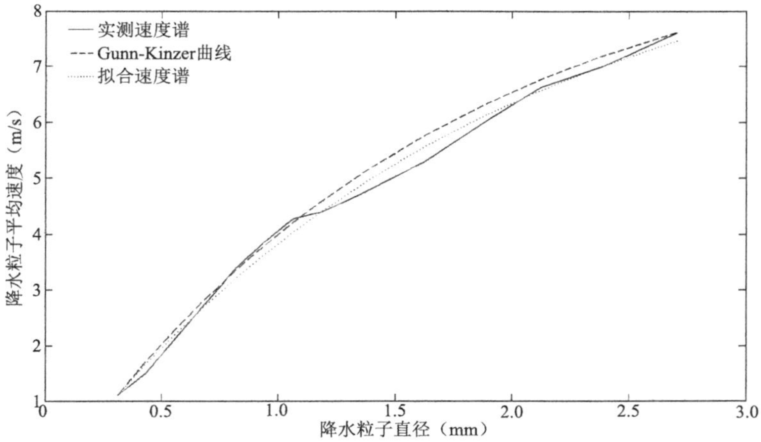

图 2.4　2014 年 6 月 30 日呼和浩特降水过程的降水粒子速度谱分析

2.1.2　利用机载探测装备探测云微物理量

云微物理探测和分析研究一直是云降水物理学领域中的核心内容之一。云微物理量的探测数据，为基础理论的不断发展和研究方法的不断丰富提供了最基础的数据支撑，探测技术正在向地基、空基、天基结合的方向发展，探测内容逐步向全要素、全谱段方向扩展。随着内蒙古自治区人工影响天气事业的不断发展，机载探测装备越来越先进，飞机大气探测能力也有了长足进步。

目前，依托机载大气探测装备，已经能够实现高空风、温、湿、压等基本气象要素的观测，0.1～6200 μm 云中不同尺度粒子谱探测，15～6200 μm 粒子二维图像探测，不同过饱和度下云凝结核探测，云中液态水含量、水汽含量、总水含量等云水分布特征观测和云中其他微物理量的观测。

2.1.2.1　机载大气探测系统组成

世界上有多个科研仪器生产厂商开发和研制机载大气探测设备，其中进入我国人工影响天气科研领域较早的是美国 PMS 公司研制的机载大气探测设备，于 1981 年由中国气象科学研究院人工影响天气研究中心率先引进，之后部分省级人工影响天气部门陆续引进该公司产品。现阶段我国应用较多的是美国 DMT 公司研制的机载大气探测设备，DMT 公司在技术上改进了 PMS 公司的产品，发展了新的测量技术，观测能力较强。美国 SPEC 公司进一步升级云微物理探测技术，在云粒子高清摄像、探测系统集成、飞机改装方案设计等方面有一定的技术优势，其产品测量更精确，粒子图像更清晰。本教材以美国 DMT 公司生产的机载大气探测系统为例，介绍利用机载探测装备探测云微物理量的相关内容。

机载云粒子探测系统的组成及探头简要参数见表 2.4，各组成部分在机舱内外的安装部署位置见图 2.5。除飞机综合气象要素测量系统、露点仪和热线含水量仪外，其他各探头的测量原理基本上是根据云粒子的光学散射特性，利用激光测量技术进行云粒子谱和云粒子二维图像的测量。

表 2.4　DMT 机载云粒子探测系统组成及简要参数

<table>
<tr><th colspan="2">部件名称</th><th>功能/测量项目</th><th>量程</th></tr>
<tr><td colspan="2">飞机综合气象要素测量系统(AIMMS-20)</td><td>测量温度、静压、动压、湿度、风速、风向、垂直风速、飞行经纬度、飞行高度和飞机姿态</td><td></td></tr>
<tr><td colspan="2">露点仪
(EdgeTech Hygrometer)</td><td>大气露点</td><td>−40～+60 ℃</td></tr>
<tr><td colspan="2">单室云凝结核计数器(CCN-100)</td><td>云凝结核数浓度</td><td>过饱和度范围 0.1%～2%
最大浓度范围 0～6000 cm^{−3}
粒子尺寸范围 0.5～10 μm</td></tr>
<tr><td colspan="2">(机载)气压空腔气溶胶谱仪
(PCASP-100X)</td><td>大气气溶胶浓度及谱分布</td><td>测量 0.1～3 μm 粒子</td></tr>
<tr><td rowspan="3">(机载)云、气溶胶和降水粒子组合探头(CAPS)</td><td>云和气溶胶探头
(CAS)</td><td>小云滴和气溶胶粒子浓度及谱分布</td><td>测量 0.54～50 μm 粒子</td></tr>
<tr><td>云粒子图像探头
(CIP)</td><td>云粒子浓度、谱分布及粒子二维图像</td><td>测量 15～930 μm 粒子</td></tr>
<tr><td>热线含水量仪
(LWC-100)</td><td>云中液态水含量</td><td>测量范围 0～3 g/m³</td></tr>
<tr><td colspan="2">(机载)降水粒子图像探头(PIP)</td><td>降水粒子浓度、谱分布及粒子二维图像</td><td>测量 100～6200 μm 粒子</td></tr>
<tr><td colspan="2">机载安装机柜和机载配电盒</td><td>固定机舱设备、电源分配控制</td><td></td></tr>
<tr><td colspan="2">粒子分析及显示系统(PADS)</td><td>计算和显示飞机大气探测数据,生成数据文件</td><td></td></tr>
</table>

图 2.5　机载云粒子探测系统在飞机上的安装部署位置

2.1.2.2　飞机综合气象要素测量系统(AIMMS-20)探测内容及探测原理

飞机综合气象要素测量系统由加拿大 Aventech 公司研制,由 DMT 公司集成在其机载探测系统中,它能够测量高空大气基本要素、GPS 数据和飞机姿态数据 3 类。高空大气基本要素包括温度、相对湿度、静压、动压、水平风向风速和垂直风速等,GPS 数据包括经度、纬度、高度和飞行速度等,飞机姿态数据包括飞机横滚角、俯仰角、偏航角、侧滑角和真空速等。

飞机综合气象要素测量系统的组成外形及探测原理示意图见图 2.6。高空大气基本要素主要通过 AIMMS-20 探头获得。AIMMS-20 探头前端和中部分布有若干用于测量气压的小孔，探头通过计算不同小孔之间的气压差，获取水平和垂直风向风速、空速和静压等参数。GPS 数据由 GPS 天线获得，飞机姿态由飞机姿态传感器获得。

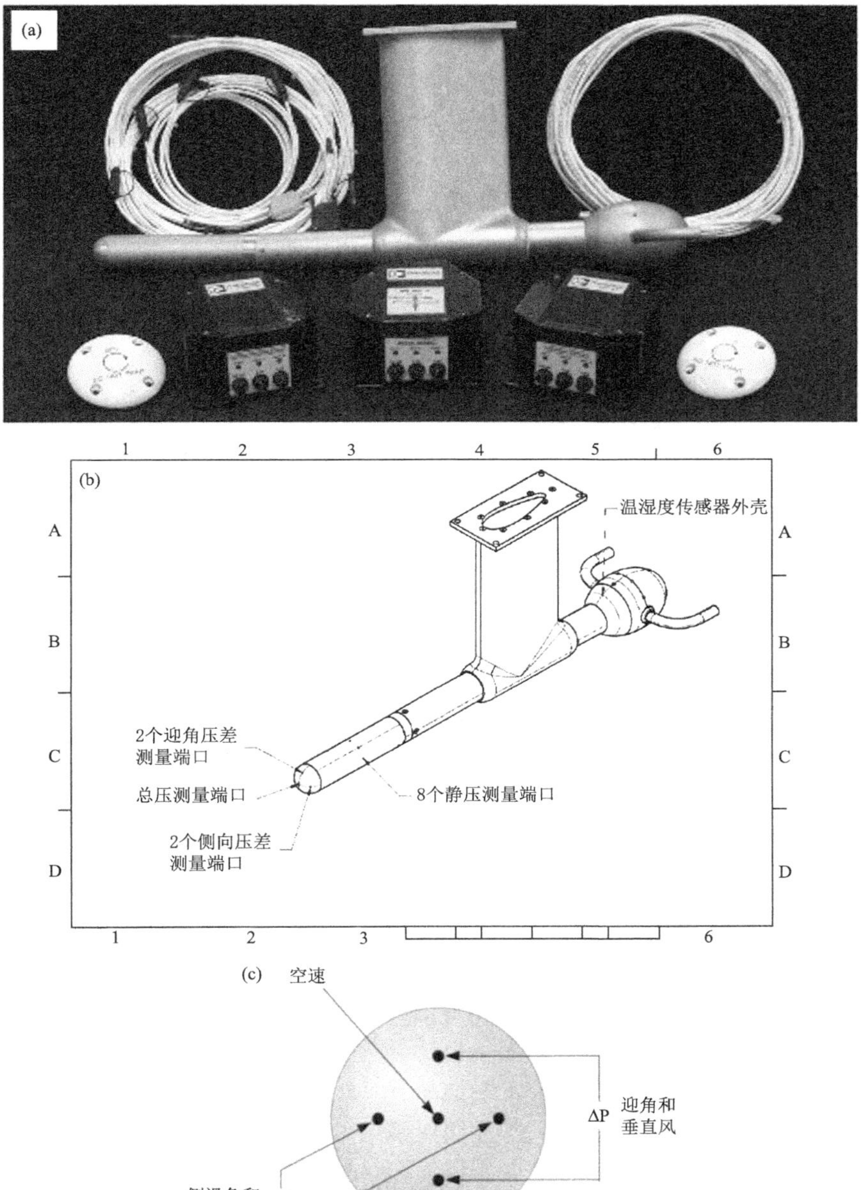

图 2.6　飞机综合气象要素测量系统(AIMMS-20)组成、外观及测量原理
(a)AIMMS-20 组成部件；(b)AIMMS-20 探头设计图；(c)AIMMS-20 测量原理示意

2.1.2.3　露点仪探测内容及探测原理

露点仪由美国 EdgeTech 公司研制，由 DMT 公司集成在其机载探测系统中，它主要用于测量露点温度。在空气中水汽含量不变，保持气压一定的情况下，使空气冷却达到饱和时的温度称为露点温度，也就是水蒸气与水达到平衡状态的温度。实际温度与露点温度之差表示空气距离饱和的程度。实际温度高于露点温度时，表示空气未饱和，实际温度等于露点温度时，空气达到饱和状态，实际温度低于露点温度时为过饱和状态。

露点仪外观及探测原理见图 2.7。露点仪采用镜面冷凝式露点测量技术，是一种测量露点温度的主要技术方法。被测空气掠过金属镜面，当镜面温度高于空气的露点温度时，镜面呈干燥状态，此时光源发出的光照在镜面上几乎完全反射；冷却镜面使其温度不断降低，当镜面温度降至露点温度时，镜面上开始结露或结霜，光照在镜面上出现漫反射，此时的镜面温度即为露点温度。镜面温度由一紧贴在冷镜面下方的铂电阻精密温度传感器获得。本教材中介绍的露点仪，还采用了美国 EdgeTech 公司开发的自动平衡循环校正技术，能够对镜面污染进行自动校正。

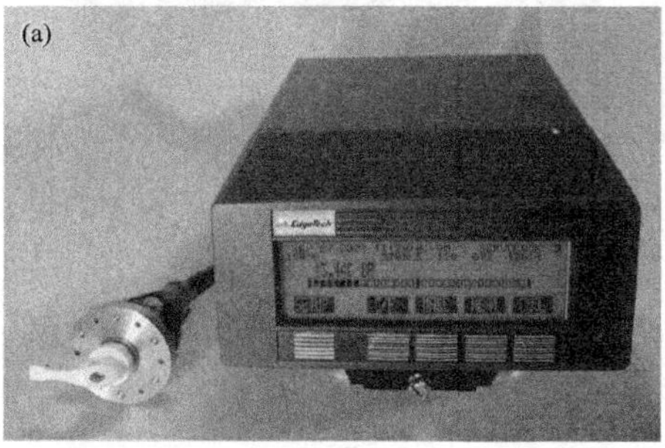

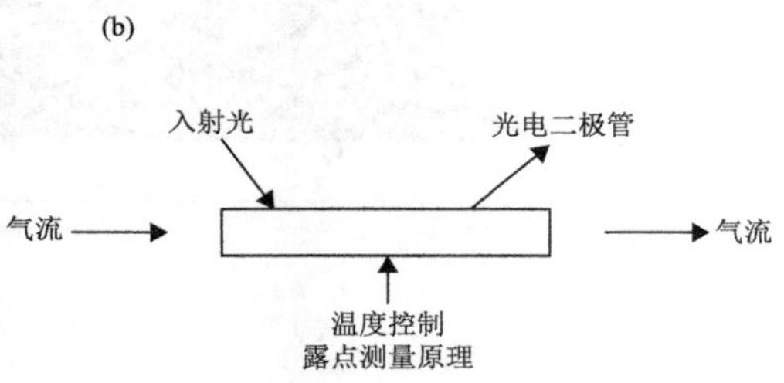

图 2.7　露点仪外观(a)及测量原理(b)

2.1.2.4　单室云凝结核计数器(CCN-100)探测内容及探测原理

云凝结核计数器由美国 DMT 公司研制，它主要用于测量不同过饱和条件下的大气中云凝结核的浓度。云凝结核计数器的核心部件是一个 50 cm 高的圆柱体云室，通过控制温度和湿度变化，在云室中形成不同的过饱和度，云凝结核进入云室后，在过饱和条件下长大并下落，用激光测量降落的粒子，从而测得云凝结核的浓度。单室云凝结核计数器(CCN-100)包含一个云室，也有双云室凝结核计数器(CCN-200)，包含 2 个相同的云室，可同时测定 2 种过饱和度状态下云凝结核的浓度。该设备由触摸屏控制和显示，由外部计算机的串行数据进行输出，既可单独使用，也可以集成在机载探测系统中，与多种探测设备共同使用。单室云凝结核计数器(CCN-100)的外观见图 2.8。单室云凝结核计

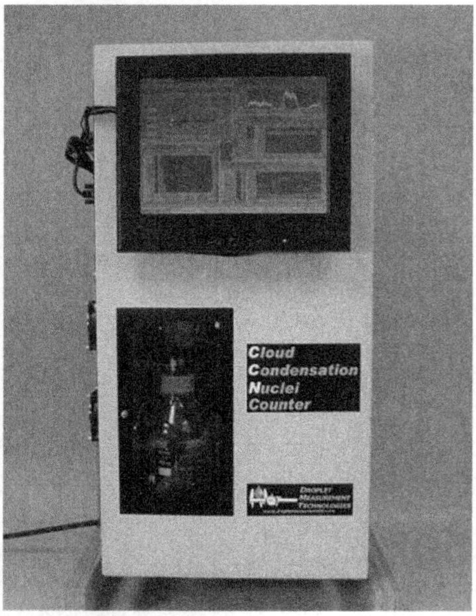

图 2.8　单室云凝结核计数器(CCN-100)外观

数器(CCN-100)的探测内容见表 2.5。

表 2.5　单室云凝结核计数器(CCN-100)探测内容

功能/测量项目	测量范围
过饱和度	0.1%～2%
最小过饱和度	0.07%
云凝结核数浓度	0～6000 cm^{-3}
粒子尺度	0.5～10 μm
粒子尺度分档	0.5～0.75～1.00～1.50～2.00～2.50～3.00～3.50～4.00～4.50～5.00～5.50～6.00～6.50～7.00～7.50～8.00～8.50～9.00～9.50～10.00 μm
过饱和度转变时间	小于 30 s

注:当云凝结核数浓度超过 5000 ml^{-1}时,CCN 内部无法提供足够的水汽使全部凝结核生长成为云粒子,这种情况已经超出 CCN 设计的观测范围,这些数据需要单独分析。

云凝结核计数器的探测原理见图 2.9(彩)。气体热传导是气体内部分子做不规则热运动相互碰撞的结果,水汽扩散是水分子位移的结果,CCN 就是利用大气热传导慢于水汽扩散的原理测量大气中不同过饱和度下能够活化的云凝结核的浓度。CCN 自带一个抽气泵从大气中抽气,其中一部分作为样本气体,简称“样气”,另一部分气体过滤干净后作为保护气体,将样气包裹于其中,作用类似于刀鞘,简称“鞘气”。

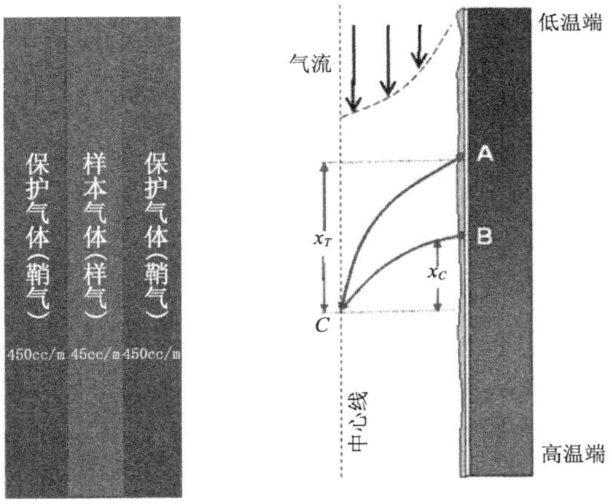

图 2.9　云凝结核计数器的测量原理

云室从上到下温度逐渐升高,鞘气经过增湿器,相对湿度由环境湿度加湿至 100%,然后包裹着样气从低温端进入云室,从高温端离开云室。云室内壁始终潮湿,内壁各点处的水汽含量始终是饱和的。在云室中心处取一点 C,假设气体在 C 点处的温度与 A 点相等,由于大气热传导慢于水汽扩散,温度变化距离 X_T 要大于水汽变化距离 X_C,因此气体在 C 点的水汽压等于云室内壁 B 点处的水汽压。气体在 C 点处具有 B 点处的水汽压,同时具有 A 点的温度,即 C 点的温度低于露点温度,这就意味着 C 点含有比热力学允许的更多的水汽,即产生了过饱和。

样气随鞘气一起进入云室后,其中的凝结核会在过饱和条件下活化,长大变成液态水滴,

CCN 利用前向散射粒子计数器将这些液态滴的个数测量出来，即云凝结核的个数，从而可计算得出云凝结核的浓度。可通过改变云室的低温端和高温端的温差来改变云室中心的过饱和度，从而可以测量出不同过饱和度下的云凝结核的浓度。由于气压变化对过饱和度的影响较大，因此 DMT 公司设计了气压控制器作为 CCN 的附件，可在飞机飞行过程中保持 CCN 内部气压的稳定，减少气压对测量的干扰。

2.1.2.5　气压空腔气溶胶谱仪(PCASP-100X)探测内容及探测原理

气压空腔气溶胶谱仪(PCASP-100X)，利用米散射原理测量大气中气溶胶的粒子谱及浓度。PCASP-100X 利用气泵将气体抽入恒温光腔，气体在光腔中接受激光照射，仪器通过收集和分析散射光特征确定粒子尺度和浓度。气压空腔气溶胶谱仪(PCASP-100X)的外观见图 2.10。PCASP-100X 探测内容见表 2.6。

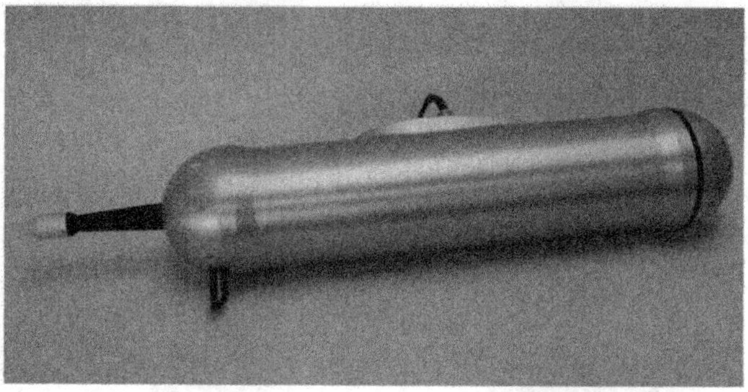

图 2.10　气压空腔气溶胶谱仪(PCASP-100X)的外观

表 2.6　气压空腔气溶胶谱仪(PCASP-100X)的探测内容

功能/测量项目	测量范围
粒子尺度测量范围	0.09～3.0 μm
测量分辨率	最小 0.01 μm
测量浓度范围	0～20000 个/cm^3
粒子尺度分档	0.09～0.10～0.11～0.12～0.13～0.14～0.15～0.16～0.17～0.18～0.20～0.22～0.24～0.26～0.28～0.30～0.40～0.50～0.60～0.80～1.00～1.20～1.40～1.60～1.80～2.00～2.20～2.40～2.60～2.80～3.00 μm
激光类型	He-Ne 气体激光 激光波长：632.8 nm 激光功率：5 mW

光束通过不均匀媒质时，部分光束将偏离原来方向而分散传播，从侧向也可以看到光的现象叫作光的散射，偏离原方向的光称为散射光。大气是不均匀媒质，光在大气中会发生散射，主要是发生弹性散射，包括瑞利散射和米散射两种形式。粒子尺度远小于入射光波长时(小于波长的十分之一)，发生的散射称为瑞利散射，散射光的强度取决于入射光的波长，在光线前进方向和反方向上的散射光强度几乎相等，与入射光线垂直方向上的散射光强度最低。粒子尺度接近或大于入射光波长时，发生的散射称为米散射，其散射光在各方向不对称，大部分入射

光线沿着前进方向进行散射(前向散射)(图 2.11)。

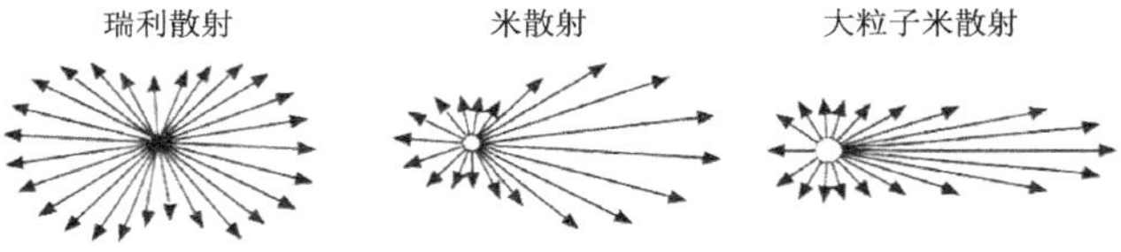

图 2.11　瑞利散射和米散射

有了合适激光波长,就能制造米散射现象,并得到不同物质的米散射特征。当确定了散射光与粒子尺度的关系曲线,就可根据散射光特征确定粒子的直径(图 2.12)。

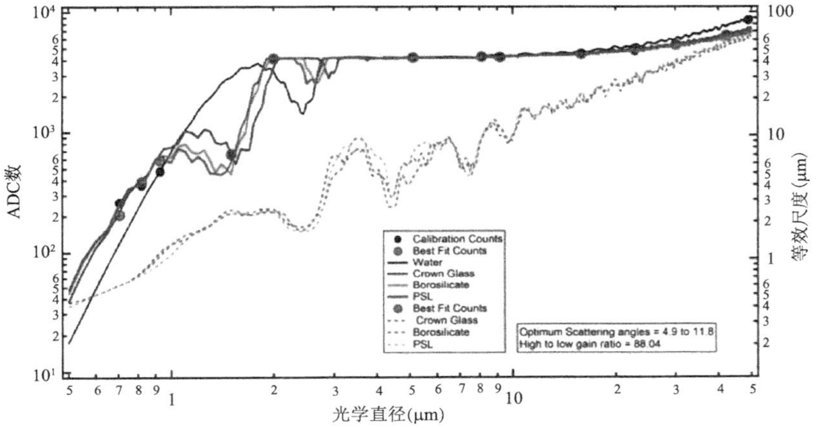

图 2.12　不同物质的散射光和粒子尺度关系曲线

PCASP-100X 探头的气路、光路设计见图 2.13。PCASP-100X 探头自带一个气泵,从外界环境中抽气,一部分气体作为样气(样气的流速设置为 1 ml/s),另一部分气体经过过滤后成为干净的鞘气(鞘气的流速设置为 15 ml/s),鞘气被送往取样口并将样气包裹在中心,使样气全部通过粒子计数器的焦点,经过激光照射,仪器收集散射光特征,样气中的粒子尺度和数量被粒子计数器记录下来。因为鞘气是完全干净的空气,所以粒子计数器记录的粒子大小、粒子数以及粒子浓度就是外界环境中的粒子大小、粒子数和粒子浓度。

2.1.2.6　云和气溶胶探头(CAS)探测内容及探测原理

云和气溶胶探头(CAS)主要利用米散射原理测量气溶胶和小云滴的粒子谱及浓度。CAS 探头的探测原理与 PCASP-100X 探头相似,让气体在恒温光腔中接受激光照射,仪器通过收集和分析散射光特征确定粒子尺度和浓度。不同之处在于 CAS 探头没有抽气泵,气体被动地进入探测区域;CAS 探头在收集前向散射数据前设置了信号质量校验机制,只有通过信号校验的数据才被记录;CAS 探头还收集后向散射的散射光强度和偏振特征。云和气溶胶探头(CAS)的外观见图 2.14。云和气溶胶探头(CAS)探测内容见表 2.7。

CAS 探头的光路设计见图 2.15。气体被动地进入探测区域,经过激光照射后,仪器收集前向散射和后向散射光特征。前向散射光经过处理分成两束,一束进入质量校验器,一束进入探测区,当质量校验器认为信号可信时,探测区记录粒子的尺度和数量等数据。后向散射光经过处理被分成两束偏振光,用于测量后向散射光的偏振特征。

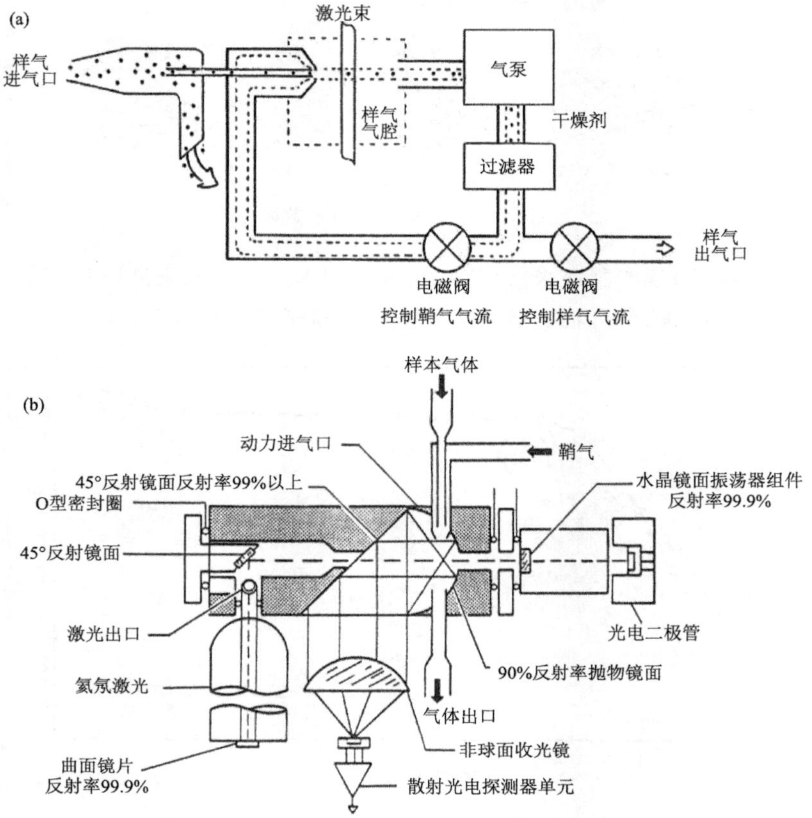

图 2.13　PCASP-100X 探头的气路(a)和光路(b)设计图

图 2.14　云和气溶胶探头(CAS)外观

表 2.7　云和气溶胶探头(CAS)的探测内容

功能/测量项目	测量范围
粒子尺度测量范围	0.54～50 μm
测量分辨率	最小 0.07 μm
测量浓度范围	0～1000 cm^{-3}
粒子尺度分档	前向散射 0.54～0.61～0.68～0.75～0.82～0.89～0.96～1.03～1.10～1.17～1.25～1.50～2.00～2.50～3.00～3.50～4.00～5.00～6.50～7.20～7.90～10.2～12.5～15.0～20.0～25.0～30.0～35.0～40.0～45.0～50.0 μm 后向散射 0.65～1.03～1.41～1.79～2.17～2.55～2.93～3.31～3.69～4.07～4.45～5.36～9.16～12.95～16.74～20.53～24.33～28.12～31.91～35.71～39.5～41.8～72～99.3～99.4～99.5～99.6～99.7～99.8～99.9～100 μm
激光类型	激光波长:658 nm 激光功率:50 mW
技术标定	标准 PSL 标定、标准玻璃小球标定、取样面积测定

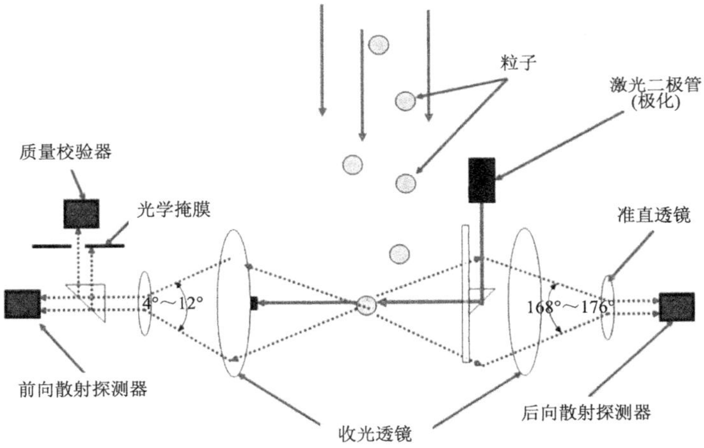

图 2.15　云和气溶胶探头(CAS)光路设计图

对于水、冰和灰尘等不同物质，他们的形状和光散射特性不同，因此可以通过前向散射和后向散射之比来大致区分不同物质，但这种方法不能对物质类型进行精确判别(Baumgardner et al.,2001)。激光雷达可以通过偏振技术区分固态和液态粒子，基于这种技术，CAS 探头增加了对光偏振的探测，用于区分球形和非球形粒子。入射光为线性偏振光，若被测物体为球形时，散射光为线性偏振光；若被测物体为非球形时，散射光为椭圆偏振光。针对不同物质，后向散射光强度与偏振比曲线也不同，可以通过这种方法区分不同物质。

2.1.2.7　云降水粒子二维图像探头观测原理及云粒子二维图像识别

云降水粒子二维图像探头分为云粒子图像探头(CIP)和降水粒子图像探头(PIP)，两个探头的探测尺度和精度不同，但测量原理完全一致，都是利用激光照射光电二极管组成的线型阵列，当粒子穿过激光时会在光电二极管线型阵列上留下阴影，从而确定粒子的尺度和数量。云降水粒子二维图像探头的外观见图 2.16。云降水粒子二维图像探头的探测内容见表 2.8。

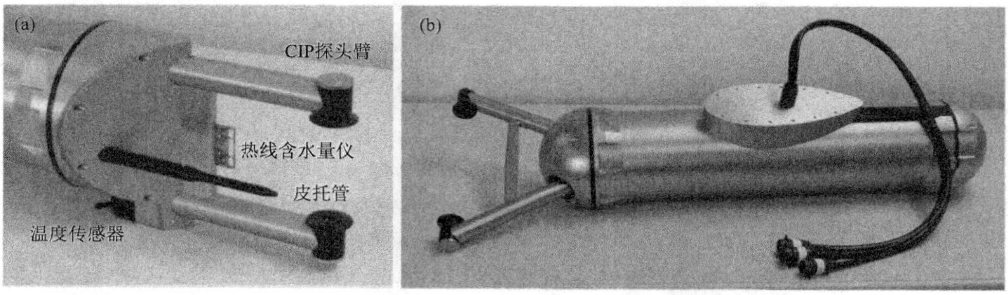

图 2.16　美国 DMT 公司生产的云降水粒子图像探头
(a)云粒子图像探头(CIP)；(b)降水粒子图像探头(PIP)

表 2.8　云降水粒子二维图像探头的探测内容

探头名称	功能/测量项目	测量范围
云粒子图像探头(CIP) 测量精度为 25 μm	粒子尺度测量范围	12.5～1562.5 μm
	测量分辨率	25 μm
	粒子尺度分档	12.5～37.5～62.5～87.5～112.5～137.5～162.5～187.5～212.5～237.5～262.5～287.5～312.5～337.5～362.5～387.5～412.5～437.5～462.5～487.5～512.5～537.5～562.5～587.5～612.5～637.5～662.5～687.5～712.5～737.5～762.5～787.5～812.5～837.5～862.5～887.5～912.5～937.5～962.5～987.5～1012.5～1037.5～1062.5～1087.5～1112.5～1137.5～1162.5～1187.5～1212.5～1237.5～1262.5～1287.5～1312.5～1337.5～1362.5～1387.5～1412.5～1437.5～1462.5～1487.5～1512.5～1537.5～1562.5 μm
	激光类型	激光波长：658 nm 激光功率：30 mW
	技术标定	标准 Spinning Disk 标定
云粒子图像探头(CIP) 测量精度为 15 μm	粒子尺度测量范围	15～930 μm
	测量分辨率	15 μm
	粒子尺度分档	7.5～22.5～37.5～52.5～67.5～82.5～107.5～122.5～137.5～142.5～157.5～172.5～187.5～202.5～217.5～232.5～247.5～262.5～277.5～292.5～307.5～322.5～337.5～352.5～367.5～382.5～407.5～422.5～437.5～442.5～457.5～472.5～487.5～502.5～517.5～532.5～547.5～562.5～577.5～592.5～607.5～622.5～637.5～652.5～667.5～682.5～707.5～722.5～737.5～742.5～757.5～772.5～787.5～802.5～817.5～832.5～847.5～862.5～877.5～892.5～907.5～922.5～937.5 μm
	激光类型	激光波长：658 nm 激光功率：30 mW
	技术标定	标准 Spinning Disk 标定

续表

探头名称	功能/测量项目	测量范围
降水粒子图像探头(PIP)	粒子尺度测量范围	100～6200 μm
	测量分辨率	100 μm
	粒子尺度分档	50～150～250～350～450～550～650～750～850～950～1050～1150～1250～1350～1450～1550～1650～1750～1850～1950～2050～2150～2250～2350～2450～2550～2650～2750～2850～2950～3050～3150～3250～3350～3450～3550～3650～3750～3850～3950～4050～4150～4250～4350～4450～4550～4650～4750～4850～4950～5050～5150～5250～5350～5450～5550～5650～5750～5850～5950～6050～6150～6250 μm
	激光类型	激光波长:658 nm 激光功率:30 mW
	技术标定	标准 Spinning Disk 标定

云降水粒子图像探头探测原理见图 2.17。云降水粒子图像探头内有一个激光器,激光器产生的激光经过光路处理后,形成一条矩形激光束,由探头中二极管阵列板上的光电二极管阵列接收,光电二极管阵列由 64 个光电二极管线性排列组成,每个光电二极管后端对应有一组信号处理装置。当有微粒穿过激光束时,遮挡了部分激光,使某些光电二极管接收到的光强发生变化,信号处理装置收集和处理这些光强的变化,并由对应的计数器记录一组数据。根据这一组数据的变化就能判断出粒子的大小和形状,并给出一定时间内通过激光束的粒子个数,计算机结合实时飞行参数和探头物理参数,获取粒子的浓度、谱分布以及粒子的二维形状(图 2.18)。

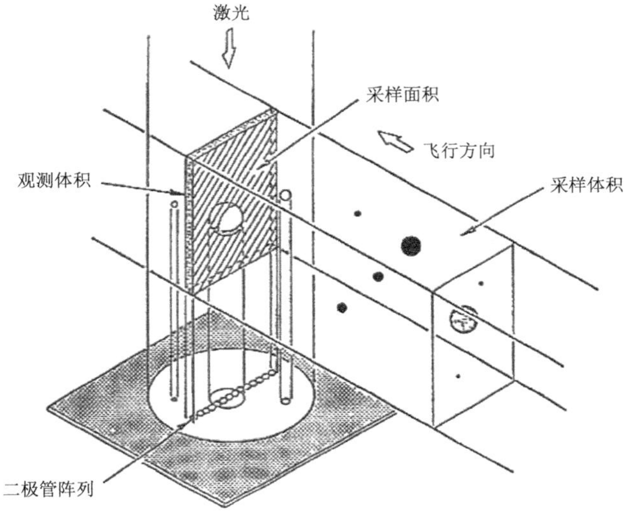

图 2.17　云降水粒子图像探头工作原理

2.1.2.8　热线含水量仪(LWC-100)观测原理

热线含水量仪(LWC-100)观测原理较为简单,是利用恒温线圈在大气中维持温度恒定而

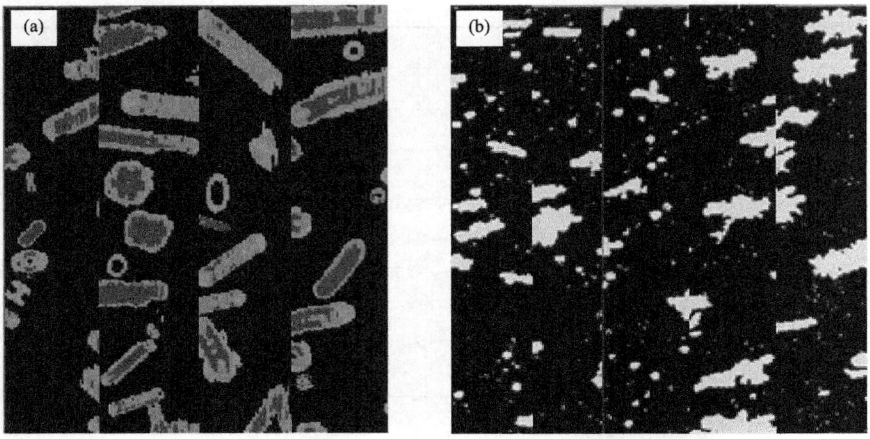

图 2.18 云降水粒子图像探头观测到的云降水粒子图像
(a)云粒子图像(CIP 探头观测);(b)降水粒子图像(PIP 探头观测)

消耗的功率,测量大气中的液态水含量,液态水含量探测范围为 0～3 g/m³。热线含水量仪(LWC-100)的外观及探测原理见图 2.19(彩)。

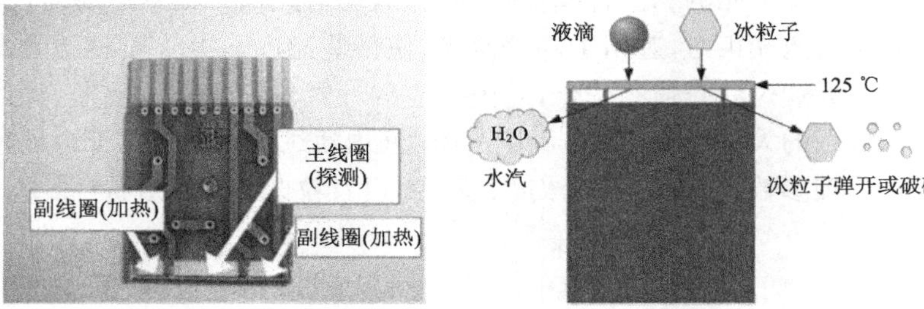

图 2.19 热线含水量仪(LWC-100)外观及探测原理

热线含水量仪的传感器包括 1 个中心主线圈和 2 个副(末端)线圈,主、副线圈均是由铜线在一个不锈钢管线架上绕制而成,主线圈长 20 mm,在 20 ℃时电阻值大约是 2.0 Ω,每一个副线圈在长度和电阻值上都精确地是主线圈的一半。为了使感应元件的温度能够保持均匀一致,将 2 个副线圈串联后再与主线圈并联在同一电压下加热,使主线圈两端和中部保持均一温度。加热后主线圈的温度平衡在 125 ℃。环境状态变化或云中液态水碰撞在感应元件上时,主线圈温度变化,通过反馈电路调整供电电压使主线圈恢复 125 ℃,即始终使主线圈的温度保持恒定。在测量过程中,当有冰粒子撞到线圈时,冰粒子弹开或破碎,几乎不引起线圈温度变化,即探头对冰相粒子不敏感;当水滴碰撞到线圈时,水滴蒸发带走热量,此时电路需消耗额外的功率来维持线圈在恒定温度上,这部分额外功率与碰撞到探头的水滴的质量成正比。根据这一原理,可以实时测量出碰撞到线圈上的液态水的质量,再结合气流的速度即可计算出液态水含量。

2.1.2.9 粒子分析及显示系统(PADS)

粒子分析及显示系统(PADS)是大气探测系统的软件部分,它集成了各个探头的数据分析、统计和显示功能,用于设置设备基本参数、获取和计算各探头的多种数据、生成数据文件、显示实时数据、绘制数据变化曲线、显示图像和设备状态监视。PADS 最重要的作用是获取和计算各探头的多种参数，云粒子谱的观测必须建立在准确计算采样体积的基础上，而采样体积不仅取决于探头的采样面积，还取决于飞机飞行的速度，单个探头难以获取精确的实时速度参数，因此需要 PADS 系统将各探头的数据与实时飞行数据结合分析，才能得到准确的数据。

粒子分析及显示系统(PADS)界面如图 2.20 所示。PADS 界面设计了两级选项卡，一级选项卡用于区分不同的探头，二级选项卡用于区分某一探头的不同数据类型。图 2.20 显示的是 CIP 探头的第一个二级选项卡，显示实时数据的变化，该选项卡分为四大部分：①固定数据列表，实时显示重要的探头数据且列表显示内容不可调整；②可调整的数据列表，实时显示观测人员感兴趣的数据且用户可以任意选择数据类型；③实时数据曲线，显示实时观测到的粒子谱数据；④粒子二维图像，显示已经记录到的实时二维粒子图像。

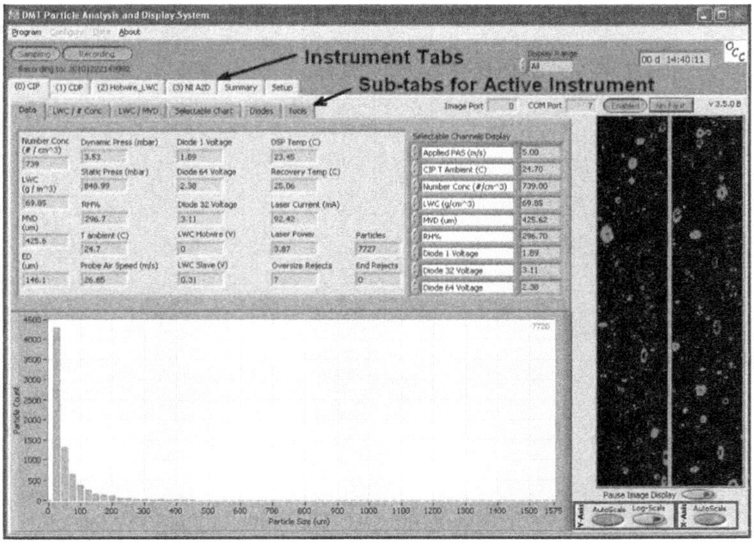

图 2.20　粒子分析及显示系统(PADS)界面

粒子分析及显示系统(PADS)中，每一个选项卡的设计都与上图类似，不同选项卡显示的内容不同，有实时数据、数据的统计曲线和各数据之间的变化关系等多种类型，因 PADS 系统涉及的数据算法、显示内容和操作步骤较为复杂，需要通过一定时间的实际操作才能较好掌握，因此，本教材中不再赘述。需要注意的是，正常情况下 PADS 界面上没有任何红色的选项卡、按钮或指示灯，如果 PADS 界面上出现任何选项卡、按钮或指示灯变为红色，则说明机载大气探测系统必然出现某方面的故障或问题，应予以高度重视。

2.1.2.10　云降水粒子谱观测在人工影响天气中的应用

云微物理探测装备，能够对大气温度、湿度、气压、风向风速、液态水含量、露点以及气溶胶、云降水粒子的全谱段进行观测。飞机大气探测数据获取难度较大，而这些数据对作业条件的判别、云结构的分析、云降水机制和作业效果的检验起到重要作用。下面列举一些云微物理探测资料在业务应用和科学研究中的例子，说明云降水粒子谱观测在人工影响天气中的应用。

作业条件的判别方面，可以在飞机飞行过程中实时监测云微物理探测结果，根据云中温度、湿度、液态水含量、云粒子形态和数浓度判断是否适合于开展播云作业。山西省人工影响天气办公室通过对多年飞机大气探测资料的分析总结，研发了一套飞机人工增雨作业条件判别系统，能够在飞行过程中根据云微物理实时探测数据自动分析当前区域是否适合开展播撒作业，使不具备专业知识的人员也能顺利判别是否可以进行飞机人工增雨作业。

云结构的分析方面，王秀娟等(2013)对层状云系结构进行探测，将降水过程分为前、中、后期3个阶段进行分析。结果表明，降水前期，云体在垂直方向上存在分层结构，云粒子浓度存在较大起伏；降水中期，云粒子主要存在于4.27 km高度以下，其中3.69 km高度处浓度较高，峰值普遍超过100个/cm^3，降水粒子和尺度较大的云粒子同样在4.27 km高度以下，4.27 km、3.69 km处存在的主要粒子是雪晶，其次是少许冰晶，粒子形态较丰富，经历了不同尺度的片状、不规则状、针状及辐枝状的变化，粒子浓度较低时，以针状为主，而粒子浓度充足时则转化为尺寸更大的辐枝状粒子；降水后期，云体从顶部开始趋于消散，表现为3.9 km高度以上无明显云粒子，仅存在部分云粒子和降水粒子，其形态为不规则状。降水主要形成于高度3.9 km以下的云层，此时冷层仍存在部分针状的冰雪晶。王黎俊等(2013)利用三江源地区一次机载云粒子测量系统的分层垂直探测资料，系统研究了该地区秋季典型多层层状云系的微物理特性。结果表明，云系由4层组成，卷层云和上层高层云为冰云，下层高层云和层积云为过冷混合云；下层高层云的云粒子浓度和过冷水含量最高，层积云的云粒子尺寸及谱宽最大，且具有较明显的地区特性；层积云中中值直径为3.5～18.5 μm的云粒子为液相，中值直径大于21.5 μm的云粒子为冰相；混合云中高过冷水区与低过冷水区云的粒子谱分布差异明显，层积云高过冷水区有较明显的凇附增长现象；层积云和下层高层云云底、对流泡顶、高过冷水区的云滴有效半径依次增大；层积云高过冷水区的过冷水含量比率均值及标准差为69.9±19.4%，且与过冷水含量存在一定的关联性；下层高层云云底高过冷水区的过冷水含量比率无明显变化，其均值及标准差为89.2±8.1%；混合态云各高度层FSSP(前向散射粒子谱探头)平均粒子谱均为单峰型Gamma分布，混合态云和冰云各高度层2DC(二维灰度云粒子探头)平均粒子谱基本上都为负指数型分布。

云降水机制研究方面，卢广献等(2012)利用2009年春季开展的“环北京云观测试验”(Beijing cloud experiment，BCE)观测的气溶胶和云凝结核(CCN)数据，研究了试验期间大气气溶胶的分布、来源特征及其与云凝结核的转化关系。结果表明，高浓度气溶胶基本分布在高度4500 m以下的区域，量级可以达到10^3个/cm^3。高度4500 m以上气溶胶呈显著下降趋势，仅为10^1个/cm^3的量级；气溶胶平均直径为0.16～0.19 μm；高度4500 m以下气溶胶平均粒子谱呈双(多)峰分布，而在高度4500 m以上基本为单峰分布；受气溶胶来源特性差异的影响，在0.3%的过饱和度下，高度4500 m以下气溶胶转化为CCN比例不到20%，但在高度4500 m以上可高达近50%；气团移动轨迹显示，高度4500 m以上的大气高层均受到来自沙尘等较大尺度粒子的影响，飞机观测的高CCN浓度说明这种较大尺度气溶胶粒子可溶性较大；高度4500 m以下的低层，由于受到局地或区域地面污染的影响，气溶胶的尺度较小，核化为CCN的过饱和度要求较高，因此气溶胶到CCN的转化率低。朱士超等(2014)利用中国国家科技支撑计划重点项目“环北京地区3架飞机联合云探测试验”数据，分析了2009年4月18日和5月1日两次积层混合云中冰晶形状、分布与增长过程。结果表明，飞机在0～16 ℃范围的云层内观测到的冰晶形状主要包括板状、针柱状、柱帽状、辐枝状和不规则状；云中低层的冰晶形状受云顶温度影响，云顶温度不同，冰晶形状不同，当云顶温度高于−8 ℃时，云中低层的冰晶以板状和针柱状为主，当云顶温度低于−13 ℃时，在云中低层可观测到辐枝状冰晶，当云顶温度低于−18 ℃时，在云中低层可观测到柱帽状冰晶；冰晶形态受其所处云中位置的影响，在积层混合云中的嵌入对流区含有更多的凇附状冰晶；在融化层以上，冰晶的增长过程主要包括凝华、凇附和聚合过程，在垂直方向上，随着高度降低云中过冷水增多，冰晶的凇附增长也相应增强；积层混合云中的对流区和层云区粒子谱下落拓宽速率有明显差别，在 4.8～4.2 km(−11.6～−8 ℃)高度层，对流区粒子谱拓宽速率为 3 mm/km，而层云区为 3.67 mm/km，层云中粒子拓宽增长的速率略高于对流区，而在 4.2～3.6 km(−8～−5 ℃)高度层，对流区的粒子谱拓宽速率为 6.67 mm/km，层云区为 2.33 mm/km，对流区的粒子拓宽增长速率是层云区的近 3 倍，主要原因是对流区低层的过冷水含量较高。

作业效果研究方面，王元等(2017)利用 2009 年 4 月 18 日 3 架飞机联合探测层积混合云资料，结合 MICAPS 再分析资料以及雷达、卫星及地面台站资料等，在准确区分自然云区与催化响应区的基础上，对这次降水性层积混合云的微结构和催化物理响应进行了深入研究。结果表明，云上部累积了云中大部分的过冷水，是云内发展强盛区；云上部嵌入式积云区温度低于周围层云区 2 ℃，积云区含水量分布不均，最大值为 1.5 g/m^3，标准差为 0.4 g/m^3，而层云区含水量最大值和标准差分别为 0.6 g/m^3 和 0.15 g/m^3，积云区和层云区的云滴谱峰值直径分别为 25 μm 和 15 μm，云滴数浓度的量级分别为 10^2 个/cm^3 和 10^1 个/cm^3，此次联合探测在 4800 m 高度层捕捉到嵌入式积云区的催化响应，催化后 10 min 与 20 min 云中含水量的最大值分别为 1.0 g/m^3 和 1.5 g/m^3，标准差为 0.3 g/m^3 和 0.15 g/m^3，凇附与聚合增长为主要冰相微物理过程，云滴谱先变窄，后因 H-M 冰晶凇附繁生而拓宽；在云的中下层受上层催化影响而产生旺盛云区，10 min 内该层云区范围显著扩大，云滴及冰相粒子尺度均增加一倍，同时旺盛云区自上而下扩展。

2.2　雷达探测原理和地基雷达探测在人工增雨、防雹中的应用

2.2.1　常规雷达探测云和降水的基本原理

有关常规天气雷达的基本原理，可参阅文献(张培昌 等，1986)，这里仅做提纲式简单概述。

雷达(Radar)是“无线电搜索和定位”的英文词组缩写的音译。它是利用电磁波束接受目标物散射来测定目标物位置的主动遥感设备。测雨雷达能实时探测云和降水系统的结构、分布和发展变化，已成为云、降水物理研究，天气预报和人工影响天气的有效探测工具。中国新一代天气雷达是采用相干体制的脉冲多普勒天气雷达，不仅具有常规天气雷达测定降水粒子反射率因子(Z)的功能，它还能测定降水粒子的径向速度(V)。

气象目标对雷达电磁波的散射，是雷达探测大气的基础。大气中引起雷达波散射的主要物质是大气介质和云、降水粒子等。

大气和云、降水粒子对雷达波的衰减是由于散射和吸收引起的，衰减的结果将使回波图像、定量测量情况与实际情况出现偏差。

大气对雷达波的衰减，主要是由于水汽和氧气的一些吸收带造成的，散射影响可以忽略。云滴对厘米波段的雷达波可以看成是小球粒子。雨滴对于小于 10 cm 的雷达波一般可看做是大球粒子。干雪可以当做球型粒子处理。冰雹的形状和组成均较复杂，作为初步近似可以当做大球粒子处理。

当雷达波束投射到云、降水粒子上时，将产生散射现象。其中后向散射重新返回到雷达天线处，并在雷达显示器上显示出各种图像，这就是所谓的雷达回波。

雷达回波强度不仅取决于雷达系统各参数的特性，而且和被观测的云、降水粒子的性质有关，还与雷达和被测目标之间的距离以及其间的大气状况有关。只有把这些要素分析清楚，才能根据所测定的回波强度去推断云、降水的物理状况。这种推断须依据雷达气象方程，雷达气象方程表征了雷达接收功率与目标物后向散射界面的关系。

雷达气象方程有各种形式，包括单个目标的雷达气象方程、天线辐射强度不均匀分布时的雷达气象方程、考虑充塞程度和衰减的雷达气象方程等。

下面给出单个目标的雷达方程。设 P_t 为雷达发射的峰值功率，对天线增益为 G 的最强辐射方向，距离 R 处的功率密度为 $P_tG/4\pi R^2$。

目标物的后向散射截面 σ，其物理意义为此截面从入射波中截取的能量向各方向均匀散射，任一方向的散射波强度就等于真实目标物向雷达方向散射（后向散射）的电磁波强度。设天线的有效截面为 A_e，按天线理论，已知存在近似关系 $A_e=\frac{\lambda^2 G}{4\pi}$，$\lambda$ 为雷达波长，则返回天线的散射功率为

$$P_r=P_t\frac{G^2\lambda^2}{(4\pi)^3R^4}\sigma \tag{2.12}$$

2.2.2　雷达对云、降水的探测

脉冲多普勒天气雷达可测量 3 个基本参数，除像常规雷达一样可测量雷达反射率因子，即回波强度以外，还可以测量在雷达取样体积内的平均多普勒速度和谱宽。

在雷达探测中，雷达显示器上出现的回波是多种多样的，为了便于分析和应用，大致可分为气象回波和非气象回波两大类。形成气象回波的直接因素是大气中云、降水的各种水汽凝结物对电磁波的后向散射和大气中温、压、湿等气象要素剧烈变化而引起的。按其地面是否有降水，还可分为降水回波和非降水回波两部分。

降水回波包括层状云连续性降水回波、对流云阵性降水回波、积层混合云降水回波、雪的回波、其他类型降水回波（冻雨、沙暴中降水、第二次扫描回波）。非降水回波包括云的回波、雾的回波、闪电信号及其回波、晴空大气回波（点状或圆点状、窄带状、细胞状、层状、大气波动和湍流、环状、海风）。

层状云连续性降水在 PPI 上的回波特征是成片的，面积较大，故也称片状回波。回波强度一般在 20 dBZ 左右，通常不会超过 30 dBZ。在 RHI 上，层状云降水回波的特征是结构较均匀，顶部有时虽有起伏，但相对于对流云降水来说，顶部比较平整，不出现明显的泡体，垂直厚度不大，一般为 5～6 km，但随地区、季节等的不同而变化。

对流云阵性降水包括阵雨、雷雨、冰雹、暴雨等。在 PPI 上，对流云阵性降水回波通常由许多分散的回波单体所组成。这些回波单体随着不同的天气过程排列成带状、条状、分散状或其他形状。回波单体结构紧密，边界清晰，棱角分明，回波强度强，持续时间变化大，单体水平尺度从几千米到几十千米都有，回波单体本身包含有许多尺度更小的回波泡。在 RHI 上，回波单体呈柱状结构。一些强烈发展的单体，回波顶常呈现为砧状或花菜状。还有一些强盛发展的对流云在发展成熟阶段，也即降水还未降落到地面前，常呈纺锤状。

雹云降水在 PPI 上，回波水平尺度可达 30～40 km。雹云降水回波特征十分特殊，它常常

会出现 V 形缺口、入流缺口、钩状、指状和空洞等。在 RHI 上，雹云回波顶高度往往超过 10 km，但是回波顶高度这个指标不是绝对的，该值随月份、地理位置、天气系统不同而异。

雪的回波在 PPI 上与连续性降雨回波有着许多类似的特征，但是雪的回波水平范围比连续性降雨回波大，回波强度弱，一般在 10～15 dBZ。在 RHI 上，雪的回波高度比层状云连续性降水回波高度稍低，比较平整。初春，天气变暖，雪的回波有时也较强，可接近于层状云连续性降水回波强度，这是因为雪晶和雪片外面溶化成一层水膜或雨夹雪引起的。

下面概要介绍雷达对云、降水探测的应用实例。

云团合并识别冰雹云，对流单体在移动过程中相近的单体常常会发生合并，合并后单体的雷达回波面积、体积、强度、顶高等经常也会加强，从而导致冰雹天气。以 2012 年 8 月 25 日呼和浩特一次冰雹过程为例，18:15，雷达回波图上显示为有多块对流单体；18:21，雷达回波图上显示多块对流单体发生合并加强，而该次降雹时间为 18:20 前后，说明对流单体的合并有可能引发冰雹。

统计巴彦淖尔市 37 个冰雹个例的雷达回波参数，建立了适合巴彦淖尔市地区冰雹识别的雷达回波指标。(1)出现冰雹的雷达指标：dBZ≥48；top≥8 km；VIL≥10 kg/m^2；VIL 跃增≥5 km/m^2；FORK≥2；POH>0；风暴云内冰雹质量和高空冰雹质量均大于 0。(2)出现强冰雹的雷达指标：dBZ≥60；top≥12 km；VIL≥50 kg/m^2；VIL 跃增≥15 kg/m^2；FORK≥3；POH>80%；H_{45dBZ}≥8 km。(3)出现中冰雹的雷达指标：dBZ≥54；top≥10 km；VIL≥20 kg/m^2；VIL 跃增≥10；FORK≥2；POH>50%；7 km≤H_{45dBZ}≤8 km。

2.2.3　多普勒、双线偏振天气雷达探测原理和应用

2.2.3.1　多普勒雷达探测原理和应用

1. 多普勒雷达探测原理

通常所用的气象雷达都属于非相干雷达，它们只能用来确定回波的位置及强度等。脉冲多普勒雷达是一种新型的相干雷达，它以多普勒效应为基础，当降水粒子相对雷达波束有相对运动时，可以测定接收信号与发射信号高频频率之间存在的差异(即频移)，得出所需的信息。用它可以测定散射体相对于雷达的速度，在一定条件下反演出大气风场、气流垂直速度的分布以及湍流情况等。

某瞬间的多普勒雷达回波信号源，由在波束有效照射体积内所有降水粒子的回波合成。因降水粒子具有不同尺度和不同径向速度，故回波信号源不仅具有不同强度，还具有不同的多普勒频率。因此，多普勒雷达除了测定回波信号源平均功率外，还要对回波信号源功率作频谱分析，以获得作为多普勒频率 $S(f)$的后向散射功率，称为多普勒谱。

多普勒雷达能广泛应用的关键在于有效而实时地提取多普勒频率的信息。多普勒雷达运行资料处理程序时，先将回波信号源按距离分成若干单元，然后对每一距离单元上的信号源进行谱分析。多普勒雷达降水回波的信息量和处理工作量都非常大，目前比较重要的信息提取方法有 3 种。(1)傅里叶变换法。准确度较高，能获得多普勒频谱，由此可得到平均多普勒频率和频谱宽度等信息。但由于数据量很大，即使应用快速傅里叶变换(FFT)，也要采用高集成芯片才能对全域做到实时处理。(2)脉冲对处理法(PPP)。在一定假设条件下，对每一距离库内的连续两个取样值进行成对处理，获得平均多普勒频率和频谱宽度。此法能实时处理并有一定准确度，但不能得到频率谱。(3)相干记忆滤波器法(CMF)。此法只需一个线路，在不设

置距离库的情况下，同时对雷达探测范围内各个距离上的信息源做粗略的谱分析，并能用A型显示器、平面切变显示器(PSI)和距离速度显示器(RVI)直接显示，但准确度不高。

我国新一代天气雷达是采用S和C两种波段全相干体制的脉冲多普勒雷达，在美国20世纪90年代后期完成布网的新一代多普勒雷达WSR-80D基础上做了改进。整个雷达系统由3部分构成：①雷达数据采集子系统(RDA)，②雷达产品生成子系统(RPG)，③主用户处理器子系统(PUP)。

雷达数据采集子系统。它属于雷达的硬件实体，由天线与伺服系统、定时器与信号源、发射机、接收机、信号源处理器及雷达监控部分组成。雷达发射的电磁波经天线汇聚成一束方向性强、功率大的高频载波脉冲波束，通过伺服系统能使波束对准空间任意位置上的降水目标，并确定该目标相对雷达的仰角和方位角，再由探测到的该目标相对脉冲间歇期起点的时延长度，决定目标离雷达的斜距。

雷达产品生成子系统。其任务包括对探测原始数据的采集，并进行质量控制，形成文件；生成二次产品；对上述两项进行存档。承担上述任务的硬、软件包括高档微机或工作站，配备相应的开发环境与操作系统相适应的编程器和所需的库；局域网采用开放结构，用约定的网络连接协议，使产品可送达PUP，对基本产品与二次产品进行显示。

主用户处理器子系统。用于接收RPG生成的气象产品数据和状态信息，并以图形方式提供给预报人员做天气分析和预报使用。PUP通过单元控制台(UCP)与RPG交互实现对整个雷达系统的控制。

2. 多普勒天气雷达在人工增雨中的应用

从CPAS平台上反演的雷达资料来看，9月3日08时，系统进入阿拉善盟偏西地区，内蒙古大部分地区雷达回波均较弱，临河有零星回波存在；3日20时，随着系统东移，阿拉善盟东部、巴彦淖尔市、鄂尔多斯市和包头市出现大片片状回波，回波较均匀，主体回波在35 dBZ以下。4日08时，随着系统东移，回波主要集中在内蒙古的中部地区，主要影响鄂尔多斯市东部、包头市、呼和浩特市和乌兰察布市大部区域；4日20时，影响系统基本移出内蒙古中西部地区，回波主体向内蒙古东部移动，赤峰市开始出现大片均匀回波。

下面以内蒙古中部地区为例分析2015年9月4日飞机增雨作业第一架次期间雷达回波特征。

(1)雷达反射率。9月4日07时，在鄂尔多斯市东部、包头市东部和呼和浩特市有大片降水回波分布，主体回波在35 dBZ以下，适合飞机增雨作业；至09时，系统主体自西向东移动了50～80 km，回波面积略有减小；10时，回波主体位于呼和浩特市东部及乌兰察布市东南部，回波强度有所减弱。11时以后，回波继续东移，面积和强度均迅速减小。

(2)雷达回波顶高。4日07时，在鄂尔多斯市东部、包头市东部和呼和浩特市30 dBZ回波顶高分布在3～4 km高度，局地可达6 km；08—09时，随着系统东移，回波顶高的面积及高度均有所下降，回波顶高2～3 km高度。10—12时，随着回波消散，基本观测不到回波。

(3)雷达垂直累积液态水含量。9月4日07时，在鄂尔多斯市东部、包头市东部和呼和浩特市垂直累积液态水含量为5～10 kg/m^2，液态水含量十分丰富；08—09时，随着系统东移，液态水含量有所下降，主体含水量降为5 kg/m^2。10—12时，内蒙古中部地区的液态水含量逐渐减小，大部分地区降至1 kg/m^2。

3. 多普勒天气雷达在人工识别冰雹中的应用

2012 年 8 月 2 日 16:53 达拉特旗、东胜区、伊和乌素、伊金霍洛旗出现雷暴，19:53 结束。达拉特旗、东胜区、准格尔旗、伊金霍洛旗降雨从 17:14 开始至 21:00 结束，达拉特旗的宿亥图乡降水量达 80.6 mm，形成大暴雨，达拉特旗布日嘎斯太沟、柳林，东胜区布日都梁、铁西森林公园，准格尔旗呼斯太沟降水量达暴雨级别，其中布日都梁 18 时前后受短时强降水、雷暴、冰雹等袭击，持续约半小时，冰雹黄豆大小，造成多处路面积水，给交通带来一定影响。据民政部门初步统计，达拉特旗共造成 21 个村 4175 户 1.2526 万人受灾，农作物受灾 7340 hm^2，并且全部绝收，中和西镇在加固民堤时有 1 台挖掘机、1 台推土机、1 辆摩托车、1 辆四轮车被河水淹没。此次灾害造成直接经济损失 10978 万元，其中农牧业直接经济损失 10778 万元，东胜区因雷电太强，造成多户电视、电缆被击坏。

(1)反射率因子的特征。10:44 杭锦旗开始出现对流降水回波，以后一直面积增大、东移加强，15 时进入达拉特旗、东胜区，16:01 出现了指状结构，达拉特旗宿亥图乡表现为积状云回波，16:31 积状云回波面积增大，最强达 60 dBZ，长度约 100 km，东胜区 55 dBZ，17:26 东胜区的回波加强、面积增大，同时准格尔旗呼斯太沟有积状云回波，17:50 中心达 60 dBZ，20:14 减弱成 30 dBZ。在整个降水过程中，积状云回波体现为移动速度较快，生消变化较大，强度在 45～60 dBZ，其中 65 dBZ 的回波出现面积很小，生命史只维持不足 6 min。回波从开始到结束，不断有新的小对流单体形成，在移动过程中小单体不断合并增强然后分裂。主要影响这次天气过程的积状云回波出现在 16:31，其结构密实，回波呈指状。如此强的回波，说明大气层结非常不稳定，对生成短时强降水和冰雹、雷电非常有利。

(2)垂直累积液态水含量(VIL)的演变。10:51 杭锦旗垂直累积液态水含量达 35 kg/m^2，宿亥图乡 15:43 为 45 kg/m^2、16:31 达到 60 kg/m^2(图 2.21)(彩)，17:38 东胜区铁西森林公园达 20 kg/m^2，17:50 扩大到布日都梁(25 kg/m^2)(图 2.22)(彩)，以后一直持续到 18:16。可以发现，液态水含量如此大，对产生暴雨提供非常有利的水汽条件，对降雹的形成非常有利，同时降雹的地方和大暴雨、暴雨的地方都与垂直累积液态水含量的大值区息息相关。

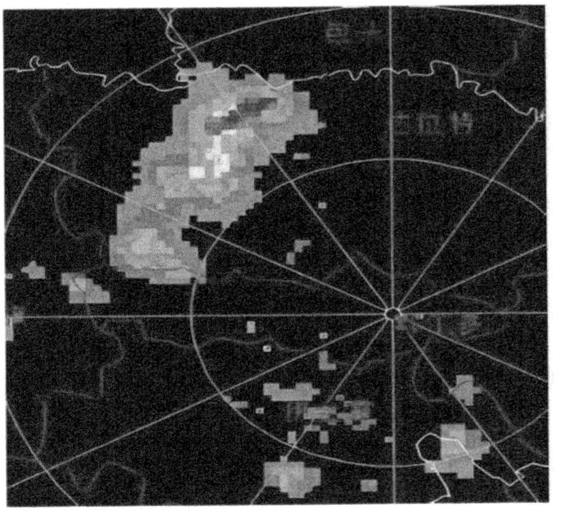

图 2.21　8 月 2 日 16:31 垂直累积液态水含量图

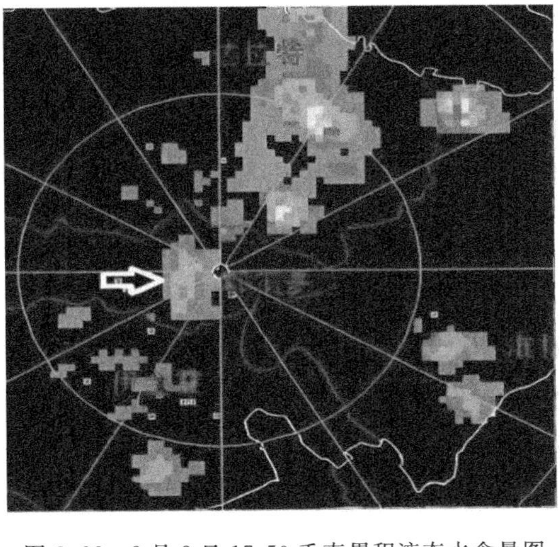

图 2.22　8 月 2 日 17:50 垂直累积液态水含量图

(3)回波顶(ET)。16:07 达拉特旗宿亥图乡、18:55 准格尔旗呼斯太沟的回波顶高度都达到 14 km,是暴雨的落区。

(4)平均径向速度(V)。16:07 大面积正速度区出现"逆风区",逆风区的出现将低层暖湿空气带向中高层,使对流更加旺盛,强对流单体得到维持和增强(图 2.23)(彩)。16:38 达拉特旗宿亥图乡有明显风向辐合,呈带状,意味天气是一个加强过程,水汽及能量在此堆积,有利于产生强对流天气(图 2.24)(彩)。17:57 东胜区布日都梁、铁西森林公园风向呈反气旋式辐合,使得该地产生了短时强降水和冰雹天气(图 2.25)(彩)。

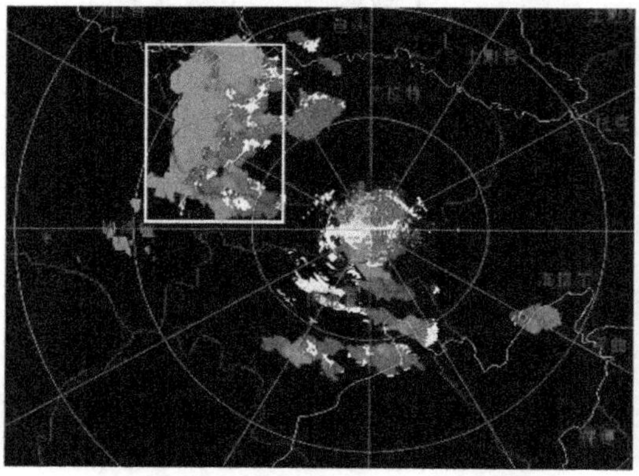

图 2.23　8 月 2 日 16:07 平均径向速度图

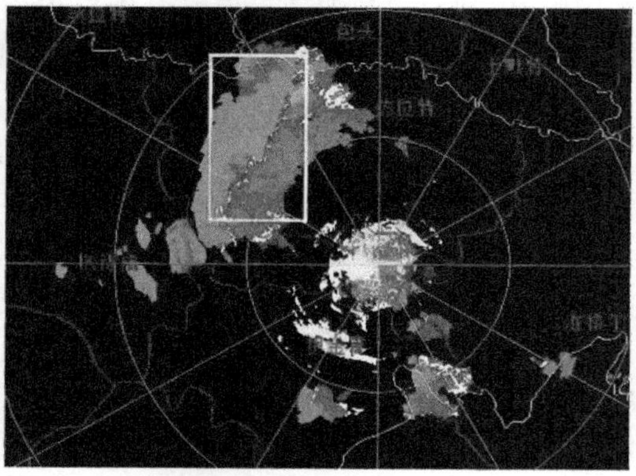

图 2.24　8 月 2 日 16:38 平均径向速度图

(5)组合反射率因子(CR)。16:26 达拉特旗宿亥图乡组合反射率因子值达 65 dBZ,17:56东胜区布日都梁、铁西森林公园组合反射率因子值达 60 dBZ,说明该地对流非常强。

(6)风暴跟踪信息(STI)。该产品在本次天气过程中显示路径多、移动方向较乱,与小单体合并减弱有关,影响本次天气过程的主要单体合并后移动的方向和路径还是比较准确的(大暴雨或暴雨)。单体合并后面积增大、强度加强,是造成灾害天气的主要对流云,它的移动方向和路径还是可以参考的。

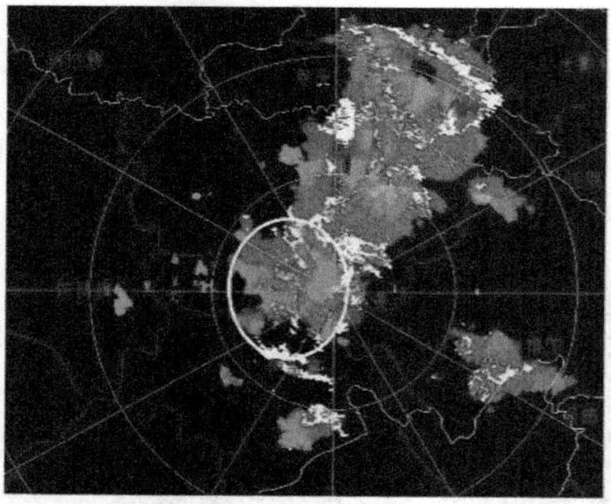

图 2.25　8 月 2 日 17:57 平均径向速度图

(7)冰雹指数(HI)。冰雹预测在 17:38 已经做出,强降雹概率 40%,普通降雹概率 80%,冰雹尺度 32 mm。东胜区布日都梁、铁西森林公园有冰雹,预报非常准确。从本次天气过程的冰雹指数产品可以发现,预测冰雹的地点较多、尺度较大,因此在预报中可以参考其他产品进行分析,这样效果会更好些。

2.2.3.2　双线偏振雷达探测原理和应用

1. 双线偏振雷达

电磁波不仅有强度特征,而且有偏振特征。通常以电场矢量端点在与波传播方向相垂直的平面内所描绘的轨迹来表示电磁波的偏振状态。在普遍情况下,电场矢量可分为水平和垂

直 2 个分量，当具有振幅不等或相位差不是整数倍时，合成电矢量的端点在偏振平面内描绘一个椭圆轨迹，称之为椭圆偏振波，相应的只有单个电场分量称为线偏振波。常规气象雷达发射线偏振波（常为水平偏振波，因它受地面的影响小）。双线偏振多普勒雷达交替发射水平与垂直偏振时取得回波样本之间相关系统的模为$|\rho_{hv}(T)|$，同时发射水平与垂直偏振时取得回波样本之间相关系统的模为$|\rho_{hv}(O)|$。当 T 很小或 T 时段内粒子各种状态基本不变时，$\rho_{hv}(T) \approx \rho_{hv}(O)$，它与常规天气雷达相比，除同样能测定云、降水的反射率因子 Z 外，还能测得差分反射率因子 Z_{DR}、线退偏振比 L_{DR}，以及 2 种不同偏振的相关系数 ρ_{hv} 和差相漂移常数 K_{DP} 等新的参数，它们对提高雷达定量测定降水的准确度，了解降水粒子的大小分布、形状、相态和空间取向等均具有十分重要的作用。差分反射率因子 Z_{DR} 主要表征粒子的空间取向及长短轴之比；线退偏振比 L_{DR} 与粒子的翻转、倾斜有关，冰雹（尤其是湿雹）有较大的 L_{DR} 值；差相漂移常数 K_{DP}，表示不同偏振分量的相位传播漂移差；ρ_{hv} 和 K_{DP} 与粒子的相态关系较大，液态水滴的 ρ_{hv} 接近 1，且 K_{DP} 值也较大，冰项粒子的 $\rho_{hv}<1$，且 K_{DP} 值较小。

对于纯降雨区（即在融化层以下的区），Z_h 值随雨强增大而变大，Z_{DR} 为正值，当出现大雨滴时，Z_{DR} 可达 3～5 dBZ；K_{DP} 一般小于 1°/km，但出现含有冰核的大雨滴时也可达 2.5°/km，Φ_{DP} 在波束通过广大的大雨区时可达上百度；ρ_{hv} 值在纯雨滴或纯小冰雹时是接近 1 的，这与理论计算结果基本相符。对于雨和冰雹共存区，会在同一个区中出现较大的 Z_h 值与较小的 Z_{DR} 值，如 $Z_h<50$ dBZ，$Z_{DR}=0$ dBZ，而 ρ_{hv} 变小，如小于 0.5。中等大小且方向性很好的融化冰雹，可产生 Z_h 为小的正值，并使 K_{DP} 值变大。湿冰雹还可使后向散射差示相位 δ 有很大变化，从而使 Φ_{DP} 值在空间发生震荡，造成 ρ_{hv} 迅速变小（如降为 0.4），δ 最大可达 −40°。大的冰雹，将具有很高的 Z_h 值（如>50 dBZ）及负的 Z_{DR} 值（如 −3～−1 dBZ），ρ_{hv} 值也较大（但随机取向的冰雹除外）。应指出，Z_h 值与 Z_{DR} 值有着明显的相关性，对于纯雨滴在 M-P 分布时，可得到 $Z_h=13.86\lg K_{DP}+48.2$ 的关系。若 Z_h 值对应的 K_{DP} 值过大，即电子偏离上述方程的曲线，则可能是 Z_h 值的系统误差，或者雨滴中有冰核。K_{DP} 值的大小还可反映出液态水含量的高低。

用偏振变量识别冰雹，理论计算表明，扁旋转椭球状或锥球状大冰雹 Z_h 值可以很大，而 Z_{DR} 为负值，ρ_{hv} 变小；大雨滴的最大 Z_h 值没有冰雹时大，更主要的是大雨滴 Z_{DR} 为正的大值，这样就可将两者区分开来。至于尺度较小的外包水膜冰雹，或雨滴与小冰雹共存时，主要表现为 Z_{DR} 变成小的正值，ρ_{hv} 也变小。大的外包水膜冰雹，当水膜较薄时，与干冰雹情况相同，但随着水膜增厚，大小冰雹的特性就趋于雨滴时的情形。

2. 双线偏振雷达在人工增雨中的应用

2017 年 8 月 8 日，呼和浩特市自西向东出现了一次较强降水过程，此次降水过程 11:30 开始，17:30 结束。全市有 92 个雨情测站出现降雨，其中 8 个站为大雨，19 个站为中雨，其余站为小雨，最大值出现在武川后店村，为 42.6 mm，最大雨量 13—15 时出现在土默特左旗白庙子（22.8 mm）。此次降水持续了近 6 h。

（1）反射率因子、回波顶高分析。从各时段多普勒雷达观测到的基本反射率因子 PPI 和回波顶高图像上分析，8 月 8 日 12 时位于雷达站西北部的武川一带有回波单体出现，回波强度在 20 dBZ 左右，回波顶高在 9 km 左右，此次回波还在向上伸展。随着时间推移，回波逐渐向东移动，回波范围不断扩大，强度不断增强，到 14 时雷达回波面积明显增大，回波强度达到 30～35 dBZ，局部可超过 40 dBZ，回波顶高>10 km。到 15:30，回波基本布满整个雷达图，

25～30 dBZ 的回波面积分布比较均匀，回波顶高有所降低，维持在 6～9 km，此时降水比较稳定(图 2.26)(彩)。

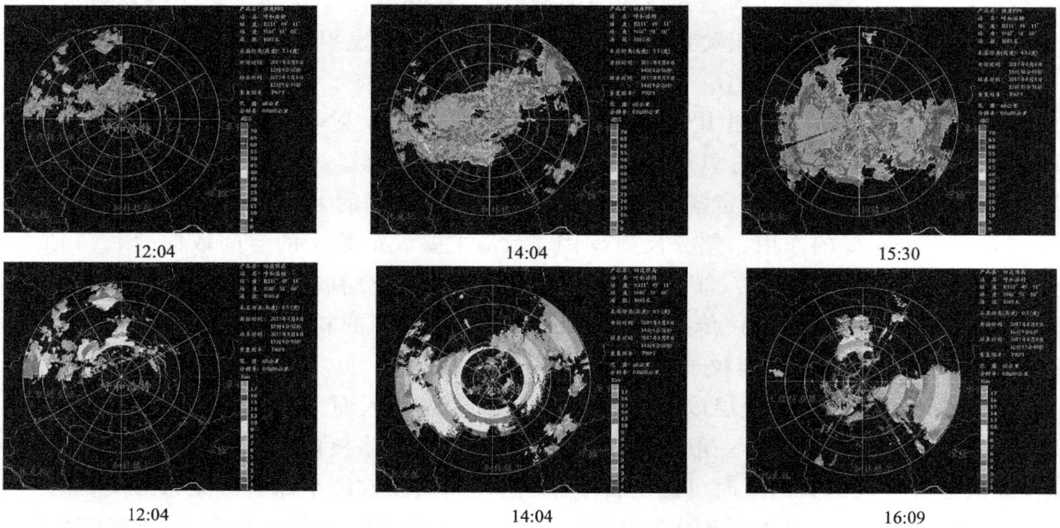

图 2.26　组合反射率(上)及回波顶高(下)变化

(2)径向速度特征分析。降水开始后，13:26 速度场图上可以明显看到零速度线出现了明显的转弯，零速度等值线 S 形和反 S 形同时存在，说明大气中同时存在冷暖平流。距离雷达站较近的零速度等值线整体呈 S 形，表明风随高度顺转，有暖平流；距离雷达站较远的零速度线整体呈反 S 形，表明风随高度逆转，有冷平流。这样雷达站上空由低到高形成了由暖到冷的温度平流分布，这样的温度平流有利于不稳定层结的形成，为水汽环境的形成及维持创造有利条件，促使降水发生、发展(图 2.27)(彩)。

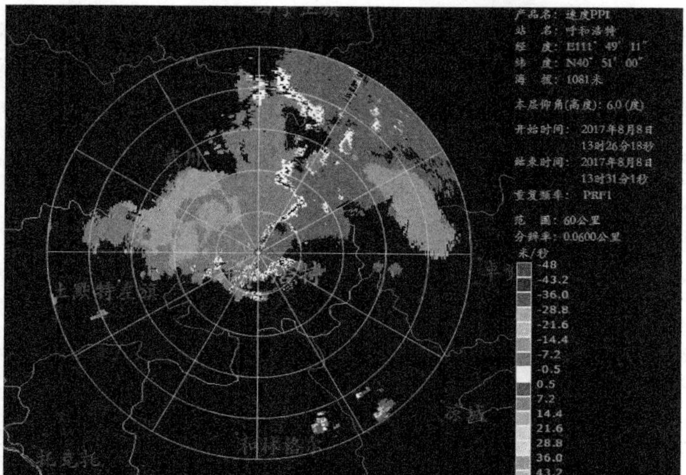

图 2.27　多普勒雷达径向速度

(3)垂直风廓线特征分析。风廓线即风随高度的变化曲线，它对于研究大气中冷暖平流、切变等中尺度系统以及大气边界层内的风速规律有着十分重要的意义。

从风廓线图(图 2.28)(彩)上可以看出,降水开始前,大气低层维持偏西风,随着高度升高,风向逐渐转变为西北,风向随高度发生了顺时针旋转,低层大气有暖平流,不断向高空输送水汽,到 5.6 km 高度时,风场发生了明显的切变,风向由西北迅速转变为西南,到 6.4 km 高度时,则转变为偏南风,此时风速超过了 16 m/s,说明高层风向随高度上升逆时针旋转,有冷平流。这与雷达径向速度图特征一致。这样的风场条件为降水提供了有利条件。

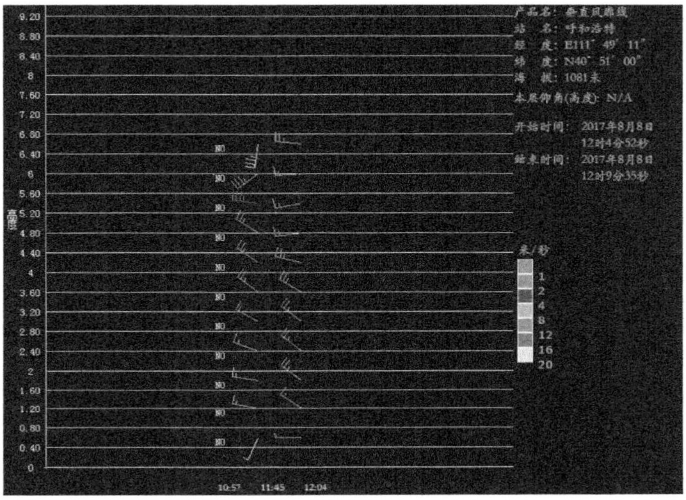

图 2.28　多普勒雷达垂直风廓线

2.3　气象卫星探测和卫星图像在人工影响天气中的应用

2.3.1　气象卫星探测

气象卫星是从太空对地球及其大气层进行气象观测的。气象卫星观测范围广,观测次数多,观测时效快,观测数据质量高,不受自然条件和地域条件限制,它所提供的气象信息已广泛应用于日常气象业务、环境监测、防灾减灾、大气科学、海洋学和水文学的研究。气象卫星也是世界上应用最广的卫星种类之一。

2.3.1.1　气象卫星分类

气象卫星由于轨道的不同,可分为两大类,即太阳同步极地轨道气象卫星和地球同步气象卫星。前者由于卫星是逆地球自转方向与太阳同步,称太阳同步轨道气象卫星;后者是与地球保持同步运行,相对地球是不动的,称作静止轨道气象卫星,又称地球同步轨道气象卫星。(1)极轨气象卫星。飞行高度为 600～1500 km,卫星的轨道平面和太阳始终保持相对固定的交角,这样的卫星每天在固定时间内经过同一地区 2 次,因而每隔 12 h 就可获得一份全球的气象资料。(2)同步气象卫星。运行高度约 35800 km,其轨道平面与地球的赤道平面相重合。从地球上看,卫星静止在赤道某个经度的上空。一颗同步卫星的观测范围为 50°S～50°N 的 100 个纬度跨距,因而 5 颗这样的卫星就可构成覆盖全球中低纬度地区的观测网。

在气象预测过程中非常重要的卫星云图的拍摄也有两种形式,一种是借助于地球上物体对太阳光的反射程度而拍摄的可见光云图，只限于白天工作；另一种是借助地球表面物体温度和大气层温度辐射的程度，形成红外云图，可以昼夜全天候工作。

2.3.1.2 气象卫星特点

(1)轨道。气象卫星采用太阳同步轨道或地球静止卫星轨道。为了保证云图的质量，气象卫星的太阳同步轨道呈圆形，偏心率要求小于千分之一，倾角大于 90°，高度一般在 800～1500 km，以便飞经地球各地区时获取的图像具有相同的光照条件。地球静止轨道气象卫星对位置保持的精度要求不高，东西向为 0.5°左右，南北向为 1°左右，偏心率小于千分之一。

(2)姿态控制。为了保证云图的质量，气象卫星必须具有很高的姿态稳定性。太阳同步轨道气象卫星要求姿态的变化率小于每秒千分之几度，地球静止轨道气象卫星要求姿态的变化率小于 0.0002°/s 和小于 0.002°/(30 min)。气象卫星对姿态的控制精度，要求一般为 0.5°～1°。

2.3.1.3 观测内容

气象卫星主要观测内容包括：

(1)卫星云图的拍摄；

(2)云顶温度、云顶状况、云量和云内凝结物相态的观测；

(3)陆地表面状况的观测，如冰雪和风沙，以及海洋表面状况的观测，如海洋表面温度、海冰和洋流等；

(4)大气中水汽总量、湿度分布、降水区和降水量的分布；

(5)大气中臭氧的含量及其分布；

(6)太阳的入射辐射、地-气体系对太阳辐射的总反射率以及地-气体系向太空的红外辐射；

(7)空间环境状况的监测，如太阳发射的质子、α 粒子和电子的通量密度。

这些观测内容有助于我们监测天气系统的移动和演变，为研究气候变迁提供了大量的基础资料，为空间飞行提供了大量的环境监测结果。

2.3.1.4 常用气象卫星

1. 风云卫星

近年来，风云系列气象卫星业务组网布局日臻成熟(图 2.29)(彩)，卫星在观测范围、探测能力上均有较大提升，地面应用系统在数据处理、传输、存储和共享服务能力上也有跨越式发展。

风云卫星在静止和极轨系列均成功升级换代的基础上，极轨气象卫星实现了“上、下午星业务组网观测”，静止气象卫星实现了“多星观测、在轨备份、适时加密”的业务布局，在观测范围和探测能力上均较上一代卫星有较大提升。截至 2018 年底共有 8 颗风云卫星在轨运行，其中 5 颗静止轨道气象卫星，分别定点于 79°E(FY-2H)、86.5°E(FY-2E)、99.5°E(FY-2G)、104.7°E(FY-4A)、112°E(FY-2F)；极轨气象卫星 3 颗，分别为 FY-3B(下午星)、FY-3C(上午星)、FY-3D(下午星)。

风云气象卫星目前可通过数十个遥感仪器从太空获取陆表、海表、大气以及近地空间的辐射值和遥感数据，经过数据预处理生成 1 级数据，在此基础上，研发出数百种气象卫星产品，产品种类更加丰富，覆盖云和大气、陆表、海表、冰雪、辐射、闪电和空间天气等多种类型，可直接应用于多个领域。风云卫星产品如表 2.9 所示。

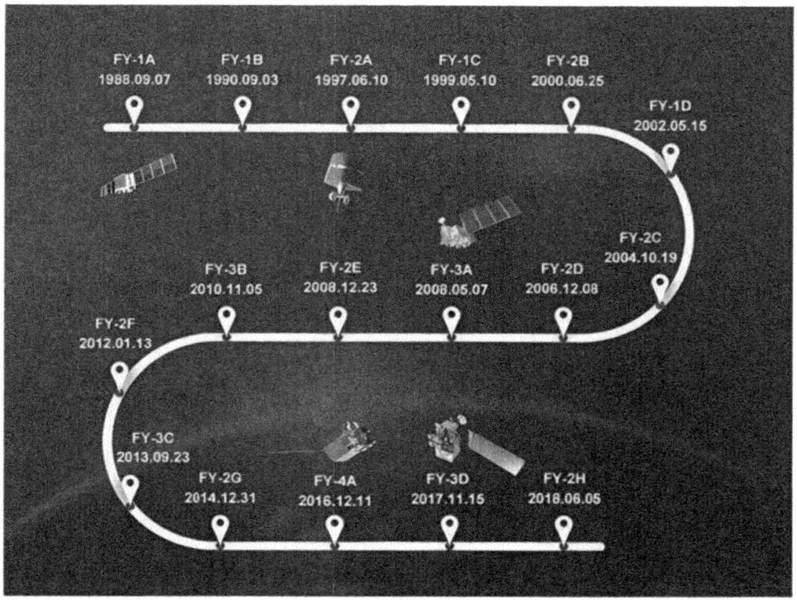

图 2.29　风云系列卫星发射情况(截至 2018 年)

表 2.9　风云卫星产品

产品类型	风云 2 号	风云 3 号	风云 4 号
云和大气	云检测,云分类,云量,云迹风,对流层上部相对湿度,云分析出的湿度廓线,晴空大气可降水量,云顶温度	云检测,雾,云量,云分类,相态,云顶温度/高度,云光学厚度,射出长波辐射,大气可降水量,沙尘监测,极区云导风,海上气溶胶,陆地气溶胶,降水,冰水厚度指数,大气温湿廓线,云水含量,大气顶辐射产品,臭氧总量,臭氧垂直廓线,紫外气溶胶指数,GNOS大气密度廓线,GNOS大气温度廓线,GNOS大气折射率廓线,GNOS低层大气湿度廓线,大气状态推导产品,CO_2、CO、CH_4、O_3 等大气成分产品(FY-3D新增)	云检测,云类型,云相态,云顶高度,云顶气压,云顶温度,云微物理和光学性质,云迹风,降水估计,对流初生检测,对流层顶折叠检测,水汽总量,分层水汽雾检测,快速大气订正云图,大气温湿度廓线,臭氧廓线,大气臭氧总含量产品,大气稳定度指数
陆表	陆表温度,沙尘暴指数,降水估计,降水指数	全球火点,陆表反射比,植被指数,陆表温度,积雪判识,叶面积指数,光合有效辐射吸收系数,净初级生产力,陆表双向反射反照率,陆地覆盖产品,积雪深度,雪水当量,地表湿度,干旱指数,洪涝指数	陆表温度,陆表反照率,陆地气溶胶产品,热源点(火点)检测,沙尘检测
冰雪	积雪覆盖	海冰,积雪覆盖	积雪覆盖
辐射	地面入射太阳辐射,黑体辐射亮温,射出长波辐射	地球辐射,太阳辐射	地球辐射
闪电	——	——	闪电频次和密度

2. MODIS 卫星

MODIS 目前主要存在于两颗卫星上:TERRA 和 AQUA。TERRA 卫星每日地方时上午 10:30 过境,因此也把它称作地球观测第一颗上午星(EOS-AM1)。AQUA 每日地方时下午过境,因此称作地球观测第一颗下午星(EOS-PM1)。两颗星相互配合,每 1～2 d 可重复观测整个地球表面,得到 36 个波段的观测,这些数据广泛用于全球陆地、海洋和低层大气内的动态变化过程研究。

MODIS 获取数据的原始分辨率包括 3 类:波段(1～2)250 m、波段(3～7)500 m、波段(8～36)1000 m。

其产品的分辨率包括 4 类:250 m、500 m、1000 m 以及 5600 m(0.05°)。MODIS 标准数据产品根据内容的不同分为 0 级、1 级数据产品,在 1B 级数据产品之后,划分 2～4 级数据产品(表 2.10),包括陆地标准数据产品、大气标准数据产品和海洋标准数据产品等 3 种主要标准数据产品类型,总计分解为 44 种标准数据产品类型。

表 2.10 MODIS 卫星数据产品说明

产品类型	产品 ID	ESDT/数据集名称	数据级别
1 级数据产品	MOD01	MODO1/原始辐射率	L1A
	MOD02	MOD02KM/1 km 定标辐射	L1B
		MOD02HKM/500 m 定标辐射	L1B
		MOD02QKM/250 m 定标辐射	L1B
		MOD02OBC/星载定标和工程数据	L1B
	MOD03	MOD03/1 km 经纬度坐标数据	L1A
大气标准产品	MOD04	MOD04_L2/气溶胶	L2
	MOD05	MODO5_L2/可降水汽检测结果	L2
	MOD06	MOD06_L2/云产品	L2
	MOD07	MOD07_L2/温度和水汽轮廓产品	L2
	MOD08	MODO8_D3/海日气溶胶、水汽和云产品	L3(1d)
		MODO8_E3/气溶胶、水汽和云 8 d 合成产品	L3(8d)
		MOD08_M3/全球气溶胶、水汽和云月合成产品	L3(1m)
	MOD35	MOD35_L2/250 m 和 1 km 云覆盖和光谱检测结果	L2
陆地标准产品	MOD09	MOD09GHK/全球 500 m 地表反射率	L2G
		MOD09GQK/全球 250 m 地表反射率	L2G
		MOD09GST/全球 1 km 地表反射率	L2G
		MOD09A1/全球 500 m 地表反射率 8 d 合成	L3(8d)
		MOD09Q1/全球 250 m 地表反射率 8 d 合成	L3(8d)
	MOD11	MOD11_L2/1 km 地表温度/发射率产品	L2
		MOD11A1/全球 1 km 地表温度/发射率 L3 产品	L3(1d)
		MOD11B1/全球 5 km 地表温度/发射率 8 d 合成 L3 产品	L3(8d)
		MOD11A2/全球 1 km 地表温度/发射率 8 d 合成 L3 产品	L(8d)
	MOD12(地表覆盖变化)	OD12Q1/全球 1 km 土地覆盖类型 96 d 合成	L3

续表

产品类型	产品 ID	ESDT/数据集名称	数据级别
陆地标准产品	MOD13	MOD13A1/全球 500 m 分辨率植被指数 16 d 合成	L3
		MOD13A2/全球 1 km 分辨率植被指数 16 d 合成	L3
		MOD13Q1/全球 250 m 分辨率植被指数 16 d 合成	L3
	MOD14（温度异常/火）	MOD14/1 km 分辨率温度异常/火 L2 级产品	L2
		MOD14A1/每日全球 1 km 温度异常/火 L3 级产品	L3
		OD14A2/全球 1 km 温度异常/火 8 d 合成产品	L3
		MOD14GD/每日全球 1 km 温度异常/火 L2G 级产品	L2G
		MOD14GN/黑夜全球 1 km 温度异常/火 L2G 级产品	L2G
	MOD15	MOD15A2/全球 1 km 叶面积指数/FPAR 8 d 合成 L4 级产品	L4
	MOD17(NPP)	MOD17A2/全球 1 km 净光合作用 8 d 合成产品	L4
	MOD43（BRDF&反照率）	MOD43B1/全球 1 km BRDF/反照率 16 d 合成	L4
		MOD43B3/全球 1 km 最小反照率 16 d 合成	L4
		MOD43B4/全球 1 km 调整至天顶角反射率的 BRDF 16 d 合成产品	L4
	MOD44（植被覆盖变化）	MOD44B/植被连续区域	L3
海洋标准产品	MOD18	Normalized Water-leaving Radiance	L2
			L3(1d)
			L3(8d)
	MOD19	色素浓度	L2
			L3(1d)
			L3(8d)
	MOD20	叶绿素荧光	L2
			L3(1d)
			L3(8d)
	MOD21	叶绿素 a 色素浓度	L2
			L3(1d)

2.3.2 卫星图像在人工影响天气中的应用

2.3.2.1 卫星图像的简单识别

1. 卫星云图识别云的判据

(1)结构型式。是指不同明暗程度物像点的分布式样，如高积云常表现为带状、涡旋状等，开口细胞状云系是由积云、浓积云组成等。

(2)范围大小。是指云系的分布尺度，由云系尺度可以推断形成云的物理过程，尺度小的云系常与中小尺度天气系统相关，尺度大的则与大尺度的天气系统相联系。

(3)边界形状。不同类型的云，边界不尽相同，如积云、浓积云边界不整齐，层云(雾)边界较整齐。

(4)色调。是指物像的亮度，可见光云图上云的色调与云厚和云的成分有关，红外云图上则与云顶温度相关。

(5)暗影。是指在一定太阳高度角下，高的云在低的目标物上的投影。

(6)纹理。用来表示云顶表面粗糙程度，如层云(雾)顶表面均匀、光滑，而积云、浓积云表面多起伏、不均匀。

2. 卫星云图上各类云的特征

(1)卷状云。在可见光云图上，卷云的反照率低，呈灰到深灰色，若可见光云图卷云呈白色，则其云层很厚，或与其他云相重叠；在红外云图上，卷云顶温度很低，呈白色。无论可见光或是红外云图，卷云有纤维结构。

(2)中云(高层云和高积云)。在卫星云图上，中云与天气系统相连，表现为大范围的带状、涡旋状、逗点状。在可见光云图上，中云呈灰白色到白色，色调的差异可判定云的厚度；在红外云图上，中云呈中等程度灰色。

(3)积雨云。无论可见光或是红外云图，积雨云的色调最白；当高空风小时，积雨云呈圆形，高空风大时，顶部常有卷云砧，表现为椭圆形。

(4)积云、浓积云。在可见光云图上，积云、浓积云的色调很白，但由于积云、浓积云高度不一，在红外云图上的色调可以从灰白到白色不等，纹理不均匀，边界不整齐。其型式表现为积云线和开口细胞状云。

(5)层积云。层积云在可见光云图上表现为多起伏的球状云区，并常是一大片或呈带状、在洋面上呈球状的闭合细胞状云系；在红外云图上，由于层积云高度比较低，云顶温度较高，色调表现为浅灰到深灰色。

(6)层云(雾)。在可见光云图上，层云和雾表现为一片光滑均匀的云区，其色调从白色到灰色，这主要取决于云的稠密程度和太阳的高度角，如果层云与雾很厚(超过 300 m)，则色调呈白色。层云和雾区的边界很清楚，常和地形(例如海岸线、山脉、河谷)走向一致，层云和雾的这种特性是识别它的主要依据之一。在红外云图上，层云和雾表现为灰色，纹理均匀。

2.3.2.2 重要天气系统云图特征

1. 锋面云系

冷锋表现为与涡旋云系相联系的一条宽的、连续的、完整的云带，色调较白，长度有数千千米；云带边界清楚，呈明显的气旋性弯曲(图 2.30)。

暖锋云带的主要特征是短而宽，一般只有几百千米长，宽 300～500 km，云区呈反气旋性弯曲，并向冷空气一侧凸起。

静止锋云带与冷暖锋云带不同，它一般不呈气旋性或反旋性弯曲。高空风大体平行于锋，而且云带很宽，分布不均匀，边界不规则；有时静止锋南界常伸出一条条枝状云线。静止锋云系在冬季以层状云为主，夏季云系内多积状云。

锢囚锋云带表现为一条宽约 300 km，且有较亮的气旋式螺旋的云带，其中心即地面气压中心。螺旋云带的后部边界一般很清楚，其后面常常是一条无云或少云带；螺旋云带的前部边界比较不清楚而且参差不齐。在红外云图上，愈近螺旋的中心色调逐渐变暗，因为螺旋中心的云最低。

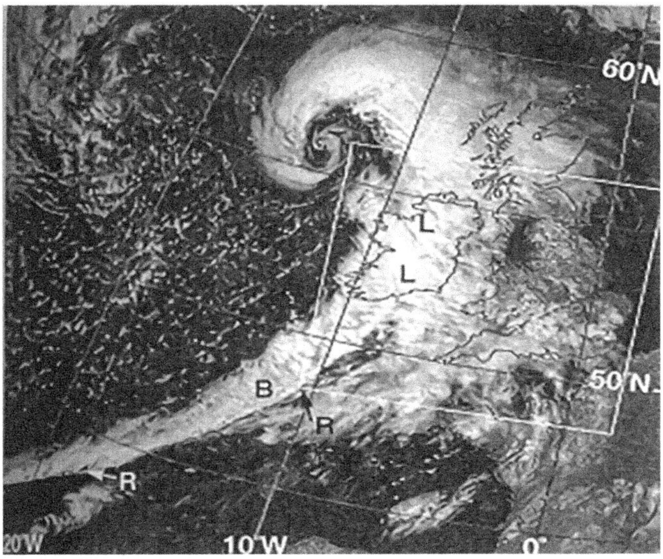

图 2.30　冷锋云系

2. 温带气旋云系

温带气旋云系在它的初期和后期很不一样。在初期，它表现为稠密的密蔽云区，而在后期则具有明显的螺旋结构(图 2.31)。

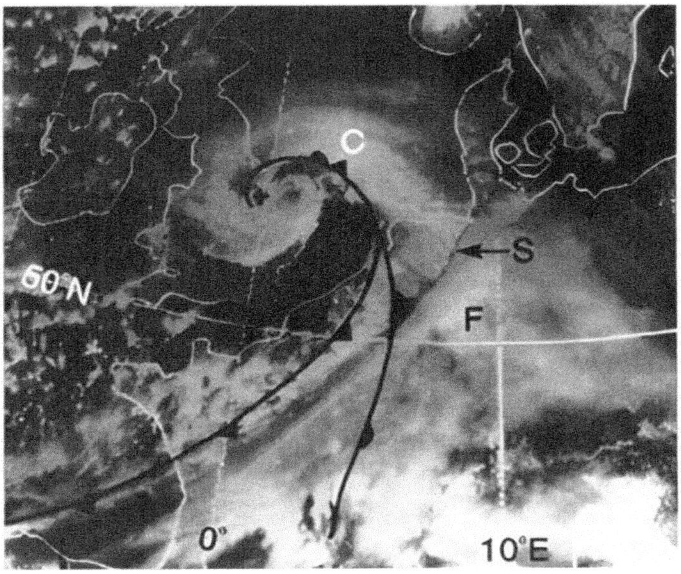

图 2.31　成熟的气旋

3. 高空急流云系

在卫星云图上，高空急流云系的急流卷云区位于急流轴南侧(北半球)，其左界清楚且与急流轴平行；在急流呈反气旋弯曲的地方云系稠密，在急流呈气旋性弯曲的地方云系稀薄或消失，因此急流云系主要位于急流呈反气旋弯曲的地方(图 2.32)。可见光云图上，急流云系左界有明显的暗影，而且暗影呈反气旋弯曲的线状。

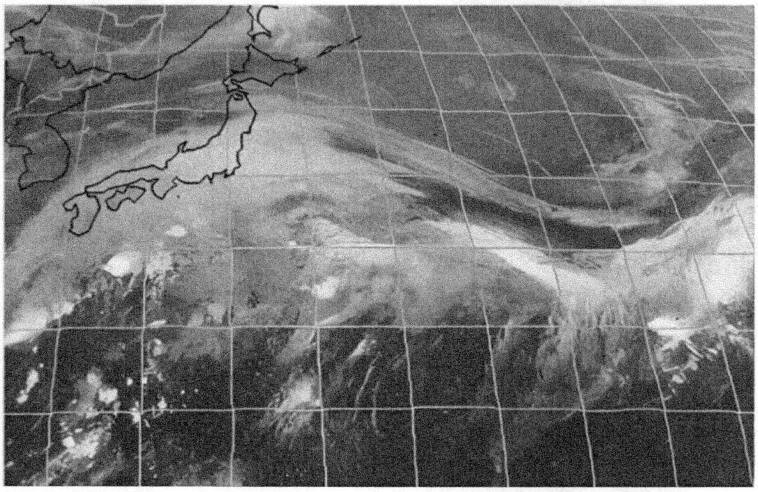

图 2.32　高空急流云系

4. 槽线云系

中纬度西风带中，南北振幅很大的深槽云系，表现为南北幅度很大的云带(图 2.33)，槽线即在云带后界附近。中纬度地带的浅槽云系出现于平直西风急流中，由于槽的南北幅度小，云系的范围也小。小槽云系可以表现为带状、涡旋状和盾状等，其移动速度较快。

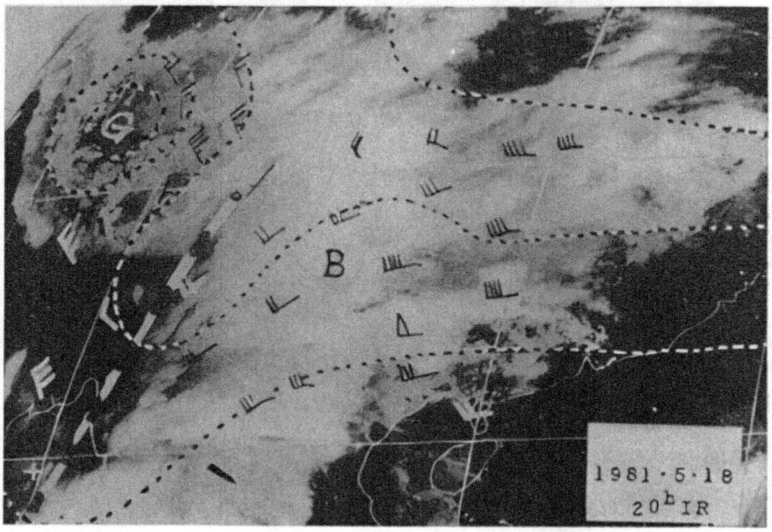

图 2.33　南北幅度很大的槽线

2.3.2.3　卫星资料遥感云参数的应用

卫星云图通过监测云宏观特征及其发展演变，为预报预警提供了依据。国内外也开展了大量针对人工影响天气方面的应用研究，目前，应用于人工影响天气作业指导的卫星资料反演云宏微观物理特性参数主要包括云顶高度、云顶温度、云体过冷层厚度、云粒子有效半径和液水路径等。

(1)云顶高度(Z_{top})。云顶相对地面的距离，单位为 km。有助于了解云系的发展程度和演变趋势。

(2)云顶温度(T_{top})。云顶所在高度的温度，单位为℃。可用于进行云系播云温度窗的选择。

(3)云体过冷层厚度(E)。0 ℃层到云顶之间的厚度，单位为 km。可用于了解云系冷、暖云垂直结构配置。

(4)云粒子有效半径(ref)。假设云层在垂直方向均匀的条件下，云粒子的有效半径(即云滴谱的三阶矩与二阶矩之比)，单位为 μm。可用于进行云中粒子大小的判断。

(5)液水路径(path)。云体单位面积上的液水总量(柱液水量)，单位为 g/m^2 或 mm，1 g/m^2 相当于 10^{-3} mm。可用于了解云中液水含量。

在组织开展人工影响天气作业时，卫星反演云参数既可以作为作业判据，也可以通过作业前后参数对比分析作业效果。

2.4　微波辐射计在人工影响天气中的应用

2.4.1　微波辐射计探测原理

微波辐射计是用来测量物体微波辐射能量的设备，自身不发射信号，只是被动接收物体辐射的信号，若探测目标物的吸收系数已知，则辐射仪观测到的沿吸收路径的物质含量可反演获得(应提供该物质的温度资料)。水汽和液水吸收辐射的原理已掌握并为实验所证实，故微波遥感可获得大气中水汽和液水含量的资料。微波辐射计分为频谱式和连续式两类，前者频率窄，工作于微波谐振线上，后者用于遥感具有宽广频谱特性的目标。目前使用的微波辐射计主要有德国 RPG-TEMPRO 地基多通道微波辐射计(温度廓线仪)，美国 MP-3000A、TP-WVP 3000 地基微波辐射计，国内自主研发的 MWP967KV 型微波辐射计等。

1 mm 至 3 cm 波长的电磁波一般称为微波。大气对微波具有选择吸收和透明(即所谓大气窗)的特性。由分子光谱与热辐射理论可知，大气本身能够放射微波辐射。

辐射计工作的物理基础来自于近代量子理论，无论任何物质，只要处在绝对零度以上，那么任何时刻都不可避免向外辐射电磁波。

绝对温度为 T 的黑体辐射谱强度 $B_f(T)$ 为

$$B_f(T) = \frac{2h \times f^3}{c^2} \times \frac{1}{\exp[h \times f/(k \times T)] - 1} \tag{2.13}$$

式中，h 为普朗克常数，k 是波尔兹曼常数，c 是真空中的光速，f 是所研究的辐射频率，T 为热力学温度。

在大气遥感中，大气微波辐射特性依赖于大气对微波的吸收。根据现代光谱理论和实验研究发现，在微波波段，水汽、氧气、云中液态水和降水是微波辐射最主要的吸收物质。在对流层中，大气中氧气、水汽和云雨等的吸收决定了 200 GHz 以下的大气微波吸收特性。水汽在 22 GHz(K 波段)和 183 GHz 附近呈现明显的吸收尖峰，氧气在 60 GHz(V 波段)和 118 GHz 附近呈现很强的吸收尖峰，而云液态水则对整个大气吸收起到加强的作用。从图 2.34(朱元

竞 等，1994）可以发现，在 10～100 GHz 微波频率范围内，水汽在 22 GHz 附近有一个强吸收带，氧气在 60 GHz 附近有一个强吸收带（张培昌 等，1995）。

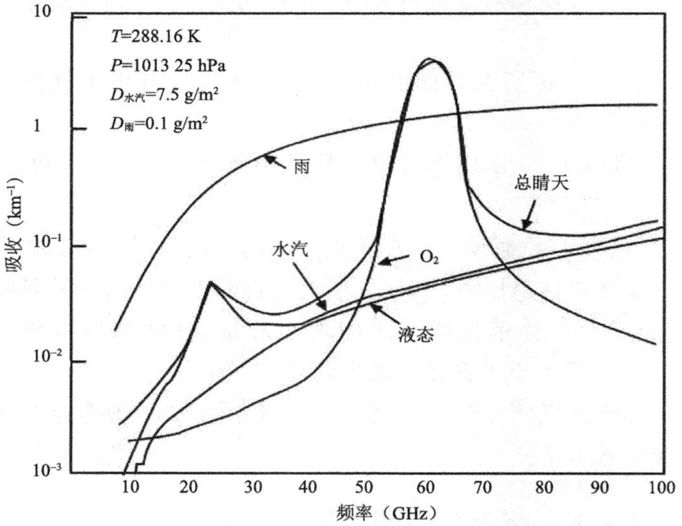

图 2.34　大气微波吸收光谱

根据基尔霍夫定律，大气作为辐射体，在某波段有强烈吸收，必然在该波段有强的辐射，因此通过测量氧气在 60 GHz 附近的辐射强度或亮温就可以反演出大气的温度分布。在任意高度上氧气发射的电磁波强度与该高度的温度和氧气密度分布有关，因此可以得到温度剖面。水汽的发射在高纬度地区显示为一个很窄的线条，而在低纬度地区显示较宽。发射强度与水汽密度和温度成正比，通过扫描波谱分布和数学反演观测数据，可以得到水汽密度廓线（周秀骥 等，1982）。

2.4.2　微波辐射计产品介绍

下面以 MWP967KV 型地基多通道微波辐射计为例详细介绍微波辐射计。MWP967KV 型地基多通道微波辐射计是专为我国气象观测及人工影响天气探测而研制的新型大气遥感仪器。它将 K 波段和 V 波段的接收通道紧凑集成在一套设备中，采用多通道频率接收方式，实时探测水汽频段和氧气频段大气辐射。具有微波信号云雾穿透力强，受天气条件局限小；基于无源遥感方式，探测大气自然辐射，不需要主动发射电磁波；没有发射机，对人体无危害，不会干扰其他设备，没有声、光、电发射污染；地基对空遥感，探测对流层大气立体参数分布，探空路径精确可控，可实现无球探空；探测资料连续性好；时、空分辨率高，能够连续监测大气变化过程等优点。

MWP967KV 型地基多通道微波辐射计可以实现实时廓线显示、时空剖面显示、埃玛图显示分析、历史数据回放、大气状态指数分析显示、数据管理及数据上传服务、系统工作状态监测显示等功能，包含了大气辐射亮温、温度、水汽密度、相对湿度、液态水廓线、积分水汽、积分液态水、云底温度和高度、大气稳定度指数等多种参数的数据产品。其反演的产品主要包括整层水汽、液态水、地面温度、湿度、气压以及不同高度上（几何高度）的水汽密度、液态水密度、温度和相对湿度廓线等资料。数据每 2～3 min 输出一次，仪器探测的垂直高度为 10000 m，0～

500 m 高度每隔 50 m 输出一个数据，500～2000 m 高度每隔 100 m 输出一个数据，2000～10000 m 高度每隔 250 m 输出一个数据，垂直方向上共有 58 层数据。MWP967KV 型微波辐射计系统正常执行探测工作时，每 2 min 自动生成一组新的探测资料文件，分别为基数据文件、气象产品数据文件、设备状态文件，数据格式通常保存为 csv 文本格式，命名规则如下：

大气亮温：ZPyyyy-mm-dd_hh-mm-ssLV1. csv

气象产品：ZPyyyy-mm-dd_hh-mm-ssLV2. csv

状态文件：ZPyyyy-mm-dd_hh-mm-ssSTA. csv

其中，yyyy-mm-dd_hh-mm-ss 表示文件(或数据)具体的生成时刻，yyyy 表示年份，mm 表示月份，dd 表示日期，hh 表示时(本系统采用 24 h 制)，mm 表示分钟，ss 表示秒。

通过这些数据产品，可以实现大气稳定度分析、强降水观测应用、雾的观测、逆温的观测、与风廓线雷达融合、雷电微波热效应探测等方面的应用分析。

2.4.3 微波辐射计的应用

大气中总水汽含量因受大气环流的制约而不停地变化着，它预示着降水天气的发生、发展和消亡。微波辐射计能监测大气中总水汽含量和云中积分液态水的连续变化，可用于降水云系的降水预测、云降水结构认识、人工增雨作业催化时机和催化部位选择，还可为云降水数值模拟提供参考。

2.4.3.1 强对流预警与降水预报

微波辐射计可实现对温度、湿度、液态水含量的连续监测，监测资料具有时间分辨率高、精度高的优点。分析微波辐射计资料可以得到短时临近天气预报指标，对降水、冰雹天气有重要的预警和指示作用。

黄晓莹等(2013)发现，微波辐射计监测显示的降水情况与实况雨情基本相符，与探空数据相比，微波辐射计的大气温度、湿度廓线等天气要素的垂直分布更合理。计算分析 K 指数、深对流指数、对流有效位能等常用的对流参数，并选取个例进行分析，结果显示对流参数变化情况与实际降水的强度存在对应关系。

郑祚芳等(2009)发现，微波辐射计对降水的预报具有指示意义，特别是云中液态水含量的急剧增减过程对降水过程的指示意义更大。敖雪等(2011)对各量级降水的大气水汽含量(V)、云液态水含量(L)进行统计分析，认为 $V>5$ cm，$L>1$ mm 以及快速傅里叶变换(FFT)后 V、L 在第 1 个转折点处的特征均可作为降水预报的临近指标；去除背景值后，各量级降水前 1 h，L 和 V 波动趋势均无明显变化，V 大小和波动范围减小，但 L 无变化。唐仁茂等(2012)利用微波辐射计和多普勒天气雷达，采用水汽相变原理和不稳定指数监测分析方法对冰雹天气过程进行监测分析，发现 MKI、KI、TT 和 HI 这 4 个不稳定指数对强对流天气有很好的指示意义，可以作为临近预警的参考指标。苏德斌等(2012)通过探讨“对流启动因子”探测资料(微波辐射计资料、风廓线雷达资料)，分析对流产生的原因，同时结合自动气象站、多普勒天气雷达和卫星等探测资料，对降雪的精细时空结构、天气尺度及中小尺度天气系统进行了分析。

2.4.3.2 云降水结构分析

利用微波辐射计可以反演云水路径和可降水量。国内外的大量工作已证明，探测水汽和云液水波段的双波长(0.85 cm 和 1.35 cm)地基微波辐射计，在晴空和非降水云天的探测原理和方法已日趋成熟，探测水汽总量的精度可与探空相比，云液水总量也有可接受的精度

(Decker et al.,1978;Westwater,1978;Westwater et al.,1980;Snider et al.,1980;赵柏林等,1980;黄润恒 等,1987;Chong Wei et al.,1989)。黄建平等(2010)发现,微波辐射计计算得出的反演值(液态云水路径和可降水量)与实际观测值较为接近;与卫星反演资料相比,其年变化趋势比较吻合。利用改进的神经网络方法得到的反演结果,在没有降水的情况下,比仪器输出值对云更加敏感、精准。雷恒池等(2001)在陕西西安使用双通道地基微波辐射计对降水云系进行探测,除得到云中水汽含量和垂直路径积分云液水含量的一般统计特征量外,还发现在降雨开始前,Q 和 L 均有跃增现象。苏立娟等(1999)利用双通道微波辐射计研究了呼和浩特地区的大气总水汽含量、云内积分液水的变化规律和基本特征,建立了一些基本的人工增雨作业指标。李铁林等(2001)利用微波辐射计观测资料,结合卫星云图、雷达、探空和自记雨量计等资料,分析了不同云系影响时大气垂直积分含水量和云中液态水含量的演变特征。

2.4.3.3 人工增雨潜力判别

微波辐射计能探测到空中云液态水含量的变化情况,可用于人工增雨作业潜势条件的识别判定。张志红等(2010)通过雷达和微波辐射计探测云和降水随时间的演变特征,研究发现地面降水量与空中液态水含量随时间分布有较好的对应关系,液态水在空中的垂直分布等因素对降水产生有不同程度影响;通过分析云液水含量的垂直结构特征、雷达降水回波垂直廓线与液态水含量垂直廓线、各高度层上雷达反射率因子和辐射计液水含量随时间的变化,得出了云降水垂直结构演变特征及成因。高时间分辨率的实测资料有利于云中温度层高度、过冷水区等人工增雨作业条件的识别,从而提高人工增雨作业条件识别的准确度。液态水路径和可降水量是描述天气和气候的重要物理量,也是人工增雨作业条件判别的 2 个重要指标。在人工增雨作业区现场,利用双频道微波辐射计监测大气中总水汽含量和云中积分液态水含量及其连续变化,并对云的可催化性指标提出建议,这对于有效地进行人工增雨作业具有十分重要的作用。华北地区层状云、层积云发展时,积分液态水积累过程是缓慢的,一般有连续性降水时,液态水含量 $L>0.3$ mm,故当微波辐射仪遥感监测发现 $L>0.15$ mm 时,即可建议指挥部门准备催化作业。积状云有降水时,液态水的积累很迅速,含量也丰富。将微波辐射计置于特别的区域内,采用 45°仰角观测,可对降水全过程进行监测。

2.4.3.4 数值试验研究

王叶红等(2010)发现,同化微波辐射计探测资料对降水强度预报有改善作用。单站及两站微波辐射计探测资料同化均对降水强度预报有所改善,但改善程度不如 3 站微波辐射计资料同时同化的结果明显。这说明同化的中尺度水汽场信息越多,初始场的质量越高,降水预报模拟效果越好。

2.4.3.5 其他方面应用

张北斗等(2015)利用辐射传输模式和微波辐射计反演出液态水廓线,计算有云情况下的大气整层透过率,进而计算路径积分衰减(PIA)信息,用于试验降水雷达反演分析。地基微波辐射计在探测大气水方面也有很大潜力(Hogg et al.,1983;Mark et al.,1988;朱元竞 等 1994;Duan,1999;魏重 等,2000),其最突出的特点是可以同时得到单位底面积大气柱中云液水的积分含量,配合相同时间分辨率的雨强资料,不需做进一步的资料同化,即可得到观测点上大气水的 3 个主要分量(水汽、云水和雨水)的定量数值。加之,地基微波辐射计已可以做到高精度(可与探空相比)、高时间分辨率(分钟量级)、无人值守地连续工作数月甚至一年,由此得到大气水的 3 个主要分量同步高时间分辨率的时间序列。

2.4.3.6　个例分析

内蒙古气象科学研究所使用的 35 通道多通道微波辐射计安装在内蒙古自治区人工增雨联合试验基地。利用多通道微波辐射计探测数据对内蒙古中部地区的水汽分布特征、不同性质降水下水汽和液水变化规律、不稳定指数计算等方面进行分析研究。结果表明，内蒙古中部地区水汽总量呈现出夏季水汽平均值最大，秋季次之，冬季最小的特点，并且不同季节水汽呈现弱的日变化特征；针对不同降水性质下水汽和液态水变化来看，V、L 在降水前后呈单峰曲线变化，降水过程中达到峰值，但是层云降水开始前和降水过程中水汽含量相对较高，而对流云在降水开始前和降水过程中液态水含量较高，相对水汽而言，液态水在降水前反应比较敏感；利用微波辐射计资料开发的不稳定指数可以较好地反映大气的不稳定，研究中凝炼的作业条件指标为人工增雨作业条件监测、指挥以及强对流天气预警提供指示作用和预报潜力。

1. 个例 1：2015 年 7 月 15 日对流云降水过程

2015 年 7 月 15 日呼和浩特市出现明显的对流性降水天气过程，降水出现在 16 时前后，降水持续时间 2 h 左右，降水量在 10 mm 以上。

从 7 月 15 日降水过程中微波辐射计水汽、液态水变化可以看出（图 2.35），14:00—15:30，V 变化比较平稳，L 小于 0.05 mm，基本为 0；降水前 30 min 从 15:34 开始，水汽和液态水都有一个明显的上升，L 值在 0.2～1.8 mm；16:06 降水开始后，V 和 L 剧烈上升，并且呈波动式变化，大部分时间水汽都维持在 4 cm 以上，L 在 2 mm 以上，整个降水期间 V、L 平均分别为 4.68 cm 和 2.93 mm。从图中也可以看到，V、L 有时出现反相变化，在一般情况下 V、L 变化趋势一致，但是在降水发生时有时会有这种反相现象出现，即当 L 值显著增大时，V 值明显降低。相关研究表明，这种现象是因为 L 峰值区在积状云的中心或存在层状云中潜伏的局部不稳定结构，这里上升气流很强，水汽凝结较强，同时也是大水滴聚集区，散射作用增强，因此 L 值显著增加时，V 值却明显下降。L 值的大小是表示云水含量多少的指标，在 V 值有下降、L 值明显上升的区域可能就是云水较为丰富的区域，在选择催化作业区域时，可以选择这些部位或其邻近的部位。

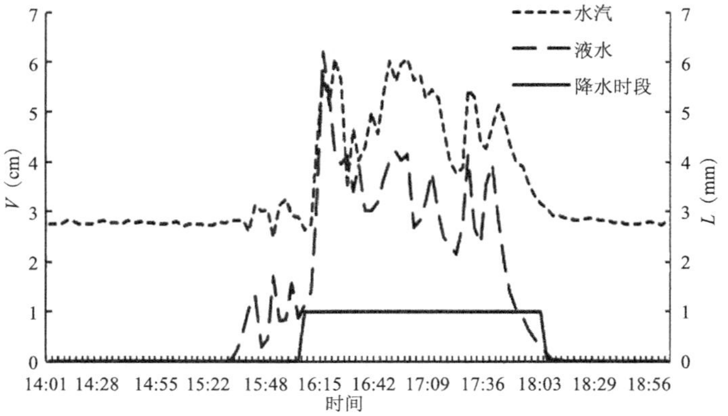

图 2.35　2015 年 7 月 15 日呼和浩特市 V、L 变化曲线

2. 个例 2:2016 年 6 月 9 日冰雹天气过程

2016 年 6 月 9 日呼和浩特市出现冰雹天气过程,冰雹对流天气出现在 15:31—15:35,利用 35 通道 MP-3000A 微波辐射计探测资料对此次降雹过程进行监测分析。从微波辐射计相对湿度垂直廓线分析来看(图 2.36(彩)、图 2.37),9 日 14 时前后呈现 2～5.5 km 高度层相对湿度大于 90%以及 0～2 km、6～10 km 高度层相对湿度小于 50%的三层湿度结构;在 15 时降雹临近时,整层湿度明显增大,1～8 km 高度层相对湿度都大于 80%,其中 2～6 km 高度层相对湿度超过 90%,3～4 km 高度层水汽达到饱和。降雹开始时,湿度结构继续维持,降雹结束后,湿度呈现 5 km 高度以下湿度大于高层湿度的“上干、下湿”结构,“上干、下湿”的湿度垂直结构分布为此次降雹天气维持了不稳定层结结构,而中低层的水汽供应又为冰雹天气的发生提供了有力的水汽条件。

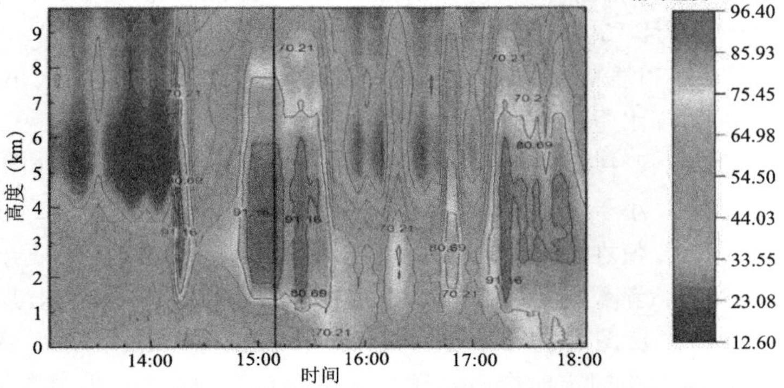

图 2.36　2016 年 6 月 9 日 13—18 时呼和浩特市相对湿度垂直廓线(图中黑竖线为降雹开始时间)

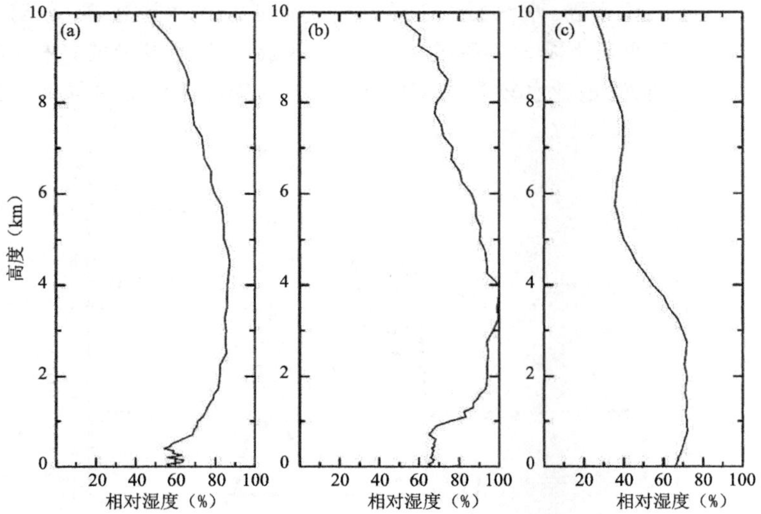

图 2.37　2016 年 6 月 9 日呼和浩特市相对湿度垂直廓线

(a)15:28;(b)15:33;(c)15:42

3. 个例 3:2017 年 5 月 21—22 日层状云降水过程

2017 年 5 月 21 日内蒙古中部地区受高空槽与地面倒槽影响,低层有风场切变,槽前有西南气流输送，高空槽自西向东移动，在中部地区形成明显的稳定性降水天气。从多通道微波辐射计连续观测的液态水、相对湿度、降水等物理量变化来看(图略)，呼和浩特市降水主要时段为 21 日 16 时至 22 日 04 时，在降水开始前，6 km 高度以下相对湿度均在 80%以上，大气中液态水含量较低，随着降水开始，空中液态水含量突增，最大值超过 0.45 g/cm^3，整层相对湿度均在 80%以上，在降水趋于结束时，液态水含量陡降，相对湿度逐渐下降。降水过程中，相对湿度在 0～10 km 高度范围内均超过 80%，高层相对湿度大于中低层相对湿度，水汽从地面到 10 km 高度是逐渐减小的，6 km 高度以下均在 2 g/m^3 以上，空中液态水含量呈现“中间大、上下小”的状态，1～6.5 km 高度上液态水含量在 0.2 g/m^3 以上，最大值出现在 3～4 km 高度，达到 0.46 g/m^3。

4. 个例 4:2018 年 4 月 20 日积层混合云降水过程

2018 年 4 月 20 日，受高空槽和低层切变的影响，内蒙古中部地区出现降水过程。从微波辐射计各物理量时间演变分析(图略)，此次降水开始于 20 日 18 时，于 21 时结束。降水发生前，从 20 日凌晨开始，2 km 高度以上相对湿度逐渐增加到 60%以上，低层相对湿度较差；17 时前后，整层相对湿度接近饱和。降水过程中，液态水含量达 0.4～0.5 g/cm^3，主要分布在 3～5 km 高度，积分水汽可达 5.5 cm，远大于非降水时段。20 日凌晨前，云底高度较高，约为 8 km，之后云底高度逐渐下降至 2 km 左右，随着降水的发生，云底接地，21 时降水结束后云底逐渐抬升，到 21 日 00 时达到 10 km。

2.5 探空资料在人工影响天气中的应用

大气中各种物理过程和天气演变都是在三维空间中进行的，因此必须进行高空观测以取得空中各高度上的气象要素值。大气中各个高度上的温度、湿度、风和气压随时间和空间分布的资料，仍然是研究大气中各种热力和动力过程以及天气分析和预报的基础资料。测量三维空间温、压、湿、风分布的途径是多种多样的，可以由探空气球携带无线电探空仪测量，可以由气象卫星上搭载的各种遥感仪器反演温度和湿度以及风速的廓线，也可以由地基遥测遥感设备进行探测。但是，无线电探空方法仍然是一种最主要的资料获取途径，一是因为它的资料具有较高的精确度和分辨率；二是长期以来它已经形成了一个比较严密的全球探测网，各地区各个国家的资料具有一定的可比性，因而成为其他高空探测手段的一个基准(张霭琛，2015)。无线电探空仪是一种遥测仪器，它可以将感应(而且是直接感应)的气象要素值转换为无线电信号，不断地向地面接收站发送，地面接收机将信号收录、解调、转换和处理成空中各个高度上的温、湿、压探测结果。与其他探测手段相比，它的结果精度高、实时性强、操作方便，几乎不受天气条件限制，如能配合适当的设备，如无线电经纬仪和测风追踪雷达还可以同时获取高空风场的资料(张霭琛，2015)。

云是人工影响天气催化作业的主要对象，对云的结构变化及其演变规律的认识，在人工影响天气作业条件潜力预报、作业方案设计及作业实施过程中尤为重要。目前，观测云的方法很多，包括地面人工观测、卫星观测、测雨雷达观测、激光雷达观测、激光云幂测量仪观测、云雷达和飞机观测等。但针对云的垂直结构观测而言，这些观测方法都各有优缺点。地面人工观测受人为主观因素影响较大，且一般只能获取云底信息，对多层云很难观测到准确的位置；激光云幂测量仪主要获取的是云底信息；而卫星观测一般只能获取云顶信息，对低云的探测无能为力。对云的观测最有效的是云雷达，2006 年 4 月 28 日发射的 Cloud Sat 卫星搭载了 94 GHz

即 3 mm 波长的云剖面雷达(cloud profiling radar，CPR)，它可直接探测云的垂直结构、云粒子的分布及时空变化，获得以往观测系统无法获得的云特征信息，成为一颗可以对云层特性进行全球测量的卫星(周毓荃 等，2008)。但将云雷达布设形成探测网具有一定的困难，而 L 波段高空气象探测系统在我国已实现业务化应用，因此在人工影响天气中仍然以 L 波段探空数据作为分析云的主要数据资料，本节将着重介绍 L 波段数据在人工影响天气中的应用。

2.5.1 探空仪简介

高空气象探测系统是大气探测综合观测系统的重要组成部分。L 波段(1 型)高空气象探测系统是我国自主研制的新一代探空系统，由 GTSI 型数字探空仪和 GFE(L)1 型二次测风雷达配合，可探测高空风向、风速、气温、气压、湿度等气象要素，具有整体性能先进、探测精度高、采样速率快、自动化程度高等特点，实现了高空气象探测仪器的数字化和自动化。该系统作为我国高空气象探测装备的更新换代产品，已在我国高空气象探测业务中正式使用(王建新，2008)。

GTSI 型数字探空仪是我国近年来研制成功并投产使用的新型数字式探空仪，已分批逐步在台站上顶替电码式探空仪，其发射频率为 1675 MHz，气压、温度和湿度元件分别为应变型硅单晶空盒、热敏电阻和碳膜湿度片；电路分辨率达到 10000，比电码式探空仪提高了 30 倍；测量周期为 1.2 s，比电码式探空仪提高 5～10 倍。探空仪在升空过程中，压、温、湿元件分别随大气层的环境变化改变其电阻值或输出电压，这些变化通过智能转换器变成二进位制数字信号，并将它调制到发射机的射频上，被地面的二次雷达接收。按功能区分，带二次雷达测风的探空仪电路分为智能转换电路、超高频发射机、淬频振荡器以及数字信号调制 4 部分。因其采样周期为 1.2 s，故也称为探空秒数据，其每分钟的采样频率约为 50 次，按照每分钟400 m 升速算，L 波段高空探测仪的空间垂直分辨率为 8 m(蔡淼 等，2014)。

由于 GFE(L)1 型测风雷达持有技术专利等原因，张霭琛(2015)根据原 701 雷达的技术以及测风经纬仪的自控原理讲述了 GFE(L)1 型测风雷达的工作原理。该雷达的主要技术指标见表 2.11。

表 2.11 GFE(L)1 型雷达主要技术指标

工作频率		(1675±6)MHz
探测范围	距离	100 m～200 km
	方位角	0°～360°
	仰角	−2°～+92°
探测精度	距离	≤20 m(100 m～150 km)
	角度	≤0.08°(仰角 6°以上)
	风速	1 m/s(风速 10 m/s 以上)
	风向	10%(风速 10 m/s 以上)
		5°(风速 25 m/s 以上)
		10°(风速 25 m/s 以下)

L 波段探空系统能连续自动测定高空风向、风速、气温、气压、湿度等气象要素，其数据的优点是垂直分辨率高，数据资料精细化到秒，垂直分层密度约为 8 m 一层，从地面开始获取资

料，数据资料中除包含了常规气象要素观测值外，还包含了探空气球上升过程中的精确定位信息。缺点是气球在上升过程中会出现漂移，不能得到从地面到高空完全垂直的要素信息。姚雯等(2008)通过大量的实测探空资料分析发现，L 波段探空资料中相对湿度曲线存在较大误差，他们利用高精度湿度校准设备对碳湿敏元器件进行大量静态测试，修正了相对湿度订正原理和公式，提高了 L 波段探空仪湿度测量的精度。

我国从 2000 年起开始使用 L 波段探空仪，它是采用碳湿敏元器件的数字式电子探空仪，较之前肠膜测湿元件的 59 型探空仪在测量精度和灵敏度上均有很大提高。我国目前使用的 L 波段探测仪主要由 3 个不同厂家生产，全国共有 118 个测站使用。仪器编号分别是 31、32、33，31 号探空仪由山西太原电子探空仪厂生产，14 个测站使用；32 号探空仪由上海长望气象科技有限公司(原上海无线电 23 厂)生产，89 个测站使用；33 号探空仪由南京大桥机器有限公司生产，15 个测站使用。32 号探空仪使用数量最多，范围最广，多分布在中部和东部地区，31 号探空仪和 33 号探空仪使用数量相近，31 号探空仪集中在新疆、西藏、山西等部分地区，33 号探空仪很分散，云南、吉林、内蒙古等地各有几个测站使用(郝民 等，2018)。

2.5.2　国内探空数据应用情况

近年来，多名学者对探空数据资料进行了研究分析，一部分学者利用探空资料建立了强对流天气的判断方法、降水指标、冰雹预报指标判别式等。王笑芳等(1994)利用北京 08 时单站探空资料给出了预报强对流天气有无及强度的判断方法，为强对流天气的短时预报提供了有应用价值的思路和方法。刘玉玲(2003)用探空资料计算对流有效位能、粗理查森数、螺旋度等对流参数，并应用到强对流天气的潜势预报上。廖晓农等(2008)用探空资料计算了对流有效位能、抬升指数、风切变等物理参量，分析了北京一次罕见的大冰雹事件。雷蕾等(2011)通过探空资料分析了多种物理参量在冰雹、雷暴大风和短时暴雨天气下的差异。陈龙虎等(2009)利用探空资料分析近地层的逆温特征。赵桂香等(2013)将 L 波段探空秒数据用于研究大暴雨过程的云团及环境场特征，以解释不同云团形成的环境场差异，提炼更多的暴雨中尺度信息和先兆信号。蔡淼等(2014)利用 L 波段探空资料，通过相对湿度阈值法判断云区位置，得到一套适合于 L 波段探空秒数据的云垂直结构判别方法。石春娥等(2014)利用高分辨率探空资料，从大气层结及近地层输送条件等方面探讨了 2013 年 1 月安徽霾天气频发的原因。刘晓璐等(2014)利用探空资料计算表征热力、动力、水汽、温度、高度等物理参数作为预报因子，采用因子组合分析方法对 3244 个预报因子进行筛选，找出影响宜宾探空站附近降雹的预报因子，并计算得出了它们的阈值及组合关系，建立了冰雹预报指标判别式。李文娟等(2017)基于单站探空资料建立了不同强度短时强降水的预报指标，与短时强降水显著相关的因子是整层可降水量、比湿及假相当位温。黄小燕等(2018)利用探空资料研究大气可降水量的变化特征。

另一部分学者对比分析了探空数据与卫星、云雷达、多普勒天气雷达等资料，对不同资料的优缺点有了初步的分析结论；也有学者对比分析了探空资料在模式中的应用情况。罗清等(2014)利用探空资料与风云 2 号卫星探测的湿度做对比，发现卫星探测的湿度普遍低于探空资料，二者的相对湿度差值有随气压层高度呈现抛物线变化趋势。张元等(2016)利用 TK-2GPS 火箭探空数据与 L 波段探空数据进行对比分析发现，TK-2GPS 火箭探测仪温度廓线与 L 波段探测数据非常一致，可以清楚地描述大气中存在的逆温特征。赵静等(2017)利用探空数据与毫米波云雷达做对比分析，通过对比云底高、云顶高及云垂直结构发现，毫米波云雷达发射的电磁波能够穿透厚度较大的云层，探测出云垂直结构，所探测的云底高和云顶高与 L

波段探空结果保持良好的一致。王晓艺等(2018)利用探空温度资料对比不同降水粒子对各雷达(X波段双线偏振多普勒天气雷达)偏振参量已知的特征经验,模糊逻辑识别算法的识别结果与探空资料吻合,验证了建立的降水粒子模糊逻辑识别算法适用性较强。刘梦娟等(2014)利用L波段探空秒数据垂直分辨率、精度均较高的特点,以其为实况,对BJ-RUC系统分析和预报边界层性能进行了初步评估。郝民等(2014)形成了一种稀疏化方案,即将秒级和分钟级探空观测数据插值到模式面后以廓线形式进行同化,取得了较好的效果。侯叶叶等(2016)以探空水汽廓线为标准,对比了微波辐射计及WRF模拟的水汽廓线精度,结果发现整体上WRF水汽密度接近探空数据,在近地面处微波辐射计的水汽密度更接近探空数据。茆佳佳等(2018)以探空数据正演模拟亮温为参考,对比了不同微波辐射计的探测性能,结果表明国产与进口设备观测亮温的准确度相当,微波辐射计晴空条件下的均方根误差较小,适合晴空使用,不适合降水期间使用。郝民等(2018)研发了适合我国L波段探空仪的有效订正方法,并在GRAPES同化分析中应用,改进了同化分析和模式预报效果。

探空资料除在气象中的应用外,也开始逐渐被应用于生态水文科学中。陈蕾等(2016)利用气象探空资料开展河道生态流量的研究,发现伊尔列黑水文站年最大洪峰流量和喀什探空站日600 hPa的07时、09时气温之和大于5 ℃的年积温具有较好的相关,相关系数达到0.80。

2.5.3 探空数据分析方法介绍

国外正式利用探空数据分析云垂直结构是从1995年开始,其主要目的是对全球或区域云垂直结构进行气候学统计分析。利用探空数据分析云垂直结构的方法主要有以下几种:一是温度露点差法;二是相对湿度阈值法;三是温湿度二阶导数法。3种方法各有特点,选取最有效的方法并验证其准确性尤为关键,本节将对3种方法进行简单介绍(欧建军,2015)。

2.5.3.1 温度露点差法

Poore等(1995)认为,给温度露点差(ΔT_d)设定一个阈值,如果小于某阈值就可以指示出大气中的湿层,通过判断各高度上温度露点差与阈值的关系(凡是温度露点差低于阈值的都可以视为云层)就能够确定云底、云顶及云厚,然后对比地面观测资料最终确定云的垂直结构。温度露点差的阈值设定是参考美国航空气象处(AWS)1979年提供的标准,即气温大于0 ℃时阈值为2 ℃,气温介于−20 ℃与0 ℃之间时阈值为4 ℃,气温低于−20 ℃时阈值为6 ℃,如式(2.14)所示:

$$\begin{aligned} &\Delta T_d = 2\ ℃ \quad T > 0\ ℃ \\ &\Delta T_d = 4\ ℃ \quad -20\ ℃ < T \leqslant 0\ ℃ \\ &\Delta T_d = 6\ ℃ \quad T \leqslant -20\ ℃ \end{aligned} \tag{2.14}$$

该阈值是根据美国俄克拉荷马州1 a的探空观测分析得出来的,不同地区应该有不同的阈值。Poore等(1995)根据分析,最终将阈值修改为1.7 ℃、3.4 ℃、5.2 ℃,其阈值比AWS给定的低。

Poore等(1995)利用该方法对全球63个站的探空数据进行了统计分析,得到了单层云出现频率的分布,以及不同云状的云高、云厚的分布频率,并对不同纬度云结构和海洋性云与大陆性云垂直结构的分布情况进行了分析。

2.5.3.2 相对湿度阈值法

Wang等(1995)认为,当探空仪穿过云层时,湿度的变化和云层的变化有很大的关系,于是根据 1 a 的地面和探空观测对云底高度范围内的相对湿度做频率统计，得到在地面人工观测云底高度范围内湿度的频率分布，发现相对湿度 87%处在一个显著变化的频率上，相对湿度低于 84%的只占所有个例的 25%，因此以 84%～87%作为阈值判断云层。这改进了 Poore 的方法，通过对相对湿度取阈值来判断云层垂直结构。

采用相对湿度阈值法分析云垂直结构的主要算法包括：①换算相对湿度，气温低于 0 ℃时，要按照冰面饱和水汽压去计算相对湿度，即利用实际水汽压除以冰面的饱和水汽压得到新的相对湿度(RH-ice)；②云层中相对湿度最大值要大于 87%，最小值要不小于 84%；③在云层边界云底和云顶时相对湿度的跳变要大于 3%，且在云顶有负的跳变，在云底有正的跳变。

Wang 等(1995)通过相对湿度阈值法对全球 30 个探空站点的云垂直结构进行了分析，并且将云顶高度和 ISCCP 进行了对比，得到了云顶高度的月季变化。同时，将云底和地面观测进行了对比，得出了单层云出现的频率，而且对比了不同纬度云垂直结构的信息，以及多层云出现的频率。对不同纬度不同季节多层云出现频率也做了对比。Wang 等(1999)利用 ASTEX的观测资料，将探空数据和激光云高仪、8 mm 云雷达、卫星观测资料做了对比，并且统计了多层云结构。

2.5.3.3　温湿度二阶导数法

Chernykh 等(1996)认为，云层的出现和气温、湿度的变化是相关的，如果有高分辨率的气温和湿度廓线资料就可以分析云层是否存在及其垂直结构。Arabey(1975)利用探空温度露点差分析云量，在不同的温度下不同的温度露点差预示着不同的云量。Chernykh 等(1996)结合了 Arabey(1975)方法的同时利用气温和湿度资料分析了云结构，指出气温随高度的二阶导数大于 0 且相对湿度随高度的二阶导数小于 0，即可认为是有云层的存在，如式(2.15)所示：

$$\partial^2 T/\partial z^2 \geqslant 0$$

$$\partial^2 RH/\partial z^2 \leqslant 0 \tag{2.15}$$

采取二阶导数判断云层的依据是：①Bartels 等(1987)研究发现气温和相对湿度以及温度露点差随高度的变化近似于三次样条线，因此可以对其进行二阶导数的求取；②在大气中有云层存在的区域，其相对湿度应该比其上部和下部都要高，可以认为在云层内部相对湿度达到最大值，因此其二阶导数应该小于 0，即 $\partial^2 RH/\partial z^2 \leqslant 0$；③如果云层接近于饱和，那么在云顶和云底之间相对湿度对高度二阶导数等于 0，即$\partial^2 RH/\partial z^2=0$；④由于红外辐射降温使得云顶温度降低，顶部常存在逆温层，因此云层顶部温度对高度的二阶导数大于 0，即$\partial^2 T/\partial z^2 \geqslant 0$；⑤由于水汽凝结而潜热释放，使得云底温度随高度上升不降低甚至升高，造成了云层底部下面的区域温度有最小值存在，因此温度对高度的二阶导数大于 0，即$\partial^2 T/\partial z^2 \geqslant 0$。

Chernykh 等(2001)利用温湿度二阶导数法得到的云底与地面观测对比准确率达到了 95%，通过判断温度露点差得到的云量准确率也达到了 70%～80%。值得说明的是，利用探空数据得到的气温、湿度以及温度露点差去分析云底、云顶时误差来源主要是传感器的时间滞后效应，但是利用一阶导数和二阶导数的方法这些误差就可以去除，因此利用一阶导数和二阶导数分析得到的云垂直结构会更加准确。该方法得到的云分布层次较多，而且低云出现的概率较高，高云出现的概率较低，对分析云层垂直结构有一定的制约。

Chernykh 等(2001)用温湿度二阶导数法，利用全球 795 个探空站点的资料分析了全球云顶和云底边界变化，发现 65 a 以来云底在降低，云顶在升高。

2.5.4　L波段探空数据在内蒙古人工影响天气中的应用

L波段探空数据在内蒙古人工影响天气中，主要应用于业务服务及科学研究。本节主要对2次业务服务个例及部分科研结果进行展示。

2.5.4.1　2017年5月21—22日人工影响天气服务个例

2017年5月20日，根据气象干旱综合指数计算显示，赤峰市、通辽市西北部、兴安盟东南部出现了重度以上旱情。全区土壤墒情差，部分地区草场受旱，影响农牧业正常生产，威胁草原生态，人工增雨作业需求迫切。

从当日的地面形势来看，5月20日20时，地面为低压带、地面倒槽与高空槽配合，伴随均匀密实的带状云系自西向东移动，逐渐影响内蒙古中西部地区。5月20日20时500 hPa新疆地区及贝加尔湖东部有一高空槽；21日08时，500 hPa蒙古地区有一浅槽，高、低空配置一致，受西南气流影响，水汽条件较好；到22日20时，高空槽移至赤峰市、通辽市中部，主要影响赤峰市东南部、通辽市大部。从700 hPa湿度场和低层风场叠加来看，21日08—20时，水汽高值区进入锡林郭勒盟东部、兴安盟、通辽市北部地区，低层有风场辐合配合湿度区，且湿舌向北延伸，范围扩大，低层西南水汽通道畅通，配合有风场切变；21日20时至22日08时，湿舌逐渐向西延伸至鄂尔多斯市东南部，低层西南水汽通道畅通，配合有风场辐合。此次天气过程，西南水汽通道畅通，西南风强盛，低层相对湿度在80%以上，高、低空配置形成了有利的动力抬升条件，有利于槽前西南暖湿气流向北输送，西南暖湿气流与西北干冷空气交绥，在内蒙古中东部形成明显的比较稳定的降水天气。

根据21日08时探空观测，影响中东部地区的云系为冷暖混合云，兴安盟地区（索伦）有深厚的云垂直结构，整层相对湿度较大，0 ℃层和−10 ℃层分别位于3.6 km、5.0 km左右高度。中东部地区整层以西北风为主，风速18 m/s（约65 km/h）。呼和浩特市以东地区以多层云为主，锡林郭勒盟、兴安盟飞机人工增雨作业条件较好。

根据21日20时探空观测，降水主体云系向东南方向移动，主要位于巴彦淖尔市以东地区，内蒙古东部地区为冷暖混合云系，存在多层云。云顶高度均在8 km以上，局部地区云顶发展到13 km，整层相对湿度较大，0 ℃层和−10 ℃层分别位于3.5 km、5.5 km左右高度。低层以西南风为主，风速16～24 m/s（57～97 km/h），适合开展飞机人工增雨作业。

根据22日08时探空观测，随着降水主体云系进一步向东南方向移动，锡林郭勒盟以东地区云系发展较为深厚，云顶高度均在9 km以上，局部地区云顶发展到13 km，整层相对湿度较大，0 ℃层和−10 ℃层分别位于3.5 km、5.2 km左右高度。整层以偏西风为主，低层风速16 m/s左右（约57 km/h），适合开展飞机人工增雨作业。

针对此次降水过程，5月20—22日，内蒙古共有序开展飞机增雨作业16架次，地面作业209次，作业影响区总面积56996 km^2，增雨总量为16116万m^3。

受自然降水和人工增雨作业的影响，内蒙古增雨效果明显。5月21日08时至22日08时，内蒙古共1555个站出现降雨，降雨量0.1～53 mm，其中有83个站出现大雨，降雨量25～45.8 mm，主要分布在鄂尔多斯市东南部、呼和浩特市大部、包头市南部、乌兰察布市中部及南部、锡林郭勒盟南部及东部、通辽市大部、赤峰市北部及兴安盟西南部；锡林郭勒盟多伦县大河口乡出现暴雨，降雨量为53 mm。22日08时至23日08时，内蒙古共746个站出现降雨，降雨量0.1～23.0 mm，其中有138个站出现中雨，降雨量10.0～23.0 mm，主要分布在通辽市南部及赤峰市南部。

2.5.4.2　2017 年 8 月 26—27 日人工影响天气服务个例

根据气象干旱综合指数计算显示，截至 8 月 26 日，巴彦淖尔市东南部、鄂尔多斯市北部、包头市东部、呼和浩特市北部、乌兰察布市北部、锡林郭勒盟西部及呼伦贝尔市西部出现了中旱。内蒙古中西部地区土壤墒情差，部分地区草场受旱，影响农牧业正常生产，威胁草原生态，人工增雨作业需求迫切。

8 月 26 日 08 时 500 hPa 内蒙古中东部以西北气流控制为主，700 hPa 在阿拉善盟西南部有切变线存在，河套及以西地区受东南气流控制。8 月 26 日 20 时 500 hPa 呼伦贝尔北部受低涡控制，涡底部有深厚的大槽存在，高、低空配置一致，槽前由大范围的西南风控制。由 850 hPa 相对湿度场来看，26 日 20 时低涡处及槽线底部地区水汽条件较好，相对湿度（大于 70%），但范围较小。27 日 08 时水汽条件转好，阿拉善盟南部、巴彦淖尔市、乌海市、鄂尔多斯市、包头市、呼和浩特市、乌兰察布市、锡林郭勒盟南部及呼伦贝尔市大部分地区相对湿度均大于 70%。

根据 26 日 20 时探空观测，内蒙古西部及中部地区有冷暖混合云系生成，东胜区上空云系垂直发展旺盛，整层相对湿度较大，0 ℃层和 −10 ℃层分别位于 5.0 km、6.6 km 左右高度，过冷层高度较高。中西部地区高层以西风为主，低层以东南风、西南风为主，风随高度顺时针旋转，有暖平流。东部地区基本无云。由上述分析可见，阿拉善盟、临河、鄂尔多斯市飞机人工增雨作业条件较好。

根据 27 日 08 时探空观测，主体降水云系发展壮大并向东移，云系基本覆盖全区范围，以冷暖云混合云系为主，云系垂直发展旺盛，分多层。云顶高度均在 8～12 km，整层相对湿度较大，0 ℃层和 −10 ℃层分别位于 3.8～5.0 km、4.9～7.1 km 高度，低层以偏南风为主。鄂尔多斯市、呼和浩特市云底较低，风速为 4～6 m/s，云体厚实，适合开展飞机人工增雨作业。

根据 27 日 20 时探空观测，降水趋于结束，云系主体大多位于 0 ℃层高度之上，云系以高云为主。

受自然降水和人工增雨作业的影响，此次作业过程有一定的增雨效果。8 月 26 日 08 时至 27 日 08 时，内蒙古共 701 个站出现降雨，降雨量 0.1～45.0 mm，其中有 12 个站出现大雨，降雨量 27.2～45.0 mm；77 个站出现中雨，降雨量 10.1～24.9 mm；612 个站出现小雨，降雨量 0.1～9.9 mm。降水主要分布在鄂尔多斯市、呼和浩特市大部、包头市南部、乌兰察布市南部及呼伦贝尔市大部。27 日 08 时至 28 日 08 时，内蒙古共 784 个站出现降雨，降雨量 0.1～14.5 mm，其中 10 个站出现中雨，降雨量 10.0～14.5 mm；774 个站出现小雨，降雨量 0.1～9.9 mm。降水主要分布在鄂尔多斯市、呼和浩特市大部、包头市南部、乌兰察布市南部、锡林郭勒盟南部、赤峰市、通辽市及呼伦贝尔市大部。

此次自然降水以及人工增雨作业有效降低了森林、草原火险等级，改善了土壤墒情，对内蒙古农作物生长、生态保护、园林绿化、净化空气等方面发挥了重要的作用，有效地缓解了全区旱情，减少了经济损失，受到社会各界的广泛关注。

2.5.4.3　呼和浩特地区云垂直结构特征研究

苏立娟等（2017）利用 2013 年 1—12 月呼和浩特站 L 波段探空资料，采用相对湿度阈值法进行云结构特征分析。结果表明，呼和浩特平均云底高度为 2680 m，平均云顶高度为 6433 m，平均云厚为3753 m。在全年的统计中,有60.2%是无云天气;有云时,单层云约占24.1%,多层云中以双层云居多,3层以上云约占5.5%。云垂直结构特征存在明显的季节变化,云底高度随季节变化不大,而云顶高度在夏天达到最高,到冬天云顶较低且云厚较薄。呼和浩特市夏季有云的时候多,且以多层云为主,低云和高云均较多;冬季无云占多数,以高云为主,低云较少。

苏立娟等(2017)研究降水云的垂直结构特征时发现,大约80%的降水云云底高度在2.5 km以下,大部分降水云的云厚在5.0 km以上,云层厚度在3.5 km以上时发生降水的概率为83.0%,而云层厚度在2 km以下时基本不会发生降水;降水云云顶高度大部分在5.0 km以上。降水云在垂直结构上应该是连续的,没有夹层出现,如果有夹层的话,夹层厚度应在1 km以下,第一层云的厚度应在2 km左右,否则将不利于降水的产生。

2.5.4.4 内蒙古地区12个探空站上空云的初步统计分析结果

于水燕等(2016)统计了2015年内蒙古地区的12个L波段探空站的资料,发现内蒙古全区12个探空站出现有云日的季节变化是类似的,全区大部分地区均是夏季有云日数最多,东部地区秋季有云日数多于春季,而西部地区则相反(春季有云日数多于秋季),冬季东部地区的有云日数普遍偏多,而西部地区则是冬季的有云日数为四季中最少。西部地区有云日数的四季变化不明显,尤其是额济纳旗及巴彦诺尔公苏木,中部地区夏季有云日数较多的特征最为明显。全区12个探空站上空云底、云顶呈现西部高东部低的趋势,且除去临河站,其余站均为由西至东云底、云顶高度递减的变化趋势。全区12个探空站云底、云顶高度日变化表现出来一致的变化趋势,08时的云底高度最低,08时云顶高度次高,20时云底高度要高于08时的云顶高度,20时的云顶高度为4个高度中最高。

2.6 GNSS/MET在人工影响天气中的应用

2.6.1 GNSS系统

GNSS是全球导航卫星系统(Global Navigation Satellite System)的简称,指的是能在地球表面或近地空间的任何地点为用户提供全天候的三维坐标和速度以及时间信息的空基无线电导航定位系统。常见的有美国的GPS、俄罗斯的全球卫星导航系统GLONASS、欧洲的Galileo定位系统以及中国的北斗卫星系统等,另外还包括区域系统和增强系统(宁津生 等,2013)。

继GPS定位系统之后,全球导航卫星系统GNSS的发展,使得定位精度和系统使用安全性也在不断提高。对于在气象学的应用方面,相较于GPS气象学,GNSS气象学反演大气参数的精度和时空分辨率大幅度提高(丁金才,2009)。

2.6.2 GNSS气象学

GNSS气象学是研究利用导航卫星信号穿过地球大气所引起的延迟量来反演大气要素的技术及其应用的一门气象学的分支,简称GNSS/MET,其主要任务是探测对流层大气的细致特征,例如折射率、湿度(水汽含量)、温度、密度、气压和风(李国平,2007)。

根据GNSS接收机所在的空间位置,GNSS气象学可分为地基GNSS气象学和空基GNSS气象学(丁金才,2009)。

地基GNSS气象学利用安装在地面上的接收机测量导航卫星的信号纵向穿过大气层到

达地面时所引起的延迟量，进而反演出天顶方向整层大气层或信号斜路径上的水汽累积量。

空基 GNSS 气象学利用搭载在低轨卫星上的信号接收机测量信号路径近地点高度处的大气折射率，进而导出大气温度、湿度和气压等参数的垂直分布。

目前 GNSS 气象学中理论较为成熟且应用最为广泛的内容是地基 GNSS 遥感大气水汽（李国平，2007），同时人工影响天气工作中主要用到的也是地基 GNSS 水汽含量的探测技术，故本书重点介绍地基 GNSS 气象学探测大气水汽的原理及应用。

2.6.3　地基 GNSS 气象学的水汽测量原理

在 GNSS 高精度测量中，最基本的观测量是卫星发射的无线电信号传播到接收机所需的时间，受地球大气折射影响，卫星信号穿过大气时传输速度降低，同时传播路径发生弯曲，从而导致信号的延迟。通常认为这种延迟来源于电离层大气延迟和中性大气延迟两个方面，中性大气延迟又可以表示为干空气造成的干延迟（也称静力延迟）和水汽造成的湿延迟之和。由此可见，若能解算出电离层延迟和干延迟，就可以从总延迟量中分离出大气湿延迟，通过建立大气湿延迟与水汽含量的关系，便可以实现 GNSS 对大气含水量的测量，这就是 GNSS 气象学测量大气水汽含量的基本原理（丁金才，2009）。

通常情况下，利用地基 GNSS 测定大气中水汽含量的主要步骤有三步。第一步，利用 GNSS 数据计算电离层延迟，得出测站天顶方向的对流层总延迟；第二步，利用传统的经验模型计算出对流层的静力延迟分量，从而得到湿延迟分量；第三步，利用对流层湿延迟与可降水量的关系计算出大气的可降水量（翟清斌，2005）。

2.6.4　GNSS 气象站的基本组成

GNSS 气象站主要由 GNSS 接收机及天线、气象设备、电源、通信设备、计算机、观测墩等组成。接收天线安装于室外的观测墩上，用于跟踪和观测卫星信号，为减少多路径效应引起的相位观测误差，常选用良好的抗多路径效应的扼流圈天线。气象设备为能够探测气温、湿度、气压要素的小型自动气象站，同时连续输出观测数据到接收机。接收机从天线接收卫星信号，从中解算出导航电文、载波相位观测值和伪码观测值，同时接收自动气象站采集的温、湿、压数据，之后将这些数据打包成标准的数据格式传送到数据处理终端。计算机终端接收地面接收机输出的观测数据，通过解算软件（如 GAMINT、BERNESE 等）获得毫米精度的湿延迟量，计算大气水汽参量（丁金才，2009）。

2.6.5　GNSS/MET 气象站的建设选址

建设 GNSS 气象站网需要确定观测站的整体布局和各个测站的具体位置，这就需要综合考虑地质、视角、电磁、供电、通信、交通、监管等因素。通常要遵循以下几点原则（丁金才，2009）。

（1）所有点位分布网点合理。在区域参考站数量已定的前提下，人口密集区和经济较发达地区适当缩短参考站的站间距，山地、丘陵等人口稀少和经济欠发达区域适当增大站间距，同时要考虑该区域电离层活动等。

（2）要有稳定的地质基础，最好建在基岩上，避开断层破碎带、易滑坡地、沼泽地和地下流沙等局部易沉陷区，同时要远离交通要道、采石场等震动较强的区域。

（3）站址要有良好的通视条件，同时四周无易引起多路径效应的反射面，远离周围高大建筑、树木、大面积水体、海滩和易积水地带，其距离不小于 200 m。

(4)为避免电磁干扰，应远离微波站、无线电发射站、变电站、高压线穿越地带等电磁干扰区，其距离不小于 200 m。

(5)所在地要有稳定的市电保障和合适的通信条件，为便于维护要选择交通便利、易于到达的地点。

2.6.6 GNSS 在人工影响天气中的应用

GNSS 遥感观测大气水汽相较于常规观测手段，具有时间分辨率高、精度高、无需校准、维护简单、不受降水和云影响、全天候观测等优点，可以为人工影响天气作业条件判别和作业效益评估提供新的数据支持。这里将通过 2 个个例介绍 GNSS/MET 水汽监测资料的应用。

(1)分析 2008 年 3 月、4 月、8 月内蒙古呼和浩特市的 GPS 水汽时序变化及其与降水的关系。结果表明，降水发生前有一定阶段的水汽积累，等水汽积累到峰值时产生降水，可能此时云中已达到饱和状态。另外，降水产生在水汽下降的阶段，可能是由于降水消耗了大量水汽，开始降水后大气总水汽含量有迅速降低的阶段(苏立娟 等，2010)。

(2)2007 年 12 月 4 日成都地区出现持续性降水，从天气形势和水汽条件来看比较适合进行人工增雨作业，彭州、新都、温江、双流等 11 个地点在 4 日 20:15—22:30 实施了火箭人工增雨。利用成都地基 GPS 观测网和常规降水资料，分析人工影响天气作业过程中大气水汽含量和降水量的变化。结果表明，各站点 GPS 水汽在作业后都有一个短暂的下降过程，对应地面降水量的增大，这是由于人工影响天气作业后催化剂将空中部分冰面过饱和水汽凝华核化转化为液态降水。作业后水汽的变化情况还能用来判断是否可以进行二次作业，若人工影响天气作业后水汽含量持续下降则表明降水结束，若下降过后又开始振荡上升，则说明空中水汽补充较快，通过二次作业可以加大降雨量，增强降雨效果(谢娜 等，2012)。

思考题

1. 什么是粒子谱？
2. 粒子谱分析有什么作用？
3. 对于地面降水粒子谱观测，激光测量和传统测量有什么区别？
4. 如何利用地面降水粒子谱判断天气现象？
5. 对于地面降水粒子谱观测，不同尺度的粒子，数浓度计算方法有何不同？
6. 能否根据地面降水粒子谱数据，计算液态水含量、雷达反射率因子和降水强度等参量？
7. 雨滴谱的分布形式是什么？
8. M-P 分布和 Gamma 分布有什么区别？
9. 如何利用雨滴谱和雷达数据定量估测降水？
10. 利用 Gamma 分布对雨滴谱进行拟合时，需要几个参数？
11. 米散射和瑞利散射有什么不同？
12. 机载大气探测系统能够测量哪些物理量？
13. 如果飞机综合要素测量系统故障，对云微物理探测有什么影响？
14. 热线含水量仪是如何测量空中液态水含量的？
15. 云凝结核计数器是如何测量云凝结核数浓度的？
16. DMT 公司生产的云粒子二维图像探头和降水粒子二维图像探头，工作原理一样吗？

17. 利用机载大气探测系统测量云微物理参量时，空速起到什么作用？
18. 粒子分析及显示系统的作用是什么？
19. 为什么热线含水量仪对冰相粒子不敏感？
20. 测量云凝结核和气溶胶粒子谱时，为什么要有样气和鞘气？
21. 如何在粒子分析及显示系统中判断设备故障？
22. 飞机大气探测过程中，如何判断云中是否达到过饱和？
23. 单室云凝结核计数器和双室云凝结核计数器有什么区别？
24. 云和降水粒子谱观测在人工影响天气领域中有哪些应用？
25. 气象目标对雷达电磁波是怎样散射的？
26. 什么叫雷达回波？
27. 什么叫雷达气象方程？包括几种形式？
28. 请写出单个目标雷达方程。
29. 脉冲多普勒天气雷达能测量哪些参数？
30. 降水回波和非降水回波包括哪些？
31. 简述层状云降水雷达回波特征。
32. 简述对流阵型降水雷达回波特征。
33. 简述冰雹云降水雷达回波特征。
34. 什么是脉冲多普勒雷达？
35. 多普勒雷达信息是如何处理的？
36. 多普勒雷达信息提取方法有哪些？
37. 简述新一代天气雷达系统构成。
38. 微波辐射计与其他探测设备相比，具有哪些优点？
39. 微波辐射计有哪些应用？
40. 微波辐射计如何探测大气的温度？
41. 微波辐射计如何探测水汽密度廓线？
42. 微波辐射计在人工增雨作业中的作用具体表现在哪里？
43. L 波段高空气象探测系统的组成及其仪器数据的特点是什么？
44. 分析探空数据主要的方法有哪些？
45. L 波段探空数据在人工影响天气业务中主要用来分析什么？
46. L 波段探空数据与其他特种观测相比，优缺点是什么？
47. 简述 GNSS 气象学的定义及其分类。
48. 大气造成的卫星信号延迟可分为哪三个部分，分别简述得到这三种延迟量的方法。
49. 地基 GNSS 测定大气中水汽含量的主要步骤是什么？
50. 简述 GNSS 气象站的基本组成。
51. GNSS 气象站选址要遵循哪些原则？

第3章　人工影响天气数值模式及其应用

3.1　人工影响天气数值模式简介

数值模式是与室内实验、外场试验同样重要的研究云与降水，开展人工影响天气的重要方法和手段。

一个完整的数值模式应包括三部分：第一是运行模式前的预处理技术，包括初始条件和边界条件；第二是主模式系统，一般由大气运动的动力学方程组和各种物理过程的方程组构成；第三是模式输出产品的后处理技术，主要是模式产品的分析和诊断。

一切天气现象都与大气运动有关。从湍流到全球平均纬向环流，大气运动无论是在空间尺度还是在时间尺度上都具有很宽的尺度谱。例如，积雨云或对流单体的水平尺度一般为1～10 km，而温带气旋可以达到上千千米。不同尺度运动系统对天气系统的影响不同，但它们之间存在相互作用。小尺度运动系统往往是在大尺度运动系统背景条件下产生发展的，而小尺度运动系统对大尺度运动系统发展变化有反馈作用。大尺度（也即天气尺度）运动系统的量级为 10^3 km 和 10^2 h，中尺度运动系统的量级为 10^2 km 和 10 h，对流或小尺度运动系统的量级为 10 km 和 1 h。

在气象学中，将垂直气压梯度力与重力保持平衡的近似称为静力平衡近似。对于大尺度缓慢天气运动，采用静力平衡近似是比较精确的，但是水平尺度仅为几千米到十几千米，生命周期只有几十分钟到几个小时的小尺度积云对流快速运动，不满足静力平衡近似。通过尺度分析可知，大尺度运动中水平气压梯度力与科里奥利力基本上是相平衡的，即满足地转平衡，但是这只表明大尺度运动中瞬时气压场与瞬时水平速度场之间的近似关系，不能用于预报流场的演变。因此，云降水数值模式必须是考虑非地转平衡和非静力平衡的中小尺度模式系统。

目前，常用的中尺度数值模式有美国宾夕法尼亚州立大学（PSU）和美国国家大气研究中心（NCAR）研制的中尺度数值模式 MM5；NCAR、美国国家环境预报中心（NCEP）预报系统实验室（FSL）和国家海洋大气局（NOAA）等联合开发的新一代细网格 WRF（Weather Research and Forecasting）中尺度数值模式，以及我国科学家自主开发建立的全球与区域同化预报系统 GRAPES（Global Regional Assimilation and Prediction System）和 CPEFS（Cloud Precipitation Forecasting System）。

云模式于 1959 年开始出现（楼小凤 等，2016），但早期的云模式中没有凝结过程，仅仅是一个暖的热气团（Malkus et al.，1959）。随后云模式的发展经历了零维、一维、二维、三维和时间定常及时间非定常的演变过程（盛裴轩 等，2003）。云降水模式是将云的动力学方程和微物理方程结合观测和实验结果联合求解，模拟云降水的发展演变过程。根据云降水模式的动力框架，可归纳为一维模式（包括一维定常模式和时变模式）、二维轴对称时变模式和平面对称时变模式、三维时变模式（盛裴轩 等，2003）。模式发展经历了从简单到复杂，从一维到三维的过程，其中计算能力的发展是一个重要原因。在云模式发展的初期，建立了多种一维云模式和二维云模式，直到20世纪70年代以后随着计算机性能的提高，三维云模式才得以建立。最早的三维云模式是加拿大的Steiner在1973年建立的浅对流无降水的三维云模式，仅考虑了一个方向上的风切变(Steiner，1973)。后来，深对流、滞弹性的三维模式得到了发展。70年代后期，Klemp等(1978)采用保留声波的完全弹性原始方程三维模式，提出了将声波和其他慢波分离求解的分裂时步积分方案，提高了计算效率。Cotton等(1982)也建立了这种动力结构的完全弹性三维模式。王谦等(1990)、许焕斌等(1990)和孔凡铀等(1990)也先后建立了三维模式。

云物理学中描述水凝物粒子群尺度谱演变特征的方法可分为分档法和总体水法。分档法按各类粒子的尺度或质量大小进行分档，建立控制方程，模拟计算各档粒子的生长演变过程，计算量非常大。总体水法只考虑它们的总体特征，建立各类云和降水粒子总体参量的控制方程。云模式发展的初期为单参数方案，仅模拟计算水成物的比质量(Wisner et al.，1972；胡志晋 等，1979)。随着计算能力的提高，发展出了对粒子比质量和数浓度都模拟计算的双参数方案(许焕斌 等，1990；胡志晋 等，1986，1987)。Milbrandt等(2005)首次成功地发展了三参数总体水模式，在水成物比质量和数浓度的基础上诊断水成物粒子分布谱的形状参数。云方案根据粒子相态，分为暖云方案和混合相云方案。暖云方案只考虑水滴即云水和雨水。混合相云方案将水凝物分为云水、雨水、冰晶、雪、霰和雹等。下面简略介绍微物理过程发展比较完善且目前在世界上广泛使用的几个非静力平衡中小尺度云数值模式。

(1)NASA的GCEM(Goddard Cumulus Ensemble Model)模式，采用双参数混合相4种冰粒子总体水方案(Tao et al.，1993)。模式预报计算了冰晶、雪、霰和冻滴或雹的数浓度和比质量，同时还计算了在湿降水冰粒子上的液态水的比质量。混合相4种冰粒子方案较成功模拟了中纬度飑线的回波、微物理结构。后来在模式中耦合了分档方案(Li et al.，2009)。

(2)RAMS(Regional Atmospheric modeling System)模式是由美国科罗拉多州立大学研发的中尺度模式(Tripoli et al.，1982)。模式主要应用于大涡湍流、暴雨、对流云、中尺度对流系统、中纬度卷云、冬季暴雨、机械和热强迫中尺度系统及中尺度大气扩散等的数值模拟。模式中考虑了云凝结核(CCN、GCCN)和冰核(IN)对云和降水的影响(van den Heever et al.，2006)。

(3)中国气象科学研究院(CAMS)的层状云模式和对流云模式。胡志晋等(1986)发展了双参数混合相层状云模式，考虑云水比质量，雨、冰、雪比质量和比浓度。胡志晋等(1987)发展了双参数混合相对流云模式，模式模拟计算云水比质量，雨、冰、霰和雹的比质量和比浓度。王谦等(1990)发展了三维云模式。刘玉宝等(1993)建立了双向套网格、变网格距准弹性中β-γ大气模式。2002年在原方案的基础上利用准隐式格式的计算方法，发展了新CAMS云方案，对包括云水、雨水、冰晶、雪和霰等11个云物理量进行计算(楼小凤 等，2012)。2011年在CAMS云方案的基础上发展了双参数冰雹云微物理方案(刘卫国，2011)。

(4)中国科学院大气物理研究所层状云和对流云模式及其分档模式。肖辉等(1988)在粒子浓度和含盐量的预报方程中加入云滴碰并过程，将水滴按大小进行分档。孔凡铀等(1990)建立了完全弹性三维冷云模式。洪延超(1996)建立了对云滴、雨、冰晶、雪和霰5种粒子比质量和比浓度计算模式。郭学良等(2011)建立了一维雨滴分档模式，雨滴的直径从100 μm到6 mm分成37档。2001年，建立和发展了一个包括云滴、云冰、雨滴、雪团、霰和雹的方案，将霰与冰雹按照指数分档方法划分为21档(100 μm至7 cm)。

(5)许焕斌等(1990)建立的二维冰雹云模式,云中粒子有云水、雨水、冻雨和冰雹。1990年,发展了三维冰雹云模式。随后建立了三维粒子增长运行模式,比较完善地描述了粒子的增长及密度和落速的变化。

(6)以色列的二维面对称非静力分档云模式,模拟 CCN、各种水成物的比浓度及比质量的云动力学过程(Yin et al.,2000)。模式中考虑的水成物主要有水滴、冰晶、霰、雪花 4 种。各种水成物粒子均分为 34 档,气溶胶分为 57 档。

云降水数值模式是人工影响天气研究中的一个关键组成部分。模式能够在相同的云况下比较播云与否的异同,进而明确播云的效果,也可用这些程序来重建过去播云试验条件,计算其应有的播云效果。这些程序也可用来模拟播云物质的扩散路径,提供外场试验和作业所需的实时预报,在作业区外检验播云后的潜在效应,也有助于进行人工影响天气试验的统计分析。随着计算能力的提高,具有详细云物理过程和资料同化功能的数值模式已经应用于人工影响天气业务。随着对云降水微物理过程认识的不断深入,可以降低人工影响天气工作的很多不确定性,提升业务能力和科技水平(郑国光 等,2012)。

3.2　国内云模式及其在人工影响天气领域的应用

云模式近几年的进展主要体现在中尺度可分辨云模式以及具有更详细云微物理过程的云数值模式的不断发展和模拟应用研究等方面。模式的初始场和边界条件更加接近实际,如在模式模拟中普遍采用了非均匀中尺度气象场、高分辨率的地形和陆面过程。云物理过程中已经开始包含了气溶胶核。

中国气象局人工影响天气中心将 CAMS 云物理方案耦合到 MM5、GRAPES 和 WRF 模式进行开发,用于预报降水和人工增雨潜力,并指导外场人工增雨作业。自 2007 年 7 月起,开展了人工影响天气数值模式的准业务运行,利用耦合了中国气象科学研究院双参数微物理方案的 GRAPES、MM5 和 CPEFS 中尺度模式,每日对全国范围的云和降水过程进行 48 h 预报,模式产品包括降水量、垂直累积过冷水量等,可以为人工影响天气的外场试验设计和作业决策提供参考,并为各种重大社会活动提供人工影响天气作业条件分析支持。

3.2.1　GRAPES 人工影响天气数值模式

1. 模式动力学框架和物理过程

2001 年起,我国科学家开始自主开发建立一个新的全球与区域同化预报系统——GRAPES,是集常规与非常规变分同化、静力平衡与非静力平衡、全球与区城模式、科研与业务应用、串行与并行计算、标准化与模块化程序、理想试验与实际预报等为一体,中小尺度与大尺度通用的先进数值预报系统(薛纪善 等,2008)。GRAPES 人工影响天气模式是在 GRAPES-Meso 中尺度数值预报系统上开发完成的,采用完全可压缩的非静力学方程组,垂直方向采用地形追随高度坐标,水平方向为球面坐标;在空间离散化时,模式水平方向取 Arnkawa-C 跳点经纬度网格,垂直方向则选取 Charmey-Pllis 变量配置;时间积分选用半隐式半拉格朗日(SISL),使得模式可同时兼顾计算精度、计算稳定性和计算效率。GRAPES 人工影响天气模式的物理过程方案包括 CAMS 复杂微物理方案、Kain Fritch 积云对流参数化、MRF 边界层方案、Dudhia 短波辐射和 RRTM 长波辐射以及 SLAB 陆面过程方案。GRAPES 模式物理过程软件包中还有很多其他不同物理过程的选项,可以满足不同目的、不同分辨率运行的需要。

GRAPES 人工影响天气模式中使用的是中国气象科学研究院(CAMS)复杂微物理方案，是由楼小凤(2002)以胡志晋等(1987)早期的对流云模式和层云模式(胡志晋 等,1986)为基础发展而来的一套准隐式格式的混合相双参数微物理方案。

2. 模式运行流程

GRAPES 人工影响天气模式于 2007 年 7 月在中国气象局人工影响天气中心投入使用。在国家气象信息中心 IBM1600 服务器上每日定时启动，进行并行计算。模式顶高度 35 km，水平格距 0.25°，格点数 301×181，整个计算范围为 15°～60°N，65°～140°E。模式的背景场使用国家气象中心 T213 预报场，其格距为 0.5625°，时间间隔为 6 h，垂直方向共 17 层。模式积分时间 48 h，积分步长取 60 s。GRAPES 人工影响天气模式运行由前处理(si)、主模式(GRAPES)、后处理(Grads)三部分构成(图 3.1)。前处理部分进行 T213 预报场和静态资料的插值计算，形成模式的初始场和侧边界资料，为主模式的运行做准备。主模式部分通过一系列的物理过程计算得到各种水成物变量和温、压、湿、风等气象要素变量。后处理部分利用主模式结果进一步计算，得到垂直累积液态水、垂直累积过冷水、云(底)温(高)度等，并且将数值结果利用 Grads 绘图软件以图形方式输出，形成人工影响天气作业指导数值产品，发布在 http://10.1.64.228:8080/ryzdcp 上。通过综合分析数值模拟产品，可以对某一地区的人工增雨潜力进行评估，为外场试验设计和作业决策提供参考。

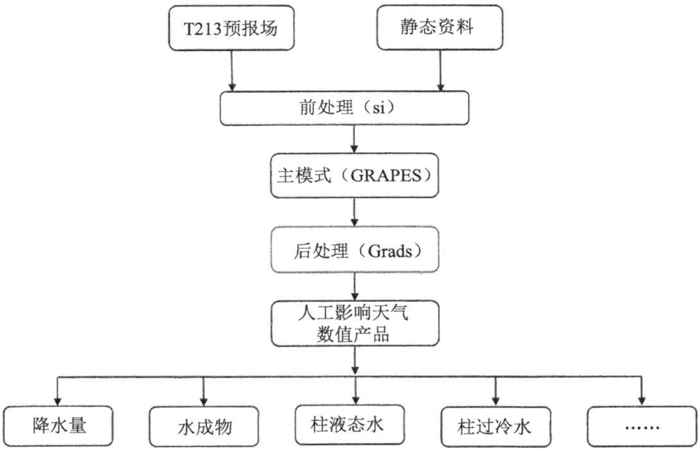

图 3.1　GRAPES 人工影响天气模式运行流程

3.2.2　MM5 人工影响天气数值模式

1. 模式动力学框架和物理过程

中尺度数值模式 MM5 已在世界范围内得到广泛应用。MM5(v3)模式的控制方程为大气非静力平衡原始方程，垂直结构为 σ 坐标，水平结构采用 Arakawa-Lamb 型 B 跳点网格，考虑了较真实的地形和下垫面分类资料，采用分裂时间积分方案。物理过程包括大气水平与垂直涡动扩散、积云对流参数化及显式水汽方案、行星边界层处理整层或高分辨率方案。模式的分辨率、垂直层次、计算域大小及各种物理过程均可根据使用者需求进行选择，灵活方便。

中国气象局人工影响天气中心的 MM5 人工影响天气模式是在 MM5(v3)中尺度模式中耦合中国气象科学研究院的 CAMS 复杂微物理方案形成的，这一方案与 GRAPES 人工影响天气模式使用的方案一致，为混合相双参数微物理方案。模式中其他物理过程选项采用了Grell积云对流参数化、MRF边界层方案。MM5中尺度模式具有双向嵌套的特点，可以根据重点关心区预设置多重套网格结构，提高模式分辨率。

2. 模式运行流程

MM5人工影响天气模式于2007年7月在中国气象局人工影响天气中心投入使用。在国家气象信息中心IBM1600服务器上每日定时启动，模式的背景场使用国家气象中心T213预报场，其格距为0.5625°，时间间隔为6 h，垂直方向共17层。模式垂直分23层，水平格距为45 km，格点数为103×115，整个计算范围为17°～58°N，75°～130°E。模式积分时间48 h。MM5人工影响天气模式运行由前处理、主模式(MM5)和后处理三部分构成(图3.2)。前处理部分首先读取地形高度和地表分类资料，并插值到中尺度网格点上(TERRAIN)，然后读取T213预报场(REGRID)，将上述结果从等压面垂直插值到模式的σ面上，形成模式的初始场和侧边界资料(INTERPF)，为主模式的运行做准备。主模式部分(MM5)通过一系列的物理过程计算得到各种水成物变量和温、压、湿、风等气象要素变量。后处理部分将σ面上物理变量回插到等压面上(INTERPB)，最后利用模式进一步计算，得到垂直累积液态水、垂直累积过冷水等，并且将数值结果利用Grads绘图软件以图形方式输出，形成人工影响天气作业指导数值产品。

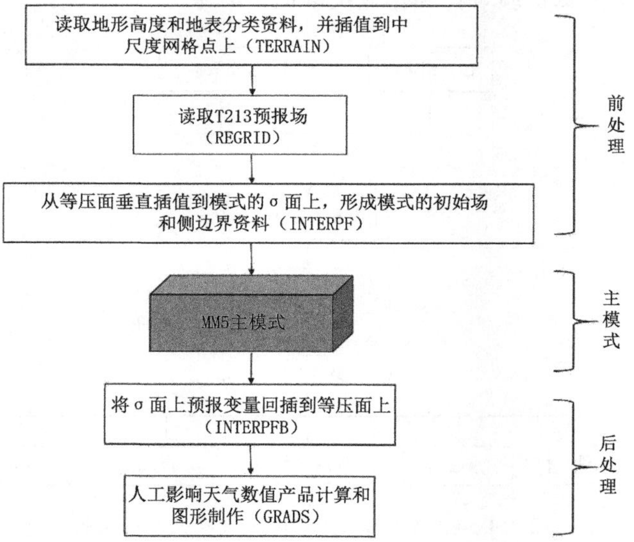

图3.2 MM5人工影响天气模式运行流程

3.2.3 CPEFS人工影响天气数值模式

1. 模式动力学框架和物理过程

WRF(Weather Research Forecast)模式系统包括WRF预处理系统(WPS)、WRF同化系统(3D-VAR、4D-VAR)、ARW求解程序和后处理以及可视化工具。WRF模式采用完全可压缩的非静力欧拉方程，垂直坐标采用静力气压地形追随坐标且垂直格距可随高度变化，水平格点采用Arakawa-C网格，时间积分方案可选取二阶或三阶Runge-Kutta时间分离积分方案，水平和垂直方向上采用二阶至六阶平流方案进行空间离散。网格嵌套具有单向、双向和移动嵌套能力。地图投影可选取兰勃特投影、墨卡托投影、经纬度投影以及极射赤面投影。物理过程涉及微物理、积云对流、行星边界层、陆面过程和辐射等，每种物理过程都有多种参数化方案可选。用户均可根据需求进行选择，灵活方便。

中国气象局人工影响天气中心的 CPEFS(Cloud Precipitation Explicit Forecast System，CPEFS-v1.0)模式是在 WRF(v3.5)中尺度模式中耦合中国气象科学研究院的 CAMS 显示云方案形成的。模式将全国 6 大人工影响天气区域划分为 8 个预报区开展预报，T639 模式的预报场为模式提供初始场和侧边界数据。输出数据的水平分辨率 3 km，垂直 19 层，包括 31 个预报产品，相比 GRAPES，新增雷达反射率、云底高度、云顶高度等多种产品。

2. 模式运行流程

中国气象局人工影响天气中心 CPEFS 模式 2016 年 11 月通过业务化评审，于 2017 年 7 月底正式上线发布。每日 00 时/12 时(世界时)启动预报模式 2 次，预报时效48 h，模式的背景场使用国家气象中心 T639 预报场，模式采用双向嵌套，第一层格距 9 km，水平格点数 350×250(ANCN)～420×320(WNWC)(全国 8 个区域，格点数和中心点经纬度均不同)，垂直格点数 19，积云对流参数化方案选用 KF，微物理方案选用 CAMS 显式云方案，边界层为 YSU，长波辐射和短波辐射方案分别为 RRTM 和 GSFC；第二层网格格距 3 km，水平格点数 349×475(ANCN)～661×574(WNWC)。人工影响天气模式 CPEFS 运行由前处理、主模式(WRF)和后处理三部分构成(图 3.3)。前处理部分进行 T639 预报场和静态资料的插值计算，形成模式的初始场和侧边界资料，为主模式的运行做准备。主模式部分通过一系列的物理过程计算得到各种水成物变量和温、压、湿、风等气象要素变量。后处理部分利用主模式结果进一步计算，得到垂直累积液态水、垂直累积过冷水、云(底)温(高)度等，并且将数值预报结果利用 Grads 绘图软件以图形方式输出，同时供在云降水精细分析平台 CPAS 上调用显示和分析，方便用于业务分析生成各种水平或者垂直剖面图形；图形产品发布在 http://10.1.64.228:8080/ryzdcp 上。通过综合分析数值产品，可以对某一地区的人工增雨潜力进行评估，为外场试验设计和作业决策提供参考。

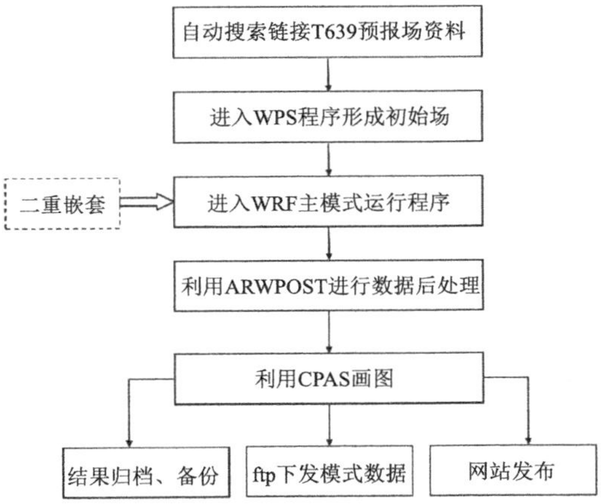

图 3.3　CPEFS 人工影响天气模式运行流程

3.2.4　模式应用

云数值模式已经在人工影响天气研究以及人工影响天气理论、播撒技术等方面得到了广泛应用(Cotton，1986；Bruintjes，1999；Orville，1996)。云物理过程中已经开始包含了气溶胶核化过程，部分还考虑了气溶胶形成的化学过程。

1. 气溶胶对云雾和降水的影响

气溶胶是云异质核化过程中最基本的要素。自然云的形成主要依赖异质核化过程，因此气溶胶对云降水过程具有重要影响。气溶胶的云核化过程受气溶胶粒子尺度、化学组成、物理特性以及云中过饱和度等多种因素的影响。由于不同尺度、化学组成的气溶胶粒子的核化需要的过饱和度不同，在目前的数值模式中，是通过预报和诊断过饱和度确定气溶胶核化的数量。气溶胶对云和降水的影响机理非常复杂，具有较大的不确定性。具有气溶胶核化过程的云模式是研究这一问题的重要手段。岳治国等(2011)利用双参数显式云方案的 WRF 模式，对北京地区暴雨、中雨和微量降水等 3 次云降水过程进行了数值模拟研究。结果表明，随着气溶胶浓度的升高，北京地区的暴雨、中雨和微量降水平均累计降水量分别减少了 23.8%、16.6%和 14%，而且气溶胶浓度的升高，还可改变降水的强度、分布和时间。在我国一些地区的观测分析研究中也发现，气溶胶对降水有减少作用(戴进 等，2008)。肖辉和银燕(2011)利用耦合 Morrision 双参数物理方案的 WRF 中尺度数值模式对 2007 年 6 月 13 日山西一次强降水过程进行了模拟研究，表明污染背景下的降水区域无明显变化，但中心强度变强，平均降水量减少 0.8%。房文和郑国光(2011)利用改进的中尺度模式(MM5)中的暖云方案，研究了暖云降水中巨核的作用，结果表明，巨核具有增强雨滴的凝结、碰并和云雨自动转化过程的作用，使得云滴数减少高达 40%，云水减少达 20%，云滴有效半径增大高达 30%左右。在污染和清洁环境下巨核均可增加降水。董昊等(2012)利用 WRF 模式模拟研究了不同云微物理方案云凝结核(CCN)对飑线降水的影响，所有模拟试验均出现 CCN 浓度升高延迟降水产生、初期降水减弱的情况，模拟后期降水量也随着 CCN 浓度升高而减小，飑线成熟阶段 CCN 对降水的影响更加复杂。贾星灿和郭学良(2012)利用 WRF/Chem 模式和雾的观测资料，开展了包含和不包含人为污染排放源两种大气背景条件下的数值模拟对比试验。试验结果表明，在考虑污染排放源时，模式模拟的雾的空间分布和强度变化与卫星、能见度仪和微波辐射计的观测更加接近。污染条件下的边界层结构更有利于雾的形成，人为大气污染物使雾的范围最大增加 50%，雾的强度最大增加 5 倍，平均延长雾持续时间 1.5 h，并且污染气体 SO_2、NO_x 和 NH_3 的排放产生的二次气溶胶对雾的形成和发展具有重要影响(Jia et al.，2012)。

2. 云结构与降水过程的模拟

对云结构的深入了解，有利于提高对降水形成机理的认识，是云降水物理研究的基础。云模式的发展和不断完善，对云结构和降水过程的认识进一步提高。赵震和雷恒池(2008)利用 MM5 中增加的双参数显式云物理方案模拟了西北地区一次层状云降水过程，模拟结果显示对小雨的预报评分较高，对中雨以上评分低而且位置有一定偏差，即对层状云降水模拟效果较好，并探讨了层状云降水形成机制。杨洁帆等(2010b)利用一维层状云分档模式，对 2007 年 7 月 1 日吉林省一次锋面抬升引起的层状云降水结构进行了模拟研究，表明冰晶层对混合层的播撒以直径 $D<300\ \mu m$ 的小冰晶粒子为主。从混合层播撒 $D>100\ \mu m$ 的水滴粒子以及未完全融化的冰晶粒子对暖层中小云滴粒子的碰并收集作用较强，同时一部分降水粒子在暖层内可通过随机碰并机制产生。陶玥等(2012)利用中尺度云分辨模式对我国南方 2008 年 1 月 28—29 日的冻雨天气过程进行了数值模拟，研究了冰冻天气形成的大气层结及云系冻雨区云的宏、微观结构特征。结果表明，湖南和贵州两地冻雨形成的云物理机理不同，湖南冻雨在“冷—暖—冷”层结下，通过冰相融化过程形成，而贵州冻雨是在“暖—冷”层结下通过过冷暖雨过程形成的。侯团结等(2011)利用一维层状云模式，对吉林 2004 年 7 月 1 日的一次降水性层状云宏、微观物理结构和降水机制进行了分析，对顾震潮三层云结构模型有了进一步的认识。云体发展成熟时，各层之间存在播种—供应关系。周非非等(2010)对 2002 年 10 月 18—20 日河南省层状云系的水分收支和降水机制用 MM5 模式模拟的结果表明，在主要降水时段，降水是由冷云和暖云过程共同产生的，冰粒子凝华增长对雨水的贡献最大超过 35%，撞冻增长的贡献最高不足 12%，可见水汽对降水粒子增长很重要。催化层、冰水混合层和液水层对降水的贡献分别为 15%～27%、45%～50%和 23%～38%，表明"催化—供给"云中冰粒子在冰水混合层的增长对降水的贡献相当大。

3. 云与闪电过程的数值模拟

云中的电过程与云微物理、动力过程密切相关。随着云模式的不断完善，有利于对云中电过程的模拟研究，揭示云微物理与电过程相互作用的机理。侯团结等(2009)将 3 种不同的非感应起电参数化方案引入三维强风暴云数值模式，对 2005 年 6 月 10 日发生在长春的一次雹暴过程进行了模拟研究。结果表明，电荷的产生始于过冷水含量中心，并随着过冷水含量中心的向上发展而上移。非感应起电参数化方案的差异会导致不同的云中电荷极性结构。周志敏和郭学良(2009a)建立了云物理耦合电过程的冰粒子分档模式，对北京一次强雷暴天气的云中空间电荷结构分布、形成机制及放电过程进行了模拟分析。结果表明，云水含量主要通过感应起电过程影响云水、霰粒子之间的电荷转移，然后影响空间电荷分布；微物理过程的不均匀使感应、非感应起电变得更加复杂；强上升气流将冰相物携带到较高处，从而使得水成物间发生电荷转移的高度也比较高；由于放电会改变空间电荷结构，放电通道中的感应电荷会重新分配到各个水成物表面。周志敏和郭学良(2009b)利用建立的三维闪电数值模式，模拟研究了北京 2001 年 8 月 23 日一次强雷暴发展过程中的云内闪电通道特征及其与上升气流和液水含量(LWC)的关系。结果发现，在强雷暴发展过程中，由于雪晶往往在上升气流相对较弱及 LWC 较低的部位形成、发展，与霰粒子之间的非感应起电过程首先发生在这些区域，然后发生电荷分离。周志敏等(2011)利用建立的耦合电过程三维冰粒子分档模式，模拟研究了北京一次强雷暴发展过程中电过程对霰粒子含量、数浓度的影响。结果发现，直径较小的霰粒子数浓度受电场影响较大，直径较大的霰粒子数浓度受电场影响较小；对不同直径的霰粒子来说，电过程既有可能使其数浓度升高，又有可能使其数浓度降低；当电场较强时，电过程对小直径霰粒子的影响比较直接，而对大直径霰粒子具有间接的影响。

4. 数值模拟催化

数值模式在人工影响天气作业条件预报、识别、效果评估、作业方法的建立以及机理等方面的研究中具有重要作用。我国近几年在人工影响天气数值模式的发展和应用方面做了大量研究。中尺度可分辨云模式已经应用于人工影响天气的业务，主要用于作业条件预报(楼小凤等，2012)。在云尺度人工影响天气模式(Guo et al.，2006，2007)的基础上，方春刚等(2009)在 WRF 中尺度天气数值模式中引入 AgI 与云相互作用过程，建立了中尺度 AgI 播撒数值模式，研究了不同播撒部位、播撒时间和播撒剂量情况下 AgI 的扩散、传输及其对云中水成物和降水量的影响。杨洁帆和雷恒池(2010a)使用包含详细微物理过程的一维层状云全分档模式，加入 AgI 焰剂催化方案，对 2007 年吉林省长春市一次层状云降水过程进行 AgI 播撒试验。洪延超和李宏宇(2011)利用观测资料、中尺度模式 MM5 和一维层状云模式，分析和研究了典型层状云系的"催化—供给"云结构及其分布、降水形成微物理机制以及人工增雨条件。结果表明，云系的不同部位，其垂直结构不同。提出可以用云体“催化—供给”云结构、降水机制、过冷水含量、冰晶浓度、云的暖区含水量以及冰面过饱和水汽量判断人工增雨催化条件。最近几年我国也开展了一些吸湿剂播撒模式的研究。吸湿剂催化技术主要针对暖云区，通过使用具有吸湿特性、适当尺度的物质（如盐粒等），增加云中凝结核（CCN）或促进暖云和混合相云碰并，形成降水。因此，在吸湿剂播撒方面，催化剂的尺度和吸湿特性是两个重要影响因子。我国有关吸湿性催化剂性能及在暖云人工增雨中的应用研究还处于探索阶段。一些数值模拟试验结果（房文 等，2011）表明，大尺度气溶胶核对促进降水形成具有重要作用。

云数值模式虽然可以在一定程度上揭示云中粒子的转化和相应的物理过程，但数值模式中的物理过程是基于理论、观测和实验建立的，存在大量的理论假定，如果这些假定和描述无法得到验证和检验，很难提高其模拟能力。目前对数值模式的验证大部分仍然采用雷达、地面降水的直接验证，即使降水模拟效果不好，由于缺乏科学依据，也很难直接通过改进模式中的物理过程，提高降水的模拟能力，尽管大量的数值模拟敏感性试验表明这些物理过程具有很重要的作用。因此，提高对云中一些关键物理过程的认识，降低其不确定性，是提高云数值模拟能力的关键环节。

3.3 内蒙古地区人工影响天气数值模式简介

人工影响天气监测预报重点关注云中微物理量（包括云水、水汽和雨水等）的变化和分布，实际业务中没有更好的手段来预报云中各项粒子，只能依赖云微物理模式。目前，内蒙古自治区人工影响天气中心每天利用 MM5 嵌套微物理模式发布各种潜势预报产品，为全区人工影响天气预报提供指导服务。

1. 模式动力学框架和非静力方程组

MM5 模式水平方向上采用 Arakawa-B 网格来分布其物理变量，即水平速度 u、v 分量定义在半格点上，其他变量如 T、q、p、w 等定义在整格点。研究表明，这种水平网格系统对气压梯度力和水平散度的计算比较精确。垂直方向为地形追随坐标，低层跟随地形，高层比较平缓，用 σ 描述模式垂直气压层分布，如式(3.1)所示，式中 p_t 是模式顶层气压，p_{s0} 是地面气压，p_0 是参考状态气压。σ 数值范围为 0～1，$\sigma=0$，位于模式顶层，$\sigma=1$ 位于地形高度所在处气压层。除垂直速度定义在整 σ 层，其余变量都定义在半 σ 层。

$$\sigma=\frac{(p_0-p_t)}{(p_{s0}-p_t)} \tag{3.1}$$

模式基本非静力方程如式(3.2)～(3.9)，分别表示为气压方程、x 方向动量方程、y 方向动量方程、z 方向动量方程、热动力方程、平流项和辐散项。

$$\frac{\partial p'}{\partial t}-\rho_0 g w+\gamma p\,\nabla\cdot V=-V\cdot\nabla p'+\frac{\gamma p}{T}\left(\frac{\dot{Q}}{c_p}+\frac{T_0}{\theta_0}D_\theta\right) \tag{3.2}$$

$$\frac{\partial u}{\partial t}+\frac{m}{p}\left(\frac{\partial p'}{\partial x}-\frac{\sigma}{p^*}\frac{\partial p^*}{\partial y}\frac{\partial p'}{\partial \sigma}\right)=-V\cdot\nabla u+\nu\left(f+u\frac{\partial m}{\partial y}-\nu\frac{\partial m}{\partial x}\right)-ew\cos\alpha-\frac{uw}{r_{\mathrm{earth}}}+D_u \tag{3.3}$$

$$\frac{\partial \nu}{\partial t}+\frac{m}{p}\left(\frac{\partial p'}{\partial y}-\frac{\sigma}{p^*}\frac{\partial p^*}{\partial y}\frac{\partial p'}{\partial \sigma}\right)=-V\cdot\nabla \nu+u\left(f+u\frac{\partial m}{\partial y}-\nu\frac{\partial m}{\partial x}\right)-ew\sin\alpha-\frac{\nu w}{r_{\mathrm{earth}}}+D_\nu \tag{3.4}$$

$$\frac{\partial w}{\partial t}-\frac{\rho_0}{\rho}\frac{g}{p^*}\frac{\partial p'}{\partial \sigma}+\frac{gp'}{\gamma p}=-V\cdot\nabla w+g\frac{p_0}{p}\frac{T'}{T_0}-\frac{gR_d}{c_p}\frac{T'}{T_0}+e(u\cos\alpha-\nu\sin\alpha)+\frac{u^2+\nu^2}{r_{\mathrm{earth}}}+D_w \tag{3.5}$$

$$\frac{\partial T}{\partial t}=-V\cdot\nabla T+\frac{1}{\rho c_{p}}\left(\frac{\partial p'}{\partial t}+V\cdot\nabla p'-\rho_0 g w\right)+\frac{Q}{c_p}+\frac{T_0}{\theta_0}D_\theta \tag{3.6}$$

其中平流项可用式(3.7)代替

$$V\cdot\nabla A=mu\frac{\partial A}{\partial x}+m\nu\frac{\partial A}{\partial y}+\dot{\sigma}\frac{\partial A}{\partial \sigma} \tag{3.7}$$

$$\dot{\sigma}=-\frac{\rho_0 g}{p^*}w-\frac{m\sigma}{p^*}\frac{\partial p^*}{\partial x}u-\frac{m\sigma}{p^*}\frac{\partial p^*}{\partial y}\nu \tag{3.8}$$

$$\nabla\cdot V=m^2\frac{\partial}{\partial x}\left(\frac{u}{m}\right)-\frac{m\sigma}{p^*}\frac{\partial p^*}{\partial x}\frac{\partial u}{\partial \sigma}+m^2\frac{\partial}{\partial y}\left(\frac{\nu}{m}\right)-\frac{m\sigma}{p^*}\frac{\partial p^*}{\partial y}\frac{\partial \nu}{\partial \sigma}-\frac{\rho_0}{p^*}\frac{g\partial w}{\partial \sigma} \tag{3.9}$$

2. 模式产品介绍

MM5 嵌套微物理模式的空间分辨率为 20 km，垂直方向 16 层，预报时长 48 h，时间分辨率有 1 h、3 h、6 h、12 h 和 24 h，预报要素中整层 8 个变量，分层 6 个变量，层次分别为 500 hPa、550 hPa、600 hPa、650 hPa、700 hPa、750 hPa，为全区提供人工影响天气指导预报。主要的云微物理量有云水含量 CLW(g/kg，单位质量空气内含有的云水量)、雨水含量 RNW(g/kg，单位质量空气内含有的雨水量)、冰水含量 ICE(g/kg，单位质量空气内含有的冰水量)、雪水含量 SNOW(g/kg，单位质量空气内含有的雪水量)、霰含量 GRAUPEL(g/kg，单位质量空气内含有的霰含量)、凝结核数目 NCL(个/m^3，单位体积空气内的凝结核个数)。详细预报产品名称、预报时效以及在内部网站上发布时间见表 3.1，产品格式为 PNG 图片，每天共发布图片约 1543 张。

表 3.1　人工影响天气微物理模式预报产品

产品名称	层次	发布时间(北京时)	时间分辨率	预报时效
增雨潜力区预报产品	区域	02 时、08 时、14 时、20 时	3 h	48 h
云水含量(kg/kg)	500 hPa、550 hPa、600 hPa、650 hPa、700 hPa、750 hPa	20 时	逐时、3 h、6 h、12 h、24 h	24 h
雨水含量(kg/kg)				
冰水含量(kg/kg)				
雪水含量(kg/kg)				
霰含量(kg/kg)				
凝结核数目(个/m^3)				
可降水量(cm)	整层	20 时	逐时、3 h、6 h、12 h、24 h	24 h
云水量(cm)				
雨水量(cm)				
对流性降水量(mm)				
降水量(mm)				
低云量	整层	20 时	逐时	
中云量				
总云量				

3.4　数值模式在人工影响天气中的应用举例

近几年在常规的人工影响天气业务、重大活动保障、森林与草原防扑火中，云数值模式都得到了广泛的应用。下面将以个例形式简单介绍模式的应用。

3.4.1 模式产品

人工影响天气模式产品主要有 4 大类，包括云宏观场、云微观场、云垂直剖面和降水场。云宏观场类包括云带、云顶温度、云顶高度、垂直累积过冷水、垂直累积液态水等产品，有助于了解云系的发展程度和演变趋势，辅助确定作业潜力区。云微观场类包括总水成物场＋风场＋温度场、云水比含水量、雨水比含水量/雨滴数浓度、冰晶比含水量/冰晶数浓度、雪比含水量/雪数浓度、霰比含水量/霰数浓度等产品，有助于了解云中微观物理量的分布和特征，确定作业潜力区。云垂直剖面类包括云水、冰晶数浓度、温度和垂直运动叠加的剖面图，雪和霰、雨水、高度和垂直运动叠加的剖面图等产品，可用于了解云系冷暖云垂直结构配置，判断降水机制，0 ℃、－10 ℃等特征温度层高度，确定播云作业的温度和高度范围。云降水场类包括逐时、3 h、6 h 和 24 h 的地面降水，格点降水和对流参数化降水等产品，可以总体掌握自然降水特征，如落区、强度和演变等。具体产品名称和物理意义详见表 3.2。

表 3.2 人工影响天气模式预报产品及物理意义

分类	产品名称(单位)	物理意义
云宏观场	Cband，云带(mm)	云水＋雨水＋冰晶＋雪＋霰比含水量的垂直积分
	VIL，垂直累积液态水(mm)	云水＋雨水比含水量的垂直积分
	VISL，垂直累积过冷水(mm)	温度低于 0 ℃区域的云水＋雨水比含水量的垂直积分
	T_{top}，云顶温度(℃)	云顶温度
	Z_{top}，云顶高度(km)	云顶高度
云微观场	总水成物场(g/kg)＋风场＋温度场	总水成物场：某等压面上云水＋雨水＋冰晶＋雪＋霰比含水量之和。风场：水平风场，箭头。温度场：℃
	Q_c，云水比含水量(g/kg)	单位质量空气内的云水含量
	Q_r，雨水比含水量(g/kg)	单位质量空气内的雨水含量
	Q_i，冰晶比含水量(g/kg)	单位质量空气内的冰晶含量
	Q_s，雪比含水量(g/kg)	单位质量空气内的雪含量
	Q_g，霰比含水量(g/kg)	单位质量空气内的霰含量
	N_i，冰晶数浓度(个/l)	单位体积空气内的冰晶个数
	N_r，雨滴数浓度(个/l)	单位体积空气内的雨滴个数
	N_s，雪数浓度(个/l)	单位体积空气内的雪个数
	N_g，霰数浓度(>个/l)	单位体积空气内的霰个数
垂直剖面	Q_c、N_i、T 垂直剖面	沿某一纬度的云水比含水量、冰晶数浓度、温度的垂直剖面
	Q_s+Q_g、Q_r、H 垂直剖面	沿某一纬度的雪和霰比含水量之和、雨水比含水量、高度的垂直剖面
降水场	Rain，逐时降水(mm)	每 1 h 间隔的累积降水
	rain 3，3 h 间隔降水(mm)	每 3 h 间隔的累积降水
	rain 6，6 h 间隔降水(mm)	每 6 h 间隔的累积降水
	rain 24，24 h 间隔降水(mm)	每 24 h 间隔的累积降水

3.4.2 人工影响天气作业条件预报

目前内蒙古人工影响天气中心已将中国气象局人工影响天气中心下发的云模式产品(GRAPES、CPEFS、MM5)和本地的人工影响天气模式预报产品(MM5 嵌套云微物理模块)应用到常规业务工作中,这些模式预报产品在重大活动保障、森林与草原防扑火、人工影响天气播云作业和外场科学试验中起到了重要的指导作用。在常规人工影响天气业务中,结合云微物理预报产品等,发布作业条件潜势预报,下面以一个个例说明潜势预报的制作过程。首先是人工影响天气作业条件分析(云带、水汽、过冷水、积分云水和云体垂直结构)。2017 年 8 月 27 日 20 时至 8 月 28 日 20 时,受高空槽影响,内蒙古大部有云系覆盖,云系自西向东移动,云移速为 20～45 km/h,8 月 27 日 20 时至 8 月 28 日 20 时,阿拉善盟大部、巴彦淖尔市南部、乌海市、鄂尔多斯市北部、呼和浩特市中南部、乌兰察布市南部、锡林郭勒盟南部、赤峰市、通辽市、兴安盟东部和呼伦贝尔市东部可降水量大于 30 mm,上述地区云中存在云水的高值中心,最大值 5 cm,全区大部存在分散的过冷水高值中心,中心最大值 1.5 mm。典型时刻云垂直结构剖面显示,云中存在一定的过冷水且含有较丰富的降水粒子,0 ℃层高度为 4.0 km 左右,−10 ℃层高度为 5.5～6.0 km,云系为冷暖混合云结构。其次是得出降水预报结论,8 月 27 日 20 时至 8 月 28 日 20 时,阿拉善盟中部、巴彦淖尔市大部、鄂尔多斯市北部、包头市、呼和浩特市、乌兰察布市、锡林郭勒盟、赤峰市、通辽市、呼伦贝尔市北部有降水。最后给出作业建议,作业建议精度为 6 h,建议内容包括作业区域、作业方式、作业高度和催化方式。例如,2017 年 8 月 27 日 20 时至 8 月 28 日 02 时,阿拉善盟中东部、巴彦淖尔市南部、鄂尔多斯市西北部、包头市、乌兰察布市北部、锡林郭勒盟、赤峰市、通辽市西部、兴安盟西部、呼伦贝尔市有作业潜力,作业方式为地面作业,作业高度 3600～6800 m,催化方式为冷云催化或暖云催化。

3.4.3 人工影响天气模式检验

人工影响天气方面可利用的模式产品较少,随着对模式预报产品要求的提高,对国家级云模式和本地人工影响天气模式预报效果检验工作从内蒙古自治区人工影响天气中心到全区 12 个盟(市)已经业务化,检验模式在本地的适用性,为提高模式预报的准确率提供基础,同时为本地人工影响天气模式的开发提供科学支撑。模式预报产品及其检验对应的实测产品如表 3.3 所示,可以用卫星黑体亮温检验云带,用实况雷达组合反射率检验模式预报雷达产品,卫星反演的云顶信息检验模式预报的云顶信息,探空云分析及雷达剖面产品检验模式预报云体垂直结构,实况降水检验预报降水。

表 3.3 模式预报产品及对应的观测产品

检验内容	检验的预报产品	对应的观测产品
云系的发展演变特征	云带产品 (MM5_CAMS/GRAPES_CAMS)	卫星云光学厚度/黑体亮温产品 雷达组合反射率
雷达组合反射率产品	(WRF_CAMS)	雷达组合反射率
云系的宏观特征	云顶温度 MM5_CAMS/GRAPES_CAMS/WRF_CAMS	卫星反演的云顶温度产品
云顶高度	MM5_CAMS/GRAPES_CAMS/WRF_CAMS	卫星反演的云顶高度产品

续表

检验内容	检验的预报产品	对应的观测产品
云垂直结构和性质	垂直结构产品 MM5_CAMS/GRAPES_CAMS/WRF_CAMS	探空云分析雷达回波剖面
垂直结构产品的特征温度层高度	MM5_CAMS/GRAPES_CAMS/WRF_CAMS	探空云分析的特征温度层高度
雷达回波剖面产品	WRF_CAMS	雷达回波剖面
降水场及其演变	3 h、6 h、24 h 降水产品	实况降水

下面以一个个例介绍产品的检验流程。

(1)实况介绍

2017 年 8 月 7 日 20 时至 8 月 8 日 20 时，500 hPa 和 700 hPa 形势场均可见高空冷涡盘踞在内蒙古东部地区，冷涡中心位于呼伦贝尔市东部至黑龙江省西北部，冷涡逐渐减弱东移。受冷涡影响，东部地区多雷阵雨天气，中部及以西地区位于涡底后部，500 hPa 和 700 hPa 以西北风为主，8 日 12 时内蒙古中部地区开始出现降水，1 h 累积降水量最大值 7.2 mm(12—13 时)，14 时之后降水开始减弱，趋于停止。影响 8 月 8 日局地阵性降水的系统主要是低层的切变线以及涡底部下甩的冷空气。

(2)检验云系的发展演变特征

通过与云黑体亮温对比分析，GRAPES 模式预报的对流云生成的位置、生成时间、基本走向、发展强度和云系覆盖区域与实况基本一致，预报对流云系的初生和减弱阶段与实况吻合，在发展移动阶段，模式预报云系移动速度较慢。总体而言，模式预报的对流云结果对实际情况有一定的指导意义。

(3)云系宏观特征检验

卫星反演的云顶温度显示，在整个对流云的生命阶段，对于强对流云的云顶预报温度偏高，而对于相对较弱的对流云预报的温度偏低。GRAPES_CAMS 预报云系演变特征与实况基本吻合，对云系的发展强度预报偏强(强对流云)、偏弱(弱对流云)。整体上，GRAPES_CAMS 模式预报的云顶高度指示意义较好，云顶温度的指示意义还有待进一步验证。

(4)云垂直结构

GRAPES 对云体垂直结构和温度层结的预报较好，具有一定的指导意义。

(5)降水检验

模式对内蒙古地区对流云发展和消散时期的雨带分布、雨量、降水演变与实况基本吻合，但在对流云发展阶段，模式预报的降水落区偏大，降水强度偏强。整体而言，在西部地区存在一定的空报。

(6)检验结论

针对局地对流天气影响 2017 年 8 月 8 日内蒙古降水，GRAPES_CAMS 模式对对流云的发展演变在时间方面刻画得较准确。GRAPES_CAMS 对对流单体和对流云团的宏观特征、垂直结构和性质、降水场及演变均有比较合理的预报，尤其对云体的发生位置、移动方向、发展强度和降水量的预报，与实况基本一致。

3.4.4　模式预报指标

利用内蒙古中部飞机增雨作业个例，建立 MM5 本地人工影响天气微物理模式预报指标。

挑选 2011—2013 年内蒙古中部地区飞机增雨作业个例共 40 架次，分析积分云水量、500 hPa 云水含量和 750 hPa 雨水含量等人工影响天气微物理模式产品，总结出有利于飞机人工增雨的模式预报指标（表 3.4）。

表 3.4　人工增雨模式预报指标

积分云水量	作业区内积分云水量基本值 0.1～0.2 cm，中心值 0.3 cm 以上，大面积均匀分布
500 hPa 云水含量	作业区内云水含量基本值 0.1～0.5 g/kg，中心值 1 g/kg 以上，云水含量大面积均匀分布
750 hPa 雨水含量	作业区内雨水含量基本值 0.1～0.5 g/kg，中心值在 1 g/kg 以上，雨水含量大面积均匀分布

思考题

1. 可降水量、降水量、云水量、积分云水量的物理意义是什么？
2. 模式预报产品中云带产品的物理意义是什么？

第 4 章　人工影响天气的催化技术

本章论述人工影响天气催化剂及其制备、催化性能及其检测，简介催化剂的运载工具及其维护。

4.1　人工影响天气的催化剂

人工影响天气催化剂分为 3 类：冰核、致冷剂和吸湿性巨核。前二者用于冷云催化，后者用于暖云催化。

4.1.1　人工冰核

人工冰核是人工影响天气试验和作业中应用最广、成效最明显的催化剂，包括无机类和有机类，例如冰、碘化银（AgI）、碘化铅（PbI_2）、硫化铜（CuS）、介乙醛（$[CH_3CHO]_{4\text{-}6}$）、间苯三酚$[C_6H_3(OH)_3 \cdot 2H_2O]$、1.5 二苯$[C_{10}H_6(OH)_2]$、乙酰丙酮络铜$[Cu(C_3H_7O_2)_2]$、苯酐（$C_8H_4O_3$）等。

AgI 为淡黄色粉末，密度为 5.68×10^3 kg/m^3。具亲水性，易溶于液氨中，能溶于添加增溶剂，如 NH_4I、NaI 和 KI 的丙酮溶液中。分子量为 234.79，熔点为 552 ℃，在一个大气压下，沸点为 1506 ℃，在 600 ℃以上的高温即可汽化，在 1000 ℃高温下，从固态升华成蒸汽或从熔融态蒸发而实际不经过沸腾状态，冷凝后可获直径<1 μm 的 AgI 微粒，即易制备成高度分散的气溶胶。制备 AgI 气溶胶主要有 2 种方法：燃烧法和爆炸法。燃烧法又可分为溶液燃烧、焰剂燃烧和直接燃烧。前两种燃烧法较常用。

（1）溶液燃烧法。把 AgI 溶于已加增溶剂的丙酮溶液中，经搅匀完全溶化后，喷射至火焰中燃烧。丙酮是有机溶剂，结构式为 CH_3COCH_3，密度 0.789 g/cm^3（20 ℃），熔点－94.7 ℃，沸点 56.1 ℃。在溶液中可加适量丙烷、汽油，也可不加，因丙酮易燃。为使 AgI 完全溶解，应提前制备。在燃烧高温作用下，AgI 连同增溶剂一同汽化，然后冷凝成细微的 AgI 粒子，直径 20～30 nm，这种燃烧法分散性好。

AgI 的消耗率为 500～1000 g/h，若燃温偏低，不足以使 AgI 充分汽化，灰烬中仍含 AgI 或与其他物质的混合物，虽也能在低于 0 ℃时作为冰核，但其成核率太低，应尽量避免出现这种情况。溶液燃烧法主要用于飞机播撒，也可用于地形云人工增雨或山区人工防雹作业，在山坡高处设置地面燃烧炉。

（2）焰剂燃烧法。固体燃料发生器（焰弹），可用于飞机发射或下投，也有火箭焰弹和高炮焰弹。常用碘酸银（$AgIO_3$）作试剂，当其分解为 AgI 时，有多余的 O_2 释放，能阻止 AgI 的分解，也可添加富含碘的试剂，如 I_2O_5，抑制 AgI 的分解。AgI 焰弹的配方品种很多，其成核率差异很大。

（3）爆炸法。将 AgI 粉末与 TNT 炸药或红磷、氯酸钾混合物充填于火箭或炮弹头部，用引信发射至云内爆炸。目前，我国使用的人工增雨、防雹 37 mm 高炮弹，即属爆炸法产生 AgI

气溶胶，其成核率偏低。

上述 3 种制备法各有特点。溶液燃烧法燃烧慢，单炉发生率低，但成核率高；爆炸法瞬间爆炸高温分散，单位时间输出率大，但成核率最低；焰剂燃烧法成核率居中，近年研制的焰剂新配方，其成核率在＞－10 ℃已明显超出溶液燃烧法。

PbI_2、CuS 的成核性能均比 AgI 差，Pb 具有毒性，Cu 如果剂量过大，也表现有一定毒性，故早已淘汰。有机冰核成冰阈温较高，人工合成方便、价廉，但有些易分解失效，目前均未再使用。另有生物制品也可筛选出有效的人工冰核，如美国生产的生物冰核 Snomax（商品名）粉状，在－4 ℃分散率达 10^{12}～10^{13} 个/g，暖于－2.5 ℃即具成核活性，－7～－5 ℃的成核率高于 AgI，且性能稳定，可在云底温度＞0 ℃环境下播撒，比使用干冰限制少，也比干冰易于携带和分散，有发展前途，但目前价格偏高。

4.1.2　致冷剂

在 0 ℃附近的云中直接播撒致冷剂，可产生大量冰晶。致冷剂的催化机制，经历了认识逐步深入的过程，直至 1981 年 Vonnegut 才明确指出，致冷剂在云中造成的局部超低温，形成过饱和，促使水汽同质核化形成冰晶，与过冷云中有无自然冰核或过冷水滴多少基本无关。

汽化潜热计算表明，1 g 干冰可使 10^4 cm^3 的空气温度从－15 ℃降至－40 ℃。若云滴浓度为 $10^3/cm^3$，也仅能产生 10^7 个冰晶，远低于干冰作为催化剂的成核率。即使在干冰的致冷作用范围内的所有过冷水滴全部自发冻结，以及已存的所有自然冰核均活化成冰，二者加在一起与水汽同质核化成冰的个数相比还要少得多。只有对致冷剂的播云催化机制有了正确的认识，才能采取正确的致冷剂播云技术。

人工影响天气中实际应用的致冷剂有干冰（固态 CO_2）、液氮、液态 CO_2 和液态丙烷。

（1）干冰。CO_2 的临界温度 T_c＝31 ℃，临界气压 p_c＝73 atm（标准大气压），三相点温度为－56.6 ℃，气压为 5.28 atm。因此，空气中不存在液态 CO_2 和固态 CO_2。为制备干冰，先将 CO_2 压缩成液态，储存于高压钢筒中（t＝20 ℃时，筒内 p＝58 atm），当液态 CO_2 自筒内射出时，汽化吸热，温度降至－56.6 ℃，部分液态 CO_2 转化为雪团状结晶，故称为干冰。原则上可将干冰压制成各种尺度的干冰丸，储存于冷藏瓶中备用。

在 1 atm 下，干冰丸被其表面升华的 CO_2 气体包围，与大气压平衡时，其平衡温度为－78.2 ℃，升华潜热为 2.736×10^5 J/kg。Fukuta(1987)认为，干冰播云时，在通风条件下，其实际温度比－78.2 ℃更低，借助于湿球温度的概念，考虑高空气压低、干冰丸附近的传热和 CO_2 蒸汽输送以及通风因子，经理论计算和实验测定，干冰丸表面温度应为－96 ℃。这一新值更利于干冰的致冷同质核化引晶作用。在－15～－2 ℃温度范围的云中，综合 1984 年以前的实验、外场测定和理论计算，推定干冰的成核率为 10^{11}～10^{13} 个/g。常将干冰粉碎成直径 1 cm的丸粒，由飞机在云中适当部位播撒，汽化时表面温度降至－90 ℃以下，其周围形成低于－40 ℃的区域，使其中大量的由几个水汽分子结合形成的缔合物，在超过饱和度环境中，生存并长大成冰胚，再通过云中湍流扩散带至周围含云空气中，通过“蒸—凝过程”长大成冰晶。飞机播撒时，干冰用量 10^2～10^8 g/km，在－20 ℃高度层向下播撒，要求在 0 ℃高度以上汽化消失。一般只要云顶温度＜－7 ℃，使用干冰催化就能生成大量冰晶，为使降水粒子落出云底时长得足够大，在到达地面前不致蒸发消失，要求云厚＞2.5 km，过冷层厚＞1.5 km。

（2）液氮。氮气在高压下液化，是制氧过程中的副产品，价廉且易制备。液氮密度为

8.05×10^2 kg/m^3，汽化温度为−195.8 ℃，汽化潜热 9.96×10^4 J/kg，汽化后为惰性纯氮气，对环境无任何不良影响，故可称液氮为“绿色催化剂”。正因为如此，苏联从 1987 年起就不再使用液态丙烷作为机场消冷雾催化剂，全代之以使用液氮。

(3)液态丙烷。丙烷的凝固温度为−187.1 ℃，沸点为−44.5 ℃(1 atm)，−15 ℃时汽化潜热 3.94×10^5 J/kg，高于干冰，价格最低，可贮于钢筒内，因防火安全问题未能解决，不适宜飞机播撒。它在 0 ℃附近即可起核化作用，而且在较高的负温下，其成核率基本上不衰减，易于分散成很细的雾滴，在施放点 30～36 cm 范围内可产生大量冰晶，成核率可达 $10^{11}\sim10^{12}$ 个/g，在较高的负温区比 AgI 的成核率还高。主要应用于机场消雾和地形云人工增雨催化作业，美国在山地已发展出有效的海拔较高坡地的遥控地面丙烷播撒系统。为防止喷口堵塞，在丙烷中添加 3%的变性酒精，流量可变范围控制为 11～38 l/h，当 $t>-5$ ℃时，流量取 6000 g/h 较合适。可采用连续播撒方式(如 3 h 间隔)形成连续源，利用山坡气流输送和湍流扩散，使核化生成的冰晶扩展至较大范围，在−2 ℃的云中即可催化成冰，冰晶增长率达 0.5 μm/s，5～10 min 内即可长成 200～300 μm 直径的冰晶。

最常用的冷云催化剂 AgI 和干冰在应用方面各有所长。AgI 可从云的上风方、云底甚至地面烧烟播撒，作用时间长，可使云内水汽和过冷水充分转化成冰晶；干冰催化作用的温度较高，成核率基本上与温度无关，无副作用，但必须在云体上部播撒，作用时间集中，近于瞬时产生冰晶。

4.1.3 吸湿性巨核

在暖云催化中常用食盐($NaCl$)、氯化钙($CaCl_2$)、硝酸铵(NH_4NO_3)和有机化合物尿素(NH_2CONH_2)。这些物质具有强吸湿性，可在低于水面饱和条件下吸湿凝结增长(表 4.1)。它们来源丰富、价廉，食盐具有腐蚀性，剂量较大时对农作物有损害，而硝酸铵、尿素既无腐蚀性又无毒性，还具有一定肥效。

表 4.1 常用吸湿性巨核催化剂的潮解相对湿度

化合物	$NaCl$	$CaCl_2$	NH_4NO_3	NH_2CONH_2
相对湿度(%)	75～76	40～50	40～60	81

为了防止吸湿性核吸湿结块，可采用微包胶技术(外包厚 2 μm 的乙基纤维薄膜胶，它不溶水，但能渗透水汽和水)，或把粉碎的食盐与滑石粉按 10∶1 的比例混合，众数半径约 10 μm。

印度在中西部高原实施的夏季季风暖云人工影响试验(WCME，1973—1986 年)中，就是采用后一种方法，催化剂干粒的中值质量为 10^{-9} g，相应于 $d=10$ μm。催化后降水量统计分析得增雨率 24%，显著水平 4%。在泰国实施的暖积云吸湿性催化试验中，认为氯化钙($CaCl_2$)的催化作用最强，对生命期较短的积云，采用 $r=50$ μm 的 $CaCl_2$ 颗粒，对生命期较长的积云，采用$r=10\sim30$ μm 的 $CaCl_2$ 颗粒。

南非从牛皮纸厂烟囱排放吸湿性污染微粒引起云中碰并增长，受下风方自然雨量增加的观测统计结果的启发，模拟其主要成分氯化钾(KCl)研制了吸湿性催化焰弹，对中等尺度的多单体风暴，催化前均已出现雷达回波，云底温度 5～15 ℃，平均上升气流速度 8～12 m/s，获得了成功，并已推广至墨西哥。暖积云吸湿性播云重新受到世人重视，关键在于探索了吸湿性催化剂的主要化学成分——氯化钾(KCl)和选择方便有效的飞机炮弹播撒方式，同时在催化云系的选择上也有明确的限定，因而取得了重大进展。

4.1.4　AgI 复合人工冰核

20 世纪 80 年代以来，以 AgI 为主要成分的复合人工冰核发展迅速，改进了核化方式，提高了成核率，增强了核化速率。其实早在 20 世纪 50 年代初期的研究中就发现，人工冰核的核化能力，取决于其具有改变吸附水分子的取向并形成类冰结构的程度。人工冰核晶体的晶格参数愈接近于冰，其原子排列与冰的错位愈小，则与冰的界面应力也愈小，冰晶在其上取向附生增长的能量愈低。为了进一步减小 AgI 的晶格参数与冰的差异，早就考虑将 AgI 中的银原子部分用铜原子或某些其他金属原子取代，碘原子部分用其他卤族原子取代。

先后研制的 AgI 复合冰核有 AgI-AgBr(1971 年)，提高成核率 1 个量级；AgI-AgCl(1983 年)，其成核率比 AgI 与 NH_4I 生成的纯 AgI 气溶胶在－12 ℃高 1 个量级，在－6 ℃高 3 个量级；AgI · 0.5mol%BiI_3(1989 年)，在－10 ℃成核率为 4.4×10^{14} 个/g，以气流稀释后再收集检测成核率增为 8×10^{14} 个/g，在－10～－8 ℃高于纯 AgI 的成核率 1 个量级，为接触冻结核化方式；$AgI_{0.78}\cdot AgCl_{0.22}$-1.25NaCl(1998 年)，主要是降低了 NaCl 的比例，其核活化性和核化速率与 AgI · AgCl-4NaCl 基本一致，它的优越性在于因含 NaCl 低，易于燃烧，可增加 AgI 丙酮溶液发生器的可靠性，并已在美国北达科他人工影响云计划(NDCMP)中获得证实。

南斯拉夫 Huter(1988)研制的火箭焰剂(VTG-813)中除含 8% AgI 外，加有高氯酸铵(NH_4ClO_4)、高氯酸钾($KClO_4$)氧化剂和首次加入少量碘化铜(CuI)，在－4 ℃成核率达 $1.5\times10^{11}\sim3.2\times10^{11}$ 个/g，在－8 ℃达最高值 10^{13} 个/g，表现出在较高温度段的高成核率，这是在 AgI 焰剂中首次形成高效的 AgI 复合核。酆大雄等(1995)研制的新的高效 AgI 焰剂配方 BR-88-5 和 BR-91-Y，在－20～－7.5 ℃范围内成核率均可高达 10^{15} 个/g，在高于－12 ℃时，比 AgI 丙酮溶液的成核率高，其中 BR-91-Y 焰剂具有更高的核化速率。焰剂中 AgI 占的比例仅 1%，燃烧时能分散得更加充分，其有机铜盐的含量不同于 BR-88-5 的配方。此后，还研制了 3305-981 新型焰剂配方，燃烧分散后的气溶胶成冰性能与 BR-91-Y 焰剂基本一致。

一般认为，AgI 焰剂的成核率比 AgI 丙酮溶液燃烧法约低 2 个量级，但 BR 系列的 AgI 焰剂却与之相当，虽然在低温段稍偏低，但在高于－12 ℃的温度段远优于 AgI 丙酮溶液。

与国外对烟剂产生的气溶胶尺度测量结果相比，BR-91-Y 燃烧产物的粒子较大，特别是小粒子较少，有利于在较高温度下的核化。估算 1 g AgI 焰剂可产生 4.23×10^{15} 个粒子，它比该焰剂在低温下的成核率约高出 1 倍，即相应的气溶胶的活化比高达 1∶2。

4.2　人工影响天气催化剂运载工具

4.2.1　我国人工增雨和防雹作业中催化剂运载工具的基本特征

从 20 世纪 80 年代后期起，我国人工影响天气催化剂运载工具发展较快，先后研制成功机载 AgI 末端燃烧器、飞机焰弹、火箭焰弹、37 mm 高炮增程焰剂炮弹以及地面 AgI 发生器等。许多项目的技术和性能指标已逐步赶上发达国家的先进技术水平。

对于催化剂的运载，利用飞机直接在云内播撒是最佳选择。飞机机动性强，可直接将催化剂播撒至云中预定的部位，而且播撒均匀，覆盖范围较广。对飞机播撒技术来说，应考虑飞行速度和播云范围及巡回飞行播撒路径，以选择相应的人工冰核输出率，并应考虑适应不同云系对引晶作业的成核率、冰晶核化速率及云内人工冰核数浓度的要求。当采用 AgI 焰弹时，要充分应用在动力条件下成核率的检测结果，结合飞行速度和发射或下投速度优化 AgI 含量百分比，设计有针对性的配方，控制燃烧速度，确定燃烧温度。

AgI 末端燃烧器是为发展机载 AgI 催化工具而研制开发的新型机载 AgI 焰剂发生产品。新型 AgI 末端燃烧器可机载到适宜进行 AgI 焰剂催化作业的位置，通过机舱内的控制器或地面遥控，以电击火方式点燃释放 AgI 焰剂(邵洋 等,2014)。

这种新型 AgI 末端燃烧焰条可逐根点燃或多根点燃作业，因此可根据飞机实时探测的云降水物理场状况选择 AgI 焰剂播撒量。采用这种固态 AgI 末端燃烧焰条的燃烧方式，还回避了以往 AgI 丙酮燃烧炉作业时由于 AgI 气体对容器喷嘴造成腐蚀而影响催化剂烟雾在作业时的有效扩散问题(邵洋 等,2014)。

AgI 末端燃烧焰条形状为圆柱状，主要由接电铜片、焰管外壳、定位柱、喷焰口、防潮塞和管内的催化药柱构成。在增雨作业飞机升空前，AgI 末端燃烧焰条由工作人员逐个打开包装后，装载到 AgI 末端燃烧焰条作业架上，在探测飞行到适宜的作业条件时进行逐个或多个击发点火。点燃形成焰羽后的焰条一般会持续燃烧 10 min 后熄灭。在探测飞行降落后，这些燃烧后的焰条再由工作人员卸下，作业燃烧后的 AgI 焰条管内会有一些黑色碳状残留物(邵洋 等,2014)。

AgI 末端燃烧焰条尾部是接电铜片装置，用于电击火，以控制 AgI 末端燃烧焰条的点燃。点火使用电压 28 V，输出电流大于 10 A。在焰条外壳，距离焰条末端 9 mm 处有 2 个定位柱，是焰条作业架上固定焰管的卡口。焰条头部为喷焰口。“夏延”和“运-12”飞机所使用的 AgI 末端燃烧焰条每根重量 1080 g，管长 412 mm，管径 49 mm，催化剂燃料重量 550 g，AgI 含量 11 g。在河北正定机场的地面燃烧试验中，AgI 末端燃烧焰条燃烧时间为 9 min，飞行中的燃烧时间则随飞行高度和飞行速度而变化，但都大于地面燃烧时间。作业飞行高度越高，焰条燃烧时间就越长，在海拔高度 5000 m、飞行速度 100 m/s 时，一般燃烧时间为 13 min(邵洋 等,2014)。

高炮、火箭发射焰弹输送 AgI 气溶胶时，播撒集中，冰核数浓度高，基本上能控制发射目标区范围，特别适合于飞机难以进入的对流云人工增雨(包括静力催化和动力催化)和人工防雹作业。但是，为确保安全对发射弹道的准确度和稳定性，以及准时爆炸或点燃、自毁粉碎或张伞减速降落功能有较高要求。

人工影响天气火箭的主要规格和技术参数见表 4.2。JFJ 型为早期产品，属爆炸分散法，应用底喷技术后射程能提高 10%～15%。BL-1 型采用残体三炸自毁技术，有效地解决了箭体残骸安全下落问题。UJD-82A 型采用最新研制的配方 3503-981 型焰剂。可燃壳体火筒焰弹采用可燃高分子纤维增强复合材料，在完成催化作业后在空中自行烧毁，这样在人口稠密地区使用可保证安全，创意很好。IDY-74 型系子母焰弹火箭，在母弹到达适当高度后，自动将其携带的 15 颗 AgI 子焰弹依次间歇地向后抛射，其播撒催化剂的方式颇具新意，目的在于使 AgI 核传播的辐射范围增大。

高炮增雨防雹弹的主要技术性能见表 4.3。其中，99 型有重大改进，采用弹底排气增程、钨系延期药等新技术，起到减阻增程的效果，又配用自炸时间长的引信，使射高增大。在保持原爆炸播撒 AgI 外，又增加了燃烧 AgI 焰剂，使其总成核率提高，但目前尚未进行技术鉴定。另有 JD-93-1 型、JD-93-2 型增程弹和 JD-93-3 型增程焰剂弹的不同类型系列产品。

表 4.2 人工影响天气火箭弹基本性能

	JFJ	WR-1B	HJY-74	可燃壳体	BL-1	1102-A	HJD-82A	RYI-6300
弹径(mm)	43.5	82	74	56	56	56	82	66
弹长(mm)	548	1440	1395	737	737	765	1425	1315
弹重(g)	1000	8500	5900	2200	2200	2050	10400	5300
有效荷载(g)	100	725	30×15	150	150	180	720	500
射高(m)	4300	8000	8200	7300	7300	7250	8200	6300
播撒高度(m)	3000～7500	8200	3000～7300	3000～7000				
播撒时段(s)	爆炸	30			15	15	40～45	20
自毁时间(s)			<40	31				
−10 ℃成核率(个/g)	4.5×10^9	1.8×10^{15}	3×10^{13}	10^{15}	1.8×10^{15}	2.25×10^{15}	1.6×10^{15}	7×10^{13}

表 4.3 高炮增雨防雹弹主要技术性能

	83-1 型	83-II 型	JD-89	92 型	99 型
全长(mm)	382.02～385.97	382.02～385.97	382.02～385.97	386	381.88～384.97
全重(kg)	1.416	1.414	1.284	1.34	1.34
弹丸重(g)	722	730	600	658	658
有效作用高度(m)	2000～6000	2000～6000	2000～6000	2000～6000	2000～6000
引信自炸时间(s)	7～10 9～12 13～17	7～10 9～12 13～17	9～12 13～17	7～10 9～12 13～17	8～24
AgI 含量(g)	1	1	1	1	1
−10 ℃成核率(个/g)	9.0×10^9 3.3×10^{11} (修正后)	9.0×10^9 3.3×10^{11} (修正后)	9.0×10^9 3.3×10^{11} (修正后)	2.0×10^9 3.3×10^{11} (修正后)	增程焰剂 2.0×10^{15}
纯铝黑炸药重	64	64	34	57～60	35
引信瞎火率	≤1/30	1/60	≤3%	≤1/40	≤30
最大弹体碎片重(g)	≤30	≤30	≤70	≤20	≤30,允许 2 块≤50

4.2.2 高炮和高炮弹的构造、运行性能及其使用、保管和维护

4.2.2.1 高炮的构造、使用和维护

高炮由自动机、瞄准机和托架、瞄准具及炮车 4 大部分组成。自动机是炮的核心,它利用炮弹发射后的火药能量完成开闩、退壳、压弹、输弹、关闩、击发等全部自动动作。瞄准机包括高低机和方向机,前者使火炮在高低射界(−10°～85°)内起落和瞄准,后者使火炮在方向射界(0°～360°)内转动和瞄准。瞄准机和自动机均受托架的支撑和承托,托架用来安装除炮车外的其他各部件,它是火炮回转部分的主体,托架和炮床用螺栓固定在一起。瞄准具的功能在于确定炮击目标的航路、速度和斜距,并追随瞄准目标,能自动连续地求出目标的提前位置,赋予

火炮方位角和射角，以命中目标，在人工增雨、防雹作业中，其追踪目标的功能不明显。炮车在行车时运载火炮，射击时作为火炮的基础，炮床是炮车的主体，用于安装炮车的各部件。

自动机用来保证火炮连续发射，包括炮身、炮闩、装填机、摇架和反后坐装置。炮身在发射时给予弹丸初速、旋速(使之稳定)和飞行方向；炮闩用于闭锁炮膛、击发底火，抽出药筒；装填机用于压弹和输弹，以保证火炮连续击发；摇架是起落部分的主体，用于安装炮身、炮闩、装填机、反后坐装置和瞄准具等部件；反后坐装置包括驻退机和复进机，前者用于消耗一部分后坐动能，使后坐部分在一定距离上停止后坐，复进时节制复进速度，以保证后坐部分平稳地复进，后者在平时将后坐部分支撑在前方位置，后坐终了后，使后坐部分复进到原位。

自动机第一次射击时由人工或电发火进行装填和发射，发射后在火药气体压强作用下，使炮身带着炮闩、输弹机一起后坐，自动完成开闩、抽筒等动作，并压缩复进簧。在反后坐装量的作用下，使后坐部分在一定距离上停止后坐，然后在复进机作用下使后坐部分复进完成压弹、输弹、关闩、击发等动作。只要用人工或电发火，不断供弹并控制脚踏板，火炮就能连续发射。

选择作业阵地要求视线良好，射界内无障碍，射程内要避开人口密集区、工厂、机关、学校等。

确定方位角和射向后，可进行点射或连射。需要连射时，最好是 5～7 发的短点射，给炮手留 3～5 s 进行压弹，然后再射击 5～7 发，依此循环。这样做的好处是故障少，压送弹跟得上，炮管升温慢。一般连续射击 60～100 发时，炮管很快升温，炮管温度超过 400 ℃时，炮管发紫，应停止射击，待炮管降温后再继续射击。根据作业要求，射角应大于 45°，为限制射角过低，先将射管调高至 45°，把禁射器安装在高低机齿弧与传动齿轮之间。

高炮在射击前必须充分细致地做好射击准备，使火炮处于良好的临战作业状态，检查中发现不正常或出现故障应研究分析和及时排除。在射击过程中若出现故障必须迅速正确地排除，以保证不间断地作业。射击后要及时擦拭和检查处理，为下一次作业做好准备。

射击前的检查包括放列火炮、规正炮床水平、检查瞄准线、标定和检查自动机。要求身管内部应干洁光亮；防火帽应拧紧，由垫圈固定；身管固定结实牢固。同时，检查炮闩、装填机、驻退机和后坐标尺，检查自动机联动动作，使各部分机件活动一下，以有利于射击顺利进行。射击前检查的详简，按时间和火炮具体状态而定，可以全部检查到位，有时也可只检查主要项目。

射击中注意观察后坐长度是否正常，各机构动作是否协调，关注身管是否过热。在射击间隙，应注意规正炮床水平。

火炮的维护必须抓好"5 防"：防锈蚀、防磨损、防损坏、防松动和防弹簧失效。一般要求做到炮膛、炮闩、装填机等部位和装置及高炮无油漆的部位无锈；对各转动部位的注油孔、无油漆的光滑表面及摩擦面应适时注油或涂油，以防磨损；经常检查各固定部位的状况，防止松动以免引起故障及丢失零件；对各部件的分解、结合和使用，应严格遵守操作规程，加强责任心，防止磕碰；操作使用完毕后，应使各部件的弹簧处于结合状态下的松弛态势，以保护弹簧的性能。

4.2.2.2 人工增雨防雹弹的构造、功能、使用以及移运、贮存和维护

(1)人工增雨、防雹弹的构造。99 型人工增雨防雹弹主要由弹丸、装药药筒两大部分构成。弹丸包含引信、弹体垫圈、装药弹体，装药药筒包含钢制药筒、发射药、底火等。83 型和 92 型无有底排弹体，以装备弹体取代之。

(2)人工增雨、防雹弹引信功能。为使人工增雨、防雹弹能对预定目标可靠地发挥作用，并保证平时安全，引言有 3 个基本功能：①在人工增雨防雹弹生产、装配、运输、贮存、装填、发射

以及发射后的弹道有效段前，不能发挥作用；②按云高和距离确定其最佳起爆位置，选择发挥作用时间；③向弹丸（主装药）输出足以完全引爆弹丸的能量。92 型和 99 型通过更换火帽和药剂改善了安全性能，瞎火（引信未作用）率从 83 型的≤1/30 降为≤1/40，最新的 97 型瞎火率≤1/60。因 83 型的引信时间药盘的引燃药为黑药，易吸湿受潮，长期贮存会使瞎火率增高，而 92 型和 99 型引信的引燃药剂基本不受潮，且引信为盲头结构，取消了 83 型引信的引信帽，改善了引信的密封性，故长期贮存瞎火率明显低于 83 型。减小了引信破片水平（≤20 g），引信的安全落地高度（4～9 m）平均增加了 1 m；由于在结构上增加了防泄爆装置，明显地减小了弹丸落地爆炸的可能。

（3）人工增雨防雹弹的使用。按雷达观测的云层高度和距离，根据弹道曲线选用合适的射角和自炸时间进行射击。发生底火瞎火时，应等待 1 min 后才许打开炮闩；为防范少数瞎火或爆炸不完全，在射击区内必须实施安全措施，人员应有效隐蔽。若地面上发现未炸弹丸，应立即报告有关部门收集销毁，切勿擅自处理。当采用大射角射击时，炮手及阵地附近人员应预防碎片伤害。

（4）人工增雨防雹弹的移运和贮存。运输过程中，应使炮弹的轴向与运行方向垂直（木箱正面朝向车前或车后），以防运输中的冲击而受损坏或提前发挥作用。运输中应遮盖防雨。

炮弹应贮存在干燥、阴凉、通风的库房中，并应采取防潮、防爆、防火、防雷击措施。搬运中严禁摔碰、跌落、木箱倒放；木箱堆放应平稳、整齐，堆垛高度不超过 2 m，运输及使用时跌落、摔碰的炮弹，应按弹药勤务有关规定处理。现场未使用完的炮弹，须擦拭干净并检查无损伤后装回塑料筒及木箱内，已经开箱的炮弹，应在短期内尽快使用完毕。炮弹在内、外包装完整的条件下，贮存期限为 5 年，其中主要是引信的贮存期是 5 年，该期限是根据引信内部火工、弹簧及其他零件的失效情况和使用要求确定的。

（5）炮弹的维护。炮弹应保持干净，弹丸不应生锈，定心部要涂油，射击前要擦净；炮弹应完整无损，弹带、定心部和药筒应无磕碰；弹丸与药筒应结合牢固、正直。

4.2.3 火箭弹和发射架的构造、运行性能及其使用、贮存和维护

4.2.3.1 火箭弹的构造、使用和维护

（1）火箭弹的构造。火箭弹主要由发动机（固体燃料）、播撒装置、安全着陆装置（降落伞）或自毁装置及尾翼 4 部分组成。发动机是全弹的运载动力装置，有燃烧室、推进剂喷管、点火具等组成，推进剂为发射药，通过燃烧提供动力能源，由喷管使高温燃气热能转换为燃气动力形成推力；播撒装置由播撒体、催化剂药柱（焰剂）、延期点火具等组成，由延期点火具点燃焰剂，通过播撒体多个喷射孔向四周喷射催化剂气溶胶，沿轨道形成圆柱状催化带；安全着陆装置包括 2 副降落伞，分别减缓壳体及其他坠落残骸的落速，避免引起地面伤害，目前已使下降速度降至 6.5～8.0 m/s，另一种为自毁装置，包含烟火药剂和延期点火具，在弹的头、中、尾实现 3 炸自毁，最大残骸＜100 g；尾翼由 ABS 工程塑料制成，确保火箭弹飞行稳定正常。

（2）火箭弹的使用。在距发射场＞35 m 的掩体内对火箭弹开箱检查，操作人员着防静电工作服，并释放身体静电，解除火箭弹短路保险；进行发射准备，将解除短路保险的火箭弹平稳推入发射架的导轨中，使火箭弹上的导电片呈上、下两个方向，并对准发射架上的导电柱，关闭挡弹器，以防火箭弹从架上滑出；进入发射准备状态，其他人员远离发射架至安全区，发射控制人员将发射电缆插头插入发射架和控制器，打开挡弹器，检测发射系统和火箭弹电路导通性和

电量是否充足；点火后若不发射，等待 3 min 后换弹，换下故障弹交厂方处理。

(3)火箭弹的移运和贮存。火箭弹应短路移运和贮存，必须装箱运输，装箱堆码不得超过 4 层，必须捆绑牢固，并使火箭弹的轴向与运行方向垂直；由专人押运，不与其他物品混装，车辆应设置导静电设备，防雨淋、防日晒，搬运时要轻拿、轻放，严禁摔箱，存放的库房应符合火工品专用库房要求，防潮、防震、防静电、防高温，避开强磁场环境，如雷达、发电厂附近以免发生静电感应事故；现场开箱后未用完的火箭弹，须擦拭干净并检查无损伤后装箱，并应在短期内尽快使用完毕；火箭弹在包装完整条件下，贮存期限为 3 年。

4.2.3.2 火箭发射架和发射控制器的构造、使用和维护

(1)火箭发射系统构造。火箭发射系统由支架、发射器和控制器组成。支架位于发射器下部，由底架(或圆台)、车体、立柱等构件组成，起支承发射器和调整射角(高低和方向)后锁紧发射器的作用；发射器由导轨及相应位置控制机构组成，用于安置火箭弹并起定向作用，在导轨中部装有电接触头，用于连接电控发射点火装置；控制器由电控箱及相应连接导线和插头组成，用于检测发射系统和火箭弹电路导通性与电阻值及控制火箭发射操作。

发射控制器电路由电源、检测电路、升压电路和输出 4 部分组成。检测电路与升压电路相互独立，检测电路工作时，升压电路自动切断，以确保检测安全可靠。升压电路仅在发射状态下工作，由升压开关控制电路启动升压。检测/发射转换开关可分别控制检测电路或升压电路与所需通道接通。发射控制器是提供火箭发射指令及火箭点火能量的控制中心，它能正确识别火箭外线路的通断和检测火箭外线路电阻，并可控制火箭的发射。它操作简便、指示明确，外置交、直流电源接口，备有干电池电源盒，便于野外作业。

(2)火箭发射系统的使用。发射场地应远离村庄、油库和集市，也应远离强磁场和高射频区域；发射场正前方 180°、100 m 和正后方 60°～120°、50 m 以内为禁区；发射架安装时使立柱能在底架导轨上滑动自如。手柄锁紧后应定位牢靠、不松动，射角调整和锁紧自如。车载式发射架配有行车支架，行车时应将导轨组件平稳地放在行车支架上部，用螺栓紧固。到达发射场后再对射角调整、锁定，射角在气象雷达探测指导下选定，还应根据环境风场特征做相应修正(参阅有关风偏角查算表)。用专用电缆连接发射控制器与发射架，确认连接可靠无误；确保人员撤离禁区后，打开控制器电源，置检测状态，检测装入火箭后通道电阻；打开发射控制电源，置发射状态，打开升压开关，确认点火指示灯亮，听口令按发射钮，发射后置发射控制器于初态，关闭电源。

由于增雨、防雹火箭系无控火箭，其飞行弹道受风的影响较大，作业时必须考虑高空风向、风速的变化及其影响。在风的作用下，火箭主动段终点(发动机工作完毕时)的位置和速度矢量会偏离理论值。火箭的射高和落点主要取决于主动段终点的位置和速度方向，而它们对风特别敏感，故在编制弹道表时，应通过调整发射角和发射方位来补偿风对火箭主动段终点和方向的影响。一般增雨、防雹火箭采取静稳定设计，其尾翼升力所产生的力矩大于头锥升力所产生的力矩，因此头锥总是偏向迎风方向。火箭顺风发射，风向使火箭“抬头”；火箭逆风发射，风向使火箭“低头”，如果风垂直于火箭发射面，则火箭偏向来风方向，即横风影响火箭的方位角，修正时要查算有关偏角修正表(顺风、逆风、横风)。

(3)发射架的移运、安装、维护。发射控制器必须装箱运输，不受日晒雨淋；发射架起吊装车时，定向器不得受力，其他部件不得与运输工具碰击。对称地安装两两定向器组件，调整使其保持平行；将平衡机压缩到最短位置，锁紧并与平衡机连接板固定，将平衡机另一端连接在

连接座上并紧固,根据气象观测系统标定零点方位基准,调整刻度盘使之归零,由支架调水平确定仰角基准,调整刻度盘使之归零。发射控制器开机连续工作时间不应超过 1 h,雨天作业必须遮掩发射控制器,以防雨水渗入;长时间不用时,将电池取出,更换电池时应关闭电池开关;定向器入库保管时,严禁与其他物品碰击或受堆压;发射架活动机件,每年应分解擦拭,涂油1~2 次,如发现锈蚀,应除锈并喷涂防锈漆;定向器不允许分解,点火线路插接部分和电缆焊接处,应定期检查,以防损坏;发射器部件受损时,应及时修理或更换。

4.2.4 机载焰弹播撒器构造、使用和维护

机载焰弹采用外挂式,在机室内控制发射或下投,根据需要控制焰弹的发射率或下投率。由发射控制箱控制发射,发射时具有一定的射程,向云中播撒时,边燃烟边下落,有一定的催化层厚度。下投焰弹也一样。

当前,国内生产的 2 种飞机下投和水平下倾发射式 AgI 焰弹的主要规格和性能见表 4.4。龙-B-1 发射式飞机焰弹的发射系统和控制箱工艺先进,电控点火系统设计合理,使用方便,安全有效,不同风向下平均射程 150 m 以上,不仅适用于层状云催化,也可用于积云外围作业,它是首批采用高效 BR-91-Y 型焰剂的机载焰弹。

表 4.4 飞机下投或水平下倾发射式焰弹的规格和性能

型号	FJY-34	龙-B-1
研制单位	中国气象科学研究院	黑龙江省人工影响天气办公室
生产厂	北京理工大学、866 厂	建华机械厂
弹径(mm)	34	26
弹重(g)	32	665
碘化银焰剂含量(g)	30	30
下投或发射初速(m/s)	0	55
射程(m)	—	150
燃烧时间(s)	20	24
燃烧下落距离(m)	1000	—
−10 ℃ AgI 成核率(个/g)	3×10^{13}	10^{15}
发射装置	74 孔装焰弹发射器	160 孔弹夹式发射器

4.2.5 地面燃烧炉的构造、使用和维护

使用地面燃烧炉无需申请空域和值守,可长时间播撒,适宜山区和城市周边增雨(雪)、防雹作业。地面发射器使用的催化剂有液态和固态 2 种,液态催化剂主要是 AgI 丙酮溶液、LC 等,固态催化剂为 AgI 焰条。燃烧 AgI 丙酮溶液通常需要人工操作,由于 AgI 在丙酮中溶解度极低,长时间存放会沉淀,影响播撒效果。燃烧 AgI 焰条相对简化,可采用无线通信技术进行远程遥控作业,效率大为提高。我国使用的地面燃烧炉主要有 RGY-1 型 AgI 发生器、ZY-2 型 AgI 焰条遥控播撒系统、DY-2 型焰条遥控播撒系统、Y1000-1 型 AgI 烟炉等(邵洋 等,2014;武玉忠 等,2007)。

下面以陕西中天火箭技术股份有限公司生产的 DY-2 型焰条遥控播撒系统为例,介绍地面燃烧炉的构造、使用和维护。其主要技术指标见表 4.5。

表 4.5　DY-2 型焰条遥控播撒系统主要技术指标

技术指标	技术参数
控制距离(km)	手机信号覆盖的地方
焰条装填数	36
焰剂质量(g)	500
焰条燃烧时间(min)	5
点火方式	GMS 短信
工作温度(℃)	－40～＋70
电池寿命(h)	大于 1
电源	7 个连续阴天可靠工作

该系统主要由播撒装置、焰条、控制系统、控制软件 4 部分组成。

播撒装置用来装填焰条、放置控制系统和太阳能电池板，并具有排烟功能。整体采用玻璃钢制成，由支架、筒体、封头、烟囱、焰条支架等组成。筒体采用玻璃钢，重量轻、耐烧蚀、耐腐蚀，适合长期置于户外使用，烟囱同样采用玻璃钢材料。筒体内部放置焰条支架，焰条沿圆周放置共 36 支。筒体上共开 4 个门，焰条支架以上 2 个门用于装填焰条，焰条支架以下开 2 个门，用于控制器接线及控制器安装。焰条被密封在筒体内，可以避免明火产生，降低了森林火灾威胁，适合在山区、草原使用。

焰条是将焰剂压块后粘接、包覆、装入壳体中，焰条总长 350 mm，常温常压下燃烧时间 5 min。焰剂燃烧产生的气溶胶从喷管喷出。焰剂采用由中国气象科学研究院研制的 BR-91-Y 型高效 AgI 焰剂，－10 ℃静态成核率达到 1.8×10^{15}个/g，90％核化时间 5 min，特别适于对过冷云的催化。

控制系统由接收控制器、控制器分线盒、太阳能供电系统和安装支架组成。系统同时集成了风速传感器、风向传感器、温度传感器、湿度传感器、雨量传感器数据采集系统，可以通过短信的形式传输数据。接收控制器内含高速度微处理器、系统电源管理模块、气象数据传感器数据接口模块、太阳能电池管理模块、GSM(Global System For Mobile Communications)工业模块、手动控制显示模块，是整个控制系统的枢纽部分。系统以 GSM 网络为数据信息传递的平台，可接收控制中心发送的控制指令并进行解码，通过 RS232 将控制指令转发至控制器分线盒控制发烟装置点火或数据采集。太阳能电池管理模块对后备电池的电压进行监测，防止发生过充电、过放电损害电池。系统电源管理模块可根据微处理器指令对各分系统进行供电，可保证在值守状态下整个系统工作电流不大于 40 mA，工作状态下整个系统平均工作电流不大于 120 mA。手动控制显示模块可方便用户在现场直接采集气象数据或对发烟装置进行控制。控制器是整个系统的执行部分，通过 RS232 接口接收控制器发送来的指令，根据指令进行通道切换，进而完成焰条数据采集或点火工作。

控制软件具有可视化、模块化等诸多优点。软件可实现对焰条的检测、单支点火、多支同时点火、编组自动点火功能。安装传感器的控制系统还可以实时采集气象要素数据。

思考题

1. 目前常用的 3 类人工影响天气催化剂，各有什么特点？

2. 同一类催化剂、不同制备方法其成核率有什么差异?
3. 同一类催化剂、不同制备方法随温度、湿度的变化特征如何?
4. AgI 复合核生成的基本原理是什么?
5. 火箭由哪几部分组成?
6. 如何正确使用火箭发射系统?
7. 高炮由哪几部分组成? 各部分的功能是什么?
8. 高炮作业阵地选择有哪些要求?
9. 如何正确保养高炮?
10. 地面燃烧炉由哪些部分组成? 有哪些优点?

第 5 章　人工影响天气业务

本章首先介绍内蒙古自治区人工影响天气业务构成、业务布局和业务流程，在此基础上系统介绍不同时段的人工影响天气预报业务，不同作业方式的作业指标体系建设，进一步阐述作业组织实施及跟踪指挥，最后介绍作业信息上报规范。

5.1　人工影响天气业务构成、布局及流程

5.1.1　业务构成

人工影响天气业务包括人工增雨抗旱、河流和水库增水、增雪、防雹减灾、机场和高速公路关键路段消雾、森林防火服务、重大社会活动保障和军事活动保障等（郭学良，2011）。

（1）人工增雨（雪）。开发空中云水资源，为农民生活用水、农业生产抗旱服务。以增加水资源及改善生态环境为目的，加大河流湖泊和水库增水、改善生态和人居环境、保障城市用水、增加水力发电的人工增雨（雪）力度，开展为植树造林、退耕还林、森林草原防火、湿地保护等人工增雨（雪）服务。

（2）人工防雹。在做好传统农业防雹减灾服务的同时，围绕农村产业结构调整，合理调整防雹作业布局，加大对优质、高产、高效、生态、安全以及特色农业的防护力度，保护农业生产、农民增收。开展保障城乡人民生命财产安全的防雹作业。

（3）人工消雾。推进保障交通安全的机场、高速公路、水路航道、港口等浓雾天气的消雾系列服务。重点开展机场和高速公路特殊路段的消雾试验和服务。

（4）应急及重大活动保障。及时开展森林草原火灾、危险化学品泄漏污染等突发公共事件的人工影响天气应急保障服务。开展重大社会活动、国家安全和国防建设等的人工影响天气消云、减雨试验服务。

针对不同业务内容，按照《人工影响天气业务现代化建设三年行动计划》要求，以人工影响天气作业实施为基点，按照不同时段的主要任务，将人工影响天气业务分成以下 5 部分：

作业天气过程预报和作业计划制定（72～24 h）；

作业条件潜力预报和作业预案制定（24～3 h）；

作业条件监测预警和作业方案设计（3～0 h）；

跟踪指挥和作业实施（0～3 h）；

作业效果检验（作业后）。

5.1.2　业务布局

5.1.2.1　自治区级

1. 基本业务

按照全国人工影响天气发展规划的总体部署，制定自治区人工影响天气发展规划；负责全

区人工影响天气作业条件预报的指导和服务，适时组织开展人工影响天气专题会商；组织自治区人工增雨基地飞机、地面燃烧炉等人工影响天气作业，指导全区开展飞机、高炮、火箭、地面燃烧炉作业，协调全区跨区域联合作业；负责全区人工影响天气作业信息收集、上报和信息服务；负责全区作业效果评估指导；负责新技术、新系统、新装备、新型催化剂的开发、考核和推广应用；开展国家级、区域级服务产品及技术指南的本地化解释应用；负责全区作业单位资质审核、作业装备购置、年检和安全管理；组织全区人工影响天气指挥和作业人员培训、考核；承担国家级人工影响天气业务部门下达的相关业务工作。

2. 主要产品

全区人工影响天气作业过程预报和作业计划；

全区人工影响天气作业条件潜力预报和作业预案；

飞机人工增雨作业方案报；

全区人工影响天气作业情况报告、内蒙古人工增雨基地增雨简报、全区效果评估以及效益分析报告；

重大活动保障及森林草原防扑火等特殊需求的人工影响天气专项预报、作业指导和信息服务产品。

5.1.2.2　盟(市)级

1. 基本业务

按照自治区级人工影响天气发展规划的总体部署，制定本盟(市)人工影响天气发展规划；组织实施本盟(市)人工影响天气作业条件预报，开展高炮、火箭或飞机等人工影响天气作业，无直接管辖地面作业的市级，主要负责组织、协调并指导全市人工影响天气地面作业；负责人工影响天气作业信息收集、上报和信息服务；负责本盟(市)作业装备安全管理、弹药等物资储运调配；负责本盟(市)作业单位组织资质的年检工作；承担上级委托的作业人员培训、考核；承担上级人工影响天气业务部门下达的相关业务工作。

2. 主要产品

人工影响天气作业计划；

人工影响天气作业条件潜力预报和作业预案；

人工影响天气作业条件监测预警和作业方案；

飞机人工增雨作业方案设计报[有人工影响天气作业飞机的盟(市)]；

人工影响天气作业情况报告、增雨简报、效果评估以及效益分析报告；

重大活动保障及森林草原防扑火等特殊需求的人工影响天气专项预报、作业指导和信息服务产品。

5.1.2.3　旗(县)级

1. 基本业务

制定本旗(县)人工影响天气作业计划；负责组织人工影响天气作业条件监测和作业方案，开展高炮、火箭等作业；负责本旗(县)人工影响天气作业公告发布工作；负责本旗(县)人工影响天气作业信息收集、上报和信息服务；负责本旗(县)作业装备的安全管理及维护；负责炮(箭)弹的使用、管理与储运；负责按行业标准管理作业站点；负责作业和灾情资料调查、汇总；承担上级部门下达的相关业务工作。

2. 主要产品

人工影响天气作业条件监测预警和作业方案；

人工影响天气作业情况报告、增雨简报。

5.1.2.4 作业点

1. 基本业务

开展高炮、火箭等作业；负责作业信息收集、上报和相关灾情调查等信息服务；负责作业点安全管理及作业装备维护保障等；承担上级部门下达的相关业务工作。

2. 主要产品

人工影响天气作业情况。

5.1.3 业务流程

5.1.3.1 自治区人工影响天气作业条件预报、指挥业务流程

(1)每天 08:30 检查 MICAPS、人工影响天气微物理模式等系统以及数据资料运行情况。汛期每天 08:30 参加全区天气会商。

(2)每天上午分析各种天气资料及预报服务产品，11:00 组织当日上午的天气会商，填写预报值班记录。

(3)当未来 24～72 h 全区有天气过程时，在 12:00 前制作并发布全区人工影响天气作业天气过程预报和作业计划；当未来 3～24 h 有降水天气过程时，在 12:00 前制作并发布全区人工影响天气作业潜力预报和作业预案；有重大活动保障或突发事件时，根据需要适时滚动发布专项预报服务产品。

(4)当作业区未来 36 h 有天气过程时，在 14:00 前报常备计划，并通知总指挥长、总领班和作业科业务值班员。

(5)每天 14:00 前在人工影响天气专用网站上制作、发布全区人工影响天气微物理模式预报产品。

(6)每天 14:30 分析最新的预报资料，组织当日下午的天气会商，填写预报值班记录，做出作业区和全区 24 h(本日 20 时至次日 20 时)预报结论。当次日有作业计划时，组织相关人员开展人工影响天气作业条件预报会商，决策进场事宜。

(7)未来 3 h 有适合飞机增雨(雪)作业条件时，制定飞行作业方案，通知总指挥长、业务领班、值班员和飞机签派人员，组织相关人员填写飞机作业任务单。跟踪空域申报和批复情况，及时向领导汇报。

(8)飞机起飞前 1～3 h，制作上报飞机增雨作业方案报。

(9)在飞行作业过程中，密切监视天气变化，通过地空通信系统，与作业飞机时刻保持联系，及时将天气系统变化动态告知机上作业人员，根据需要修改调整作业方案。

(10)作业结束后及时填写有关天气预报的各种文档；同时收集整理并存档相关资料。

5.1.3.2 自治区人工影响天气中心飞机人工增雨(雪)作业业务流程

自治区人工影响天气飞机人工增雨(雪)作业业务流程见图 5.1。

(1)当人工影响天气中心飞机作业区次日 00—24 时有降水天气过程时，于 15 时前申报常备计划，并通知总指挥长、业务领班、值班员和飞机签派人员。外场申请使用业务车辆，提前办理人员、物资进场手续，准备足量的催化剂及后勤保障物资。

(2)进驻基地后,作业人员检查海事卫星空地通信系统、自动气象站以及相关仪器设备运行状况。预报员密切关注天气形势,适时组织开展飞机增雨(雪)作业条件会商。

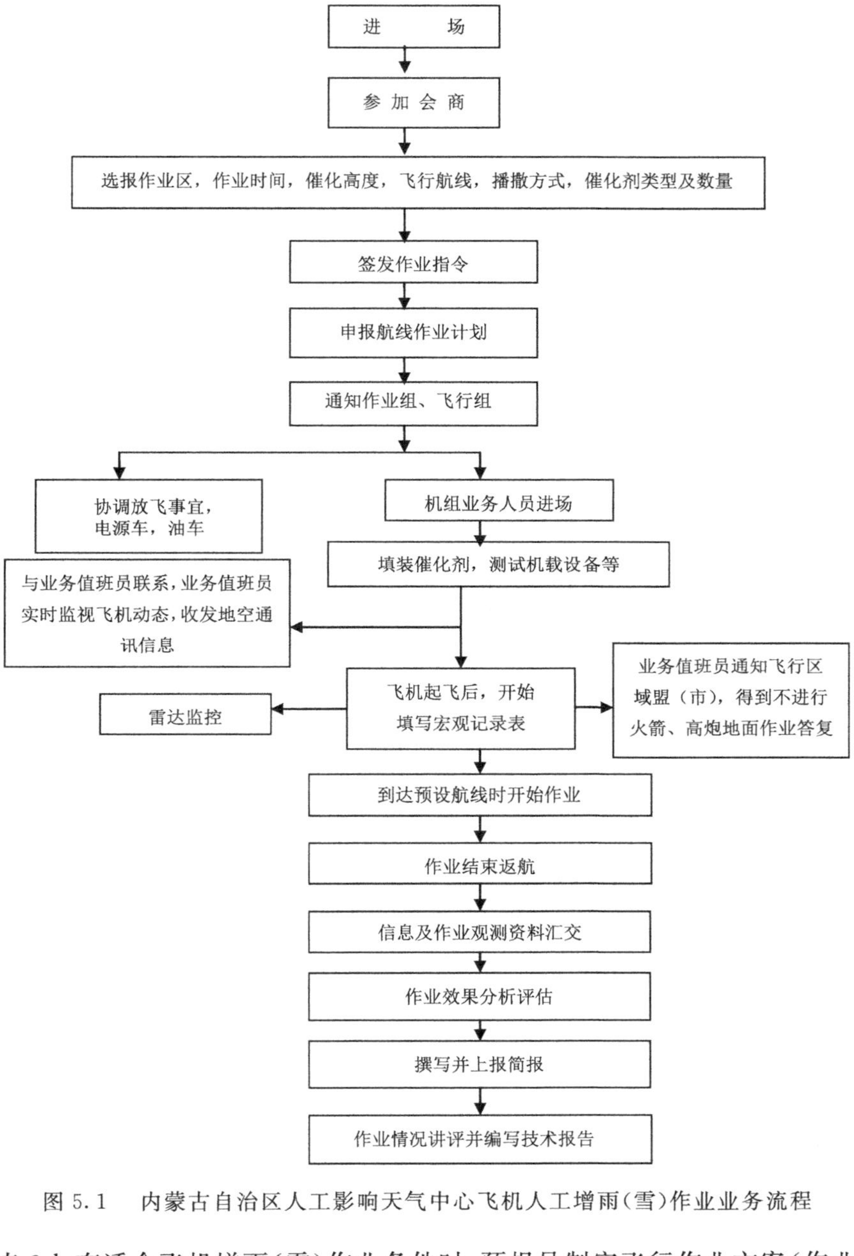

图 5.1　内蒙古自治区人工影响天气中心飞机人工增雨(雪)作业业务流程

(3)未来 3 h 有适合飞机增雨(雪)作业条件时,预报员制定飞行作业方案(作业时间、作业区域、作业航线、飞行高度、催化剂类型、催化剂量、播撒方式等),通知总指挥长、业务领班、值班员和飞机签派人员,组织相关人员填写飞机作业任务单。跟踪空域申报和批复情况,及时向领导汇报。

(4)飞机作业计划前 2 h,登机人员和地面保障岗携带催化剂、文件材料和进场证件在指定地点集合,填装催化剂。登机作业人员熟悉飞行作业方案,地面人员监控海事卫星空地通信系统及自动气象站的运行情况，做好内、外场信息沟通协调。机长、签派人员和飞行作业领班跟踪空域申报情况。

(5)空域批复完成、航前工作全部结束后，指挥岗、观测岗和作业岗在机舱内就位，准备开启机载设备和做好相关记录。其他人员撤离至安全距离，准备离开停机坪。

(6)飞机电源打开稳定后，由观测岗打开通信设备、机载探测设备与播撒设备(先打开总电源，开启逆变器电源、开启电脑，电脑稳定后开启 GPS 电源、打开地空通信软件，打开北斗定位系统，测试与地面是否能正常通信、打开微波辐射计、液态水含量仪)。

(7)飞机开车后，气象代表开始记录相关数据(开车时间、滑行时间、起飞时间、地面天气状况等)。

(8)飞机起飞后，地面业务值班员将飞行动态通报有关领导及相关盟(市)人工影响天气办公室，通过地空通信系统与飞机密切联系。气象代表记录空中宏观现象变化状况，按规定填写《云的宏观观测记录表》(包括飞行高度、时间、地点、温度、湿度、微波辐射计、液态水含量、天气情况、是否有积冰出现等)。飞机爬升过程中每 1 min 填写一次有关内容，飞机平飞过程中每隔 3～5 min 填写一次《云的宏观观测记录表》，飞行每隔 10 min 填写一次《云的宏观观测记录表》，飞机每到一个拐点填写一次《云的宏观观测记录表》等。根据实际作业条件，借助地空通信系统和其他机载探测设备，由登机气象代表指挥空中作业(决定作业高度、何时催化播撒作业、催化剂类型及用量、何时进行作业区作业、何时结束作业等)，催化剂播撒量按作业方案播撒。作业人员负责操作催化剂的播撒以及观察作业是否正常。

(9)飞行作业过程中，地面人员密切监视天气变化，保持地空通信系统联络和监控飞机作业动态，及时将天气系统变化动态告知机上作业人员，根据需要修改调整作业方案。机上各岗位人员依照岗位职责在确保安全的前提下执行作业任务，加强与机长的沟通，遇特殊情况应及时向机长和业务值班岗反馈。

(10)飞机落地后，关闭飞机上探测设备、通信设备、电脑、电源。气象代表将本次作业所有探测资料拷贝并交资料保管员保管，填写《飞机人工增雨(大气探测)飞行总表》。

(11)飞机关车后，地面保障岗将飞机落地、关车时间通报业务值班岗，业务值班岗及时向领导及相关人员准确发布信息。机上各岗位人员检查确认物资、催化剂、备份数据和文件材料齐全，卸载催化剂，做好各机载设备维护工作后离开机坪。

(12)飞机作业后 2 h，对数据和文件资料进行归档，催化剂入库管理。飞机作业结束后 6～7 h，进行作业效果评估并填报作业信息。飞机作业后 7～8 h，撰写作业简报，扫描上传飞机宏观观测记录表。

5.1.3.3　人工影响天气作业信息上报业务流程

根据中国气象局和内蒙古自治区人工影响天气办公室的有关要求，在人工影响天气作业结束后，各级作业组织单位应通过人工影响天气信息管理系统，以标准化形式及时、逐级上报作业信息(图 5.2)。

为了保证作业信息能够在 24 h 内上报到中国气象局人工影响天气中心，盟(市)人工影响天气办公室(包括内蒙古自治区人工增雨基地)、旗(县)人工影响天气办公室(包括作业站点)每日 11:00 前完成的作业必须在当日 16:30 前上报(审核)，11:00 后完成的作业必须在次日 11:00 前上报(审核)。盟(市)人工影响天气办公室和旗(县)人工影响天气办公室在填报报表时要考虑一定的提前量，以便给报表审核留出足够的时间。

所有上报信息必须经过盟(市)人工影响天气办公室(包括内蒙古自治区人工增雨基地)审核方能进入人工影响天气信息管理系统数据库,盟(市)人工影响天气办公室(包括内蒙古自治区人工增雨基地)应在 11:00 前和 16:30 前分 2 次完成当日报表的审核工作。自治区人工影响天气中心在汇总经审核的全区信息的基础上,每日 11:00 和 16:30 分 2 次向中国气象局人工影响天气中心及内蒙古自治区人工影响天气与气象灾害防御指挥部办公室上报全区人工影响天气作业信息。

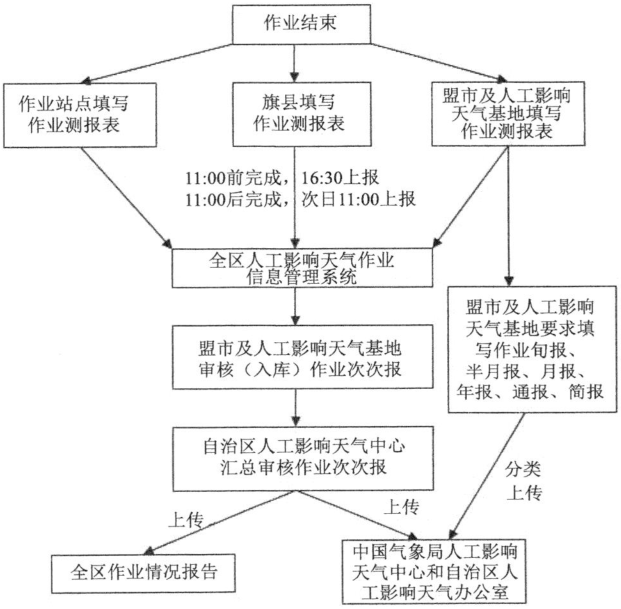

图 5.2　作业信息上报流程

另外,自治区人工影响天气中心每日 11:00 后和 16:30 后,分别统计汇总全区前日 08:00 至当日 08:00 以及当日 00:00—16:30 的人工影响天气作业信息,制作“内蒙古人工影响天气作业情况报告”,上传至内蒙古气象局综合信息系统。

盟(市)人工影响天气办公室每月 3 日、13 日、23 日以前上报前一旬作业信息旬报,自治区人工影响天气中心每月 5 日、15 日、25 日以前向自治区人工影响天气办公室上报前一旬全区作业信息旬报。

自治区人工影响天气中心向中国气象局人工影响天气中心和自治区人工影响天气与气象灾害防御指挥部办公室每月两次分别上报全区前半月和后半月作业信息半月报。

盟(市)人工影响天气办公室(包括内蒙古自治区人工增雨基地)每月 3 日前和 5 日前向自治区人工影响天气办公室上报前月飞机增雨作业情况月报表、云宏观观测记录表、飞机人工增雨(大气探测)飞行总表和人工影响天气工作综合月报表。

为了提高人工影响天气作业信息上报质量和时效,通过分析评估,自治区人工影响天气中心每月对全区作业信息上报的准确率和时效进行考核通报。

7 月 31 日和 12 月 31 日前,盟(市)人工影响天气办公室(包括内蒙古自治区人工增雨基地)向自治区人工影响天气与气象灾害防御指挥部办公室和中国气象局人工影响天气中心上报人工影响天气半年报和年报表。

5.1.3.4 盟(市)级人工影响天气业务流程

由于各盟(市)作业装备及职责的不同，业务流程也稍有差别，有的直接指挥飞机和地面作业(例如鄂尔多斯)，有的只指导地面增雨作业(巴彦淖尔)。下面举例说明。

1. 鄂尔多斯市人工影响天气业务流程

(1)08:20—09:00，了解前日作业情况、指导产品及安排部署情况，参加全区和全市天气会商，了解未来3天的天气情况。

(2)09:00—10:00，运行人工影响天气相关业务系统，查看分析国家级和自治区级人工影响天气模式和指导产品。

(3)10:30前作业信息审核情况复查。

(4)本盟(市)有作业条件时，在15:00前报飞机作业常备计划。

(5)16:00前审核当日00:00—11:00的作业信息。

(6)16:00前制作并发布未来24～72 h作业过程预报和作业计划(20—20时)。

(7)16:00前制作并发布未来3～24 h作业条件潜力预报和作业预案(20—20时)。

(8)16:00—16:30适时组织人工影响天气专题会商。

(9)次日07:10制作人工影响天气作业实况。

(10)次日07:30前制作并发布飞机作业方案和飞机作业计划表。

(11)次日08:30前作业信息审核，审核11:00—23:59的作业信息。

(12)次日08:40—09:00编写作业简讯、总结作业过程、资料备份。

2. 巴彦淖尔市人工影响天气业务流程

(1)天气会商。汛期期间，每日08:30前制作人工影响天气会商PPT，参加天气会商。

(2)冰雹预报发布单。汛期期间，分析每日天气形势，填写值班记录簿。每日10时前制作冰雹预报发布单，上传综合信息网人工影响天气下冰雹预报指导栏目，通过内蒙古人工影响天气联防平台下发到各旗(县)。

(3)增雨作业计划。有利降水天气过程前24 h，制作人工影响天气作业计划，上传综合信息网人工影响天气下技术指导产品栏目，通过内蒙古人工影响天气联防平台下发到各旗(县)。

(4)增雨潜势预报。有利降水天气过程前24 h，制作增雨潜势预报产品，上传综合信息网人工影响天气下技术指导产品栏目，通过内蒙古人工影响天气联防平台下发到各旗(县)。

(5)指导指挥旗(县)人工影响天气作业。密切监测天气变化，分析研判降水云系发展，及时指挥指导旗(县)开展人工影响天气作业并详细记录指挥过程。

(6)审核上报人工影响天气作业次报表。当日10:30前完成前一日11:00至当日10:30作业次报表审核上报工作；当日16:00前审核上报当日00:00—11:00作业次报表。

(7)作业实况通报。收集全市前一日08时至当日08时人工影响天气作业实况，制作人工影响天气作业实况报告，上传综合信息网人工影响天气作业信息栏目下。

(8)收集增雨、防雹气象资料。天气过程后2日内，天气过程当日值班人员收集整理雷达、MICAPS等资料，做好保存工作。

5.2　人工影响天气预报业务

5.2.1　人工影响天气作业天气过程预报及作业计划

1. 自治区级

当气象台预报有天气过程影响内蒙古自治区时，自治区人工影响天气中心根据全区实际作业需求（人工增雨、重大社会活动保障和森林草原防扑火等），参考中央气象台、自治区气象台短期预报和数值预报产品，结合国家人工影响天气中心作业天气过程预报，制作全区72～24 h作业天气过程预报，编制飞机和地面作业计划，发布至有条件开展作业的盟（市）。

作业天气过程预报的主要内容包括天气类型和结构、时段和天气过程影响区；飞机作业计划包括作业飞机部署、作业时段和作业区域，开展作业前准备等；地面作业计划包括作业时段、作业区域、弹药准备等。通过“三年行动计划”的发展，逐步提高飞机作业计划和地面作业计划的发布频次和产品精度。

2. 盟（市）级

当发布自治区级作业过程预报时，盟（市）级人工影响天气部门要结合当地气象台预报，根据本地需要及时制定作业计划，包括部署作业装备、作业时段和作业区域，开展作业前准备等。

开展飞机作业的盟（市），参照自治区飞机作业计划制定本盟（市）飞机作业计划，及时申报飞行空域计划。

5.2.2　人工影响天气作业条件潜力预报及作业预案

1. 自治区级

根据作业过程预报和作业计划，当未来24 h内有降水（冰雹）天气系统影响内蒙古时，参考自治区气象台短期预报、短时预报和灾害性天气预报，结合卫星、雷达等实况监测以及全区飞机和地面作业概念模型、作业指标，主要使用下发的国家级作业条件潜力预报产品，以及自治区人工影响天气中心MM5微物理数值模式产品，以MICAPS、CPAS为分析平台，通过人机交互方式制作发布全区未来24～3 h作业条件潜力预报。潜力预报包括云系性质和结构、潜力区分布、作业时段、作业方式、作业单位等，发布至有条件开展作业的盟（市）。

负责制定内蒙古自治区人工增雨基地飞机作业预案，内容包括作业云系类型、作业区域、作业对象、作业时段、作业部位、催化方式等，按规定时间向人工影响天气中心飞机作业指挥和外场作业人员发布，以申报飞行作业计划，做好飞行准备。

开展国家人工影响天气模式产品检验，包括模式与实况降水对比检验、宏微观云场的对比检验。定期上报模式检验结果，同时组织开展本地人工影响天气模式产品检验工作。

2. 盟（市）级

根据发布的自治区级作业条件潜力预报，结合自治区人工影响天气中心MM5微物理数值模式产品，以MICAPS、CPAS为分析平台，通过人机交互方式制作发布盟（市）未来24～3 h作业条件潜力预报和作业预案。潜力预报包括云系性质和结构、潜力区分布、作业时段、作业方式、作业单位等，发布至有条件开展作业的旗（县）。地面作业预案包括作业区域、作业时段、作业目的、适宜的作业方式等。

开展自治区人工影响天气模式产品检验，包括模式与实况降水对比检验、宏微观云场的对比检验。定期向自治区人工影响天气中心上报模式检验结果。

开展飞机作业的盟(市),参照自治区飞机作业预案同步设计本盟(市)飞机作业预案。

3. 旗(县)级

根据发布的盟(市)级潜势预报和作业预案,通过人机交互分析订正本辖区内未来24～3 h增雨/防雹作业预案,包括部署作业装备、作业区域、作业时段、作业目的、适宜的作业方式等,开展作业前准备工作。

5.2.3 人工影响天气作业条件监测预警及作业方案

1. 自治区级

当临近作业时,针对自治区人工增雨基地飞机,制作并滚动订正作业条件监测预警和作业方案,并及时发布至自治区人工影响天气中心飞机作业指挥人员。

利用雷达、卫星、探空、自动气象站和微波辐射计等实时探测资料,以及下发的国家级人工影响天气云降水监测产品、模式滚动预报产品和本地微物理模式预报产品,同时参考自治区气象台短时临近预报产品和灾害天气预警产品,应用自治区中部地区飞机增雨作业指标,以CPAS或SWAN为平台开展监测预警和作业方案设计。

飞机作业方案包括作业云系性质和结构、作业时段、作业区域、作业对象、作业部位、催化方式、飞行航线和备降机场等。飞机作业方案应实时滚动订正,并于作业前向中国气象局人工影响天气中心上报。

2. 盟(市)级

主要应用本地雷达探测资料、人工影响天气特种观测资料以及卫星、探空和自动气象站等实时探测资料,以及自治区人工影响天气中心下发的微物理模式预报产品,结合本地作业概念模型和作业指标,用CPAS或SWAN平台滚动制作并发布地面增雨/防雹监测预警产品和作业方案。地面作业方案包括作业目的、作业站点、装备类型、作业方式和作业参数等。

3. 旗(县)级

根据上级下发的监测预警产品和作业方案,应用本地雷达探测资料、人工影响天气特种观测资料、云图等,结合本地作业概念模型和作业指标,滚动订正地面增雨/防雹监测预警产品和作业方案、下达作业指令,包括作业目的、作业站点、装备类型、作业方式和作业参数等。

5.3 人工影响天气指标体系

人工增雨及防雹的作业对象是云,云的宏观场及微观场是一个密切配合的体系,云层条件如何会直接影响到人工影响天气作业的效果。大量理论研究和外场试验结果表明,在适宜的地理背景和天气气候条件下,在适当时机对云体的适当部位进行科学设计的人工适当催化剂播撒作业,有可能达到人工影响局部天气(增雨、防雹等)的目的。然而,现有观测系统不能全盘和真实反映自然个例的结构及其演变,“三适当”(适当时机、适当部位、适当催化剂)的确定成为人工影响天气作业的关键及难点。

目前,通过多种渠道以及探测设备可获取大量描述天气系统的资料,能够应用综合分析给出人工影响天气作业的概念模型及指标体系。概念模型及指标体系是对各类有利于增雨或防雹作业的天气系统、中尺度结构、云宏微观结构、作业区、作业方法等进行归纳和提炼,得到定量的参数,有利于形成较清晰的人工影响天气作业条件预报思路,有助于提前科学制定人工影响天气作业方案。

5.3.1 人工增雨作业指标

1. 层状云人工增雨作业指标

1980—1991 年，中国气象局气象科学研究院游来光等主持的国家重点课题“北方层状云人工降水试验研究”项目，在我国系统性地开展了层状云降水研究，结合北方人工降水作业开展云物理观测，建立了我国北方几种降水系统的云物理概念模型。概念模型中突出强调了“催化—供给”云结构及降水机制。

陶树旺等(2001)综合分析了层状冷云人工增雨过程的雷达回波、粒子测量系统(PMS)探测资料以及 GPS 定位资料，提出应以 PMS 的 FSSP-100 探头探测的云中粒子浓度及 2D-C 探头探测的云中大粒子浓度作为判别云中可播性的主要技术参量。FSSP-100 探测的粒子浓度不低于 20 个/cm^3 的云区才具有一定的可播性，其中 2D-C 探测的大粒子浓度低于 20 个/l 时，可确定为强可播区，否则为可播区。

孙玉稳等(2015)利用 2006—2010 年河北省人工影响天气办公室对 29 块云体 9 架次飞机探测(或作业)资料，统计分析了河北地区秋季层状云气溶胶粒子、云凝结核、小云粒子、大云粒子、降水粒子浓度和云粒子有效直径等物理特征。结果表明，河北地区适宜增雨作业的云系为中、低或高、中、低搭配的层状云，过冷层催化有利于云体发展，促使气流流入形成正反馈。适宜催化的作业层指标为云层高度 4582 m，云内平均含水量≥0.1 g/m^3，所对应温度−8.0 ℃，小云粒子浓度 236.5 个/cm^3。

苏立娟等(2015)针对内蒙古中部地区 2005—2010 年 212 次飞机人工增雨作业个例中的 65 架次作业条件及作业效果较好的个例，利用多种资料进行了飞机人工增雨概念模型的分析研究。结果表明，在河套气旋、蒙古低涡系统影响下，天气系统前部发展中的高层云和层积云云系适合作业。云底高度在 4—5 月应低于 2250 m，6—10 月低于 1850 m；云厚在 2 km 以上。在春季积分水汽要超过 10 mm，夏季超过 25 mm；700 hPa 温度露点差≤2 ℃。雷达回波形态为大面积的片状、片絮状和片带状；回波面积在扫描范围的 1/4 以上；主体回波强度不低于 25 dBZ，主体回波顶高不低于 4～5 km(表 5.1)。

表 5.1　内蒙古中部地区层状云增雨部分作业条件识别指标

多尺度结构	特征和指标	监测识别途径
天气结构	河套低涡、西来槽和蒙古系统影响中部地区 有水汽通道	天气图分析
湿热力结构	有过饱和区($e-e_i \geqslant 0$) GPS(探空)积分水汽≥10 mm(春季) GPS(探空)积分水汽≥25 mm(夏季) 700 hPa 温度露点差($T-T_d$)≤2 ℃，降水量大条件好时 $T-T_d \leqslant 1.5$ ℃ 云层是发展的(天气系统的前部)	探空分析 GPS 解算 高空天气图
云宏观结构	云系云状　As-Sc 过冷层厚度 5～7 km 云底高度<2.0 km 云体厚度≥2.0 km	地面观测、探空、卫星资料

续表

多尺度结构	特征和指标	监测识别途径
云微观结构	云粒子有效半径≥22 μm，降水量最大时达 30 μm 积分云水含量≥1.5 mm（春季），1.0 mm（夏季） 500 hPa 云水≥2.0 mm 750 hPa 雨水≥1.0 mm	FY-2 反演 数值模式模拟

达布希拉图等（2008）采用逻辑回归分析方法，分析了内蒙古中部地区雷达回波形态、范围、主体强度、主体顶高和主体垂直液态水含量与飞机人工增雨效果的关系。

在逻辑回归模型中，假设用 P 表示飞机增雨作业有效的概率，(1-P)表示无效的概率，x_1，x_2，…，x_k 表示雷达单项指标因素，β_0，β_1，…，β_k 为待估系数。用逻辑回归公式表示发生和未发生结果的概率：

$$p=\frac{e^{\beta_0+\beta_1 x_1+\cdots+\beta_k x_k}}{1+e^{\beta_0+\beta_1 x_1+\cdots+\beta_k x_k}} \tag{5.1}$$

根据 2005—2012 年全部作业个例，剔除对变量贡献很小的回波形态和回波范围指标，增加季节因素，得出各个影响因子的逻辑回归系数值（表 5.2），从而建立逻辑回归方程，当 $P \geqslant 0.5$ 时作业有效，$P<0.5$ 时作业无效。通过个例资料验证，逻辑回归模型的准确率超过 75%。

表 5.2 逻辑回归系数表

常数	季节（1 春秋，2 夏）	强度（dBZ）			顶高（km）			垂直液水含量（kg/m²）		
		基本	主体	最大	基本	主体	最大	基本	主体	最大
β_0	β_1	β_2	β_3	β_4	β_5	β_6	β_7	β_8	β_9	β_{10}
−2.837	−0.654	0.164	−0.142	−0.065	−0.947	2.308	−0.334	−0.250	0.198	−0.117

达布希拉图等（2008）利用 NCEP 再分析资料的水汽通量散度（X）、温度露点差（Y）和假相当位温差（Z）3 个要素，运用 Fisher 判别方法建立内蒙古地区飞机人工增雨作业条件模型。判别方程为 $F=-0.00024651X-0.0038872Y+0.00084895Z$，临界值为 $F_0=-0.0097413$。当 $F \geqslant F_0$ 时，判别为有作业条件，当 $F<F_0$ 时，判别为无作业条件。

2. 对流云及混合云人工增雨作业指标

林长城等（2017）用 2008—2012 年 4—6 月古田试验区的新一代天气雷达、探空及地面雨量观测等资料，结合天气形势分析，研究古田试验区云系的回波特征与人工增雨作业条件。结果表明，影响古田试验区的主要天气系统分别为低涡切变、暖区辐合、高空槽和大陆高压。降水云系以积层混合云为主，其次为积状云。天气系统所对应的云系回波类型及降水情况有明显差异，积层混合云的结构有利降水；积层混合云大于 25 dBZ 的回波面积明显比积状云大，且平均回波顶高和最大回波顶高均比积状云低；积状云的垂直积分液态水含量明显比积层混合云大；积状云和积层混合云的负温层厚度都超 2 km；积层混合云的最大回波强度、大于25 dBZ 的回波面积和负温层厚度与区域平均日雨量有着明显的对应关系。古田试验区积层混合云的作业指标为回波强度大于 25 dBZ，大于25 dBZ的回波面积要大于 400 km²，回波顶高大于 5.5 km，负温层厚度大于 1.5 km，垂直积分液态水含量大于 1 kg/m²。

樊志超等(2018)统计分析 2007—2016 年秋季湖南省长沙市地面气象观测资料、湖南省飞机人工增雨作业资料,得到湖南省秋季积层混合云系的降水分布情况、一般结构特征和相应的飞机增雨作业方法。使用多普勒天气雷达、GRAPES-CAMS 数值模式和中小尺度气象站网等资料对典型作业天气过程进行云降水物理和数值模拟分析,采用成对对流云和基于 TREC 算法的回波跟踪等方法进行作业效果评估。归纳得到湖南省秋季积层混合云系人工增雨作业条件判别的 12 个宏微观指标,探讨在使用运-7 飞机、AgI 烟条作业装备条件下,开展飞机增雨作业的最佳催化时机、部位和剂量。针对积层混合云系中的降水性层状云系、积云对流泡,给出飞机增雨适宜作业的区域、播撒高度和催化剂量指标,在过冷高层云的 −15～−5 ℃层,播撒达到 30 个/l 的人工冰晶浓度;在过冷积云的 −15～−7 ℃层,静力催化使冰晶浓度达到 30 个/l或动力催化达到 100 个/l。

内蒙古兴安盟人工影响天气中心根据实际作业分析研究得出火箭增雨作业指标,指出火箭增雨作业主要集中在 4—6 月,占全年作业的 74%;主要影响系统(500 hPa)是高空低涡、高空冷涡、高空槽、短波槽,其中高空冷涡天气系统比较稳定,作业机会较多,平均日作业 5 点次;4—5 月作业主要云系为层状云,6—8 月作业主要云系为层积混合云。713 雷达上回波形态为大面积片状、片絮状和片带状,主体回波超过 15 dBZ 即可作业,操作人员一般在云移动下游交通便利地点作业。火箭增雨作业的云宏观结构和作业量参见表 5.3。

表 5.3 兴安盟火箭增雨指标体系

多尺度结构	特征和指标	识别判别方法和途径
天气结构	高空槽、短波槽、高空冷涡、高空低涡	天气图分析(500 hPa)
云宏观结构	云系云状:层状云、层积混合云、积雨云。 当作业区上空出现处于发展阶段的系统性层状云云系、大片对流云云系或混合云云系,且云底乌黑,扰动强烈,或出现雨幡,云量超过 6 成,云底高小于 2 km,云色灰暗,云量超过 8 成,正处于发展中的大片对流云系或混合云云系即是人工增雨作业的目标云	地面观测、探空、FY-2 反演
雷达回波结构	回波形态为大面积片状、片絮状和片带状 雷达主体回波强度达到或超过 15 dBZ	以兴安盟 713 天气雷达为例
建议作业量	层状云、层积混合云一般 4～6 枚火箭弹 积雨云 2～4 枚火箭弹	RYI-6300

5.3.2 冰雹云识别及防雹作业指标

冰雹云产生于强对流天气过程中,具有生命期短、尺度较小、发展猛烈、突发性强等特点,其降雹区域在几千米到几十千米范围,生命期一般只有几十分钟到几小时,但造成的灾害往往非常严重,可使接近丰收的庄稼毁于一旦。因此,必须加强对冰雹云活动的监测和预报,努力提高冰雹预警和人工防雹作业水平。近年来,内蒙古自治区对冰雹灾害的研究和认识逐步深入,不仅在冰雹区域分布、冰雹形成机制等方面有许多成果,而且在冰雹云物理特征、冰雹预测预报以及人工防雹方面也取得很大的进展。国内其他省份也开展了类似的研究工作。

1. 内蒙古人工影响天气中心部分相关工作

有利的环境条件是冰雹天气发生的基础，因此环境条件的诊断对于冰雹天气预报十分重要。实际业务中，常常用很多物理量来描述强对流天气发生的动力、热力及水汽条件，通过对物理量的诊断来认识和预报冰雹天气。内蒙古人工影响天气中心利用欧洲中心再分析资料，结合内蒙古西部 2009—2015 年防雹作业点降雹记录，分析冰雹发生的天气环境条件，探讨基于再分析资料的识别指标。结果表明，冰雹发生时，总指数在 48 ℃以上，对流有效位能较大，SI 或 LI 小于 1，850～500 hPa 假相当位温度差大于 6 ℃，850～500 hPa 温度差在 29 ℃以上，0 ℃层高度 3.8～4.4 km(5 月与 9 月为 3.1～3.8 km)，－20 ℃层高度 7.1～8.0 km(5 月与 9 月为 6.0～7.0 km)，0 ℃到－20 ℃层厚度维持在 3.0～3.6 km，850 hPa相对湿度在 20%～60%，700 hPa 与 500 hPa 相对湿度在 50%～80%。各物理量在一定程度也能够反映出冰雹的强弱。研究指出，在对冰雹天气环境进行诊断时，应选择物理意义明确的基本物理量。

冰雹云的临近预警主要通过天气雷达、气象卫星、闪电定位仪等手段进行监测和识别。达布希拉图等(2008)利用 TITAN 系统统计分析冰雹云的生命期属性，并且结合雷达观测资料，提出冰雹发生的预警技术。研究指出，雷达回波强度超过 48 dBZ 时，可能发生冰雹天气过程，超过 54 dBZ 可能发生中冰雹天气过程，超过 60 dBZ 可能发生强冰雹天气过程；雷达回波顶高超过 8 km 时，可能发生冰雹天气过程，超过 10 km 可能发生中冰雹天气过程，超过 12 km 可能发生强冰雹天气过程；VIL 超过 10 kg/m^2 时，可能发生冰雹天气过程，超过 20 kg/m^2 可能发生中冰雹天气过程，超过 50 kg/m^2 可能发生强冰雹天气过程；VIL 跃增量超过 5 kg/m^2 时，可能发生冰雹天气过程，超过 10 kg/m^2 可能发生中冰雹天气过程，超过 15 kg/m^2 可能发生强冰雹天气过程；降雹动能通量(FORK)值大于 2 时预示可能有冰雹发生，当大于 3 时，强冰雹发生的可能性比较大；降雹概率(POH)大于 50%时，发生中冰雹的可能性比较大，POH 大于 80%的时候发生强冰雹的可能性比较大，当 POH 小于 50%的时候也有可能发生弱冰雹；对流单体的合并有可能引发冰雹。雷达反射率因子图中反映出特殊形态的回波，如弓状回波、“V”形缺口为冰雹云回波；45 dBZ 高度大于 8.0 km 时为强冰雹云，45 dBZ 高度在 7～8 km 范围内为中冰雹云，45 dBZ 高度小于 7 km 时为弱冰雹云；$H_{45\ dBZ} \geqslant F(H_0)+2.9$ km 识别冰雹云准确率也较高；45 dBZ 强回波区观测到“跃增增长”是冰雹云从生成到发展再到成熟过程中的一个明显特征；冰雹云初始回波一般形成于 0 ℃层以上的中空，并向上发展。

内蒙古人工影响天气中心对冰雹天气发生时闪电特征的研究表明，在降雹前 1～2 h，降雹地点附近开始出现地闪，降雹前平均 5 min 地闪频数低于 3 fl，降雹时地闪频次有所增大，降雹后地闪频数和负地闪占比明显增大。冰雹天气发生时，正地闪占比较高，负地闪主要出现在降雹后。雷达强回波区附近连续多次出现正地闪，或出现强度超过 100 kA 或陡度超过 20 kA/μs 的正地闪，都可能预示着冰雹天气的发生；正地闪发生的位置可能指示强对流云的移动方向。

2. 部分盟(市)相关工作

巴彦淖尔市人工影响天气中心根据 2009—2017 年降雹雷达回波资料，对冰雹云回波的生成环境特征、冰雹云的结构特征等进行了认真的分析，筛选了多个指示性较好的冰雹云识别指标(表 5.4)，并根据雷达回波及冰雹云的结构确定防雹作业概念模型。

表 5.4　冰雹云判别指标(经过 2～3 个体扫后)

	≥15 dBZ 面积的变化率	VIL 值的变化	顶高	回波高度的变化趋势	最大反射率因子和出现高度
强冰雹云	≥125%	大于 30 kg/m^2	≥10 km	上下都增长,向上的增长的幅度大于向下发展的幅度	≥60 dBZ,45 dBZ 出现在 5～6 km
中冰雹云	≥100%	大于 20 kg/m^2	≥8 km	先向下发展,随后向上迅速增强	55～60 dBZ,45 dBZ 出现在 5 km 左右
弱冰雹云	≥80%	大于 10 kg/m^2	≥6 km	先向下发展,随后向上缓慢发展	50 dBZ,45 dBZ 出现在 4 km 以下

包头地区防雹作业的指标见表 5.5,一般回波强度超过 40 dBZ,强中心顶高超过 6.5 km,回波宽度达到 10 km,可认为已符合防雹作业的指标。

表 5.5　包头地区识别冰雹云阈值(713 雷达回波)

雷达参数	6—9 月	4—5 月及 10 月	备注
回波强度	≥40 dBZ	≥35 dBZ	
回波顶高	≥8 km	≥7 km	回波顶高随季节、天气系统变化较大
强回波顶高	≥6.5 km	≥6 km	强回波顶高随季节、天气系统变化较大
强回波宽度	≥10 km	≥8.5 km	小于此宽度的回波,即便强度、顶高值大,多为干雷暴天气,一般无有效降水、无雹

5.4　人工影响天气作业组织实施和跟踪指挥

5.4.1　人工影响天气地面作业实施

自治区人工影响天气中心实时接收全区地面作业点回传的作业信息,对全区作业情况进行全程监控。实时接收盟(市)级人工影响天气部门上报的地面作业信息,实现对作业点作业情况的监控。

利用实时雷达数据,测算自治区人工影响天气中心地面作业点的作业参数,实时、准确地发布地面作业指令。根据实际情况对作业指令进行调整;根据作业指令和空域批复结果,安全、迅速开展作业,及时收集上报作业信息、灾情信息等。

按照中国气象局人工影响天气中心关于地面作业信息上报的相关要求,完成全区作业信息的实时收集上报。

盟(市)人工影响天气单位实时接收所辖旗(县)全部地面作业站点回传的作业信息,对作业情况进行全程监控,滚动修订发布作业指令。按照盟(市)关于地面作业信息的相关要求,通过自治区作业信息采集系统及时上报作业信息。

盟(市)地面作业人员根据指挥人员发布的作业指令和空域批复结果,安全、迅速开展作业,及时填报作业信息。

旗(县)人工影响天气单位实时接收所辖旗(县)全部地面作业站点回传的作业信息,实现对作业情况全程监控,滚动修订发布作业指令。按照盟(市)关于地面作业信息的相关要求,通过自治区作业信息采集系统及时上报作业信息。

旗(县)地面作业人员根据指挥人员发布的作业指令和空域批复结果，安全、迅速开展作业，及时填报作业信息。

5.4.2 人工影响天气飞机作业实施

自治区人工影响天气中心在飞机作业跟踪监控这一流程中，实时监控全区人工影响天气作业飞机飞行作业的全过程，实时接收飞机下传的飞行信息、作业信息、记录的云宏观信息和云粒子探测信息等。在飞行结束后，接收盟(市)人工影响天气部门上报的飞行作业信息，按照有关技术规范，及时、完整收集飞行作业探测信息。

自治区人工影响天气中心实施内蒙古人工增雨基地飞机的跟踪指挥。配合作业指挥人员，结合人工影响天气地基实时探测数据和机载实时观测数据，跟踪探测作业目标云的演变，根据播云催化条件和飞行安全要素的变化，适时修正飞行作业航线(作业区)，及时协调解决飞行作业中的突发情况，准确发布飞机作业各项指令，实时指挥飞机飞行作业。

执行飞机人工增雨跨区域或自治区内多架飞机联合作业任务时，自治区人工影响天气中心联合国家、区域人工影响天气指挥中心，开展多架飞机的跟踪指挥，发布飞机作业各项指令，实施跨区域联合作业。

内蒙古人工增雨基地飞机实施飞行作业时，根据飞机作业方案和实时作业指令，按照飞机作业和机载探测有关规程、规范，作业人员完成催化剂装配、播撒实施、机载云物理探测、登机观测记录等项工作。根据飞机实时观测数据，选择合适的催化方案，实施精准催化作业。飞行作业过程中定时将飞行坐标、高度、作业播撒情况及云宏观记录信息回传至指挥中心，并在飞行结束 2 h 内，将飞行作业完整记录提交至自治区人工影响天气中心。

开展飞机增雨作业的盟(市)，实施人工增雨作业飞机的跟踪指挥。配合作业指挥人员，根据播云催化条件和飞行安全要素的变化，结合雷达实时探测数据和机载实时观测数据，逐步实现实时修订飞行作业航线(作业区)，及时协调解决飞行作业中的突发情况，准确发布飞机作业各项指令，实时指挥飞机飞行作业。

人工增雨作业飞机实施飞行作业时，根据飞机作业方案和实时作业指令，按照飞机作业和机载探测的有关规程、规范，作业人员完成催化剂装配、播撒实施、登机观测记录等各项工作。根据飞机实时观测数据，选择合适的催化方案，实施精准催化作业。飞行作业过程中定时将飞行坐标、高度、作业播撒情况及云宏观记录信息回传至自治区人工影响天气中心。在飞行结束 2 h 内将飞行作业完整记录提交至盟(市)人工影响天气部门；飞行结束 24 h 内将飞行作业完整记录提交至自治区人工影响天气中心。

执行飞机人工增雨区域联合作业任务时，各盟(市)依据自治区人工影响天气部门的调度安排，积极配合，及时组织力量在上级人工影响天气部门的跟踪指挥下实施区域联合作业。

5.5 人工影响天气信息上报规范

根据中国气象局和内蒙古自治区人工影响天气指挥部办公室的有关要求，在人工影响天气作业结束后，各级作业组织单位应通过人工影响天气业务系统以标准化形式及时、逐级上报作业信息。

5.5.1　人工影响天气地面作业信息上报规范

人工影响天气地面作业信息包括固定作业和移动作业两类。固定作业和移动作业的上报方式和上报流程完全一致，固定作业的上报内容无作业经度、纬度。

(1)上报内容。作业站点名称、作业站点编码、作业日期、经度、纬度、作业器具类型、作业类型、高炮炮弹用量(发)、火箭弹用量(枚)、烟条用量(根)、其他用量、作业开始时间、作业结束时间、作业面积(平方千米)、填写日期等。

(2)上报方式。通过内蒙古自治区人工影响天气综合业务系统或内蒙古人工影响天气移动终端系统上报。

(3)上报流程。作业单位填报作业信息，盟(市)人工影响天气部门对作业信息进行审核，自治区人工影响天气中心向中国气象局汇总上报全区地面作业信息。

(4)上报时效。人工影响天气常规作业信息上报时效要求为 24 h 之内(暂定)，重大气象灾害应急作业信息需随时上报(作业后 30 min 之内填报)。当中国气象局启动应急响应，或中国气象局人工影响天气中心提出明确要求后，作业点以及旗(县)、盟(市)、自治区人工影响天气单位应随时上报，应急状态解除或接到解除通知后，恢复常规作业信息上报。

5.5.2　人工影响天气飞机作业信息上报规范

人工影响天气飞机作业信息包括飞机作业方案、作业信息、飞行轨迹、飞行宏观记录表 4 类信息。

1. 飞机作业方案

(1)上报内容。云条件和作业目的、飞行区域、轨迹、飞行高度、作业时段、起降机场、备降机场、作业指挥人员和登机人员等。

(2)上报方式。飞机作业单位将飞机作业方案 word 文档通过内蒙古自治区人工影响天气综合业务系统上报。

(3)上报时效。飞机作业方案应在飞行作业前 12～3 h 内上报。

(4)命名规则。YYYYMMDDHH_作业省份_飞机停放地_飞机编号_飞机架次_方案编号.doc。其中，YYYY 为作业年份，MM 为作业月份、DD 为作业日、HH 为作业结束时间。

2. 飞机作业信息

(1)上报内容。作业日期、起飞时间、降落时间、催化开始时间、催化结束时间、催化剂种类、催化剂用量、作业面积(万平方千米)、作业航迹经度、作业航迹纬度、填写日期等。

(2)上报方式。通过内蒙古自治区人工影响天气综合业务系统或内蒙古人工影响天气移动终端系统上报。

(3)上报时效。人工影响天气常规作业信息上报时效要求为 24 h 之内(暂定)，重大气象灾害应急作业信息需随时上报(作业后 30 min 之内填报)。当中国气象局启动应急响应或中国气象局人工影响天气中心提出明确要求后，作业点以及旗(县)、盟(市)、自治区人工影响天气单位应随时上报，应急状态解除或接到解除通知后恢复常规作业信息上报。

3. 飞行轨迹

(1)上报内容。日期、时间、高度、经度、纬度、速度等。

(2)上报方式。飞机作业单位将飞机作业轨迹 dat 文件或 EXCEL 文档，通过内蒙古自治区人工影响天气综合业务系统上报。

(3)上报时效。飞行轨迹应在飞行作业结束后 24 h 内上报。

(4)命名规则。YYYYMMDDHH_作业省份_飞机停放地_飞机编号_飞机架次 .dat(. xls)。其中,YYYY 为作业年份,MM 为作业月份,DD 为作业日,HH 为作业结束时间。

4. 飞行宏观记录表

(1)填写内容。飞机作业时,登机人员记录的飞行作业及大气探测相关信息表,包括起降时间、云宏微观状态、作业情况及作业效果等。

(2)上报方式。飞机作业单位将飞行宏观记录表扫描成 PDF,通过内蒙古自治区人工影响天气综合业务系统上报。

(3)上报时效。飞行宏观记录表应在飞行作业结束后 24 h 内上报。

(4)命名规则:YYYMMDDHH_作业省份_飞机停放地_飞机编号_飞机架次 . pdf。其中,YYYY 为作业年份,MM 为作业月份、DD 为作业日、HH 为作业结束时间。

思考题

1. 人工影响天气五段业务包括哪些?
2. 自治区人工影响天气业务职责及产品有哪些?
3. 盟(市)、旗(县)、作业点人工影响天气业务职责及产品有哪些?
4. 人工影响天气作业条件预报及指挥业务流程是什么?
5. 飞机人工增雨(雪)业务流程是什么?
6. 涉及人工影响天气预报的三段业务分别是什么? 关注重点有哪些?
7. 自治区人工影响天气中心在人工影响天气作业组织实施和跟踪指挥过程中的职责有哪些?
8. 盟(市)人工影响天气单位在人工影响天气作业组织实施和跟踪指挥过程中的职责有哪些?
9. 旗(县)人工影响天气单位在人工影响天气作业组织实施和跟踪指挥过程中的职责有哪些?
10. 请结合学习情况及自身工作,谈谈对人工影响天气指标体系建立的思路。

第 6 章 云水资源评估

随着经济建设的发展和人口的增长,水资源短缺造成的矛盾日趋尖锐,水资源的利用与开发成为国际性的研究工作之一。2011 年中央 1 号文件出台后,关于科学开发空中云水资源的话题成为焦点。随后,国办 44 号文件以及第三次全国人工影响天气会议精神使得空中水资源开发成为气象部门的一项重点工作。内蒙古自治区具有温带高原半干旱、干旱气候特点,年均降水量仅 35～550 mm,干旱是内蒙古发生最为频繁、对农牧业生产影响最大的气象灾害,因此全区空中水资源的开发利用显得尤为重要。对云水资源的认识与评估,是开发云水资源的前提。

6.1 研究现状

空中水是大气的重要组成部分,在各种时空尺度的天气过程中扮演着重要角色。大气中水汽的含量随着各区域地理环境、纬度、温度及时间的不同而不同,伴随着大气环流的演变而不停变化,它的增加与减少往往预示着该区域降水的发生、发展和结束。要想合理开发空中水汽资源,就必须要对空中水汽含量、输送以及水汽收支等的时空分布规律有充分的了解。目前,研究大气水汽已经成为许多国际水文、气候研究计划的一项重要内容。

Bentom(1953)利用探空测风资料,分层计算了北美上空的大气水汽含量和水汽输送,还得出涡流输送在水汽输送中的地位,并利用水汽的质量连续方程计算了某一地区的水分平衡。Hutchings(1957)计算了夏季英格兰上空的水汽通量和水汽通量散度场。Starr 等(1964)研究了全球大气水分平衡和北半球水汽的经向输送。之后,还有许多学者对大气中水汽含量的定量计算及其影响因素做了大量的研究,提出了许多大气水汽含量的经验公式(Wittmeyer et al.,1994)。

20 世纪 50 年代,我国也开始开展对空中水汽资源的研究工作,80 年代后,我国在大气水资源研究方面取得了长足进展。邹进上等(1983)、陆渝蓉等(1983)分别利用 1960—1969 年和 1961—1970 年我国 100 余个探空站的 10 a 平均资料,计算了我国上空不同高度的水汽输送,综述了我国大陆上空水汽含量的分布特点。刘国伟等(1985)利用 1977 年全国大陆边界逐日水汽输送量的计算成果,分析了该年全国大陆上空水汽的总输入量、总输出量和净输入量,并给出了水汽输送量随不同边界、不同月份和高度的变化。国内的一些省份以及地区也先后对其空中水资源的分布进行了评估。张雪梅等(2010)分析了西北地区水汽输送的气候特征及其年际、年代际变化特征。周长艳等(2009)通过多种统计诊断方法,分析了高原东部及邻近地区空中水汽资源输送,并且还计算了高原东部及邻近地区各边界上水汽收支的情况。随后,又对长江上游和中下游地区空中水汽资源气候特征做了对比分析(周长艳 等,2010)。李玉林等(2010)计算分析了江西省大气中总水汽量、总云水量、水汽交换次数、水汽更新率、实际总降水量。张焕昭等(2007)对黑龙江省空中云水资源开发现状进行了探讨。其他一些气象工作者计算和分析了新疆、河南、四川和重庆等地区空中水资源的变化特征、时空分布、水汽输送特征、水汽收支状况以及大气可降水量(刘蕊 等,2001;刘建西 等,2001;刘艳华 等,2011)。

云水含量是地-气系统能量和水分循环中的一个重要物理量,是空中云水资源的直接反映,是人们了解云物理过程的必不可少的研究对象,它对某些天气系统和天气过程的发生、发展及变化起重要的作用,云水含量更是决定人工增雨条件的前提,是人工影响天气的一个重要参数。因此,如何了解云中水含量的分布是一项很有意义的工作(刘晓春 等,2008)。

由于云的时间和空间的变化以及常规气象台站在时间和空间分辨率等方面的局限,基于常规的气象观测资料很难获得包括云中液态水在内的一些云参数资料。云水含量主要采用微波辐射计探测、飞机探测、卫星探测等。这些手段各有利弊,飞机探测因直接穿云探测,其结果最直接,但只能得到沿航线云的结构特征,费用昂贵且效率较低;地基微波辐射计可以得到长时间序列的数据,比较经济、及时、方便,但只能进行单点探测,不能进行大范围全过程的探测;卫星探测具有其他探测手段不可比拟的大范围全过程连续探测的优点,应用卫星观测云已成为研究云的一个重要手段,但卫星探测结果的准确性有待提高。很多学者对于云水含量的特征做了研究。Gaussiat 等(2003)利用双波段雷达,反演了云中液态水含量和冰水含量。Kankiewicz 等(2008)通过飞机观测研究了中纬度地区混合相态的高层云中液态水和冰水含量的垂直分布。李兴宇等(2008)研究中国地区液态云水和固态云水的多年平均和季节平均分布特征,并且分析了年平均和季节平均的变化趋势。李玉林等(2008)分析了 2005 年 4 月河南不同云系影响时,大气垂直积分含水量和云中液态水含量的演变特征。陈勇航等(2005)利用 1983—1998 年月平均资料,对中国西北地区空中云水资源,包括总云量、光学厚度和云水路径的时空分布特征进行了系统的研究。

云水含量具有一定的光学特性,其与云层透射率、云顶有效反射率、云光学厚度、有效粒子半径等都有一定的联系,因此人们尝试过利用云层透射率和云顶有效反射率反演云液态水含量,也尝试过利用云光学厚度反演云水含量和云光学厚度与有效粒子半径相结合来反演云液态水含量的方法。在这方面,国内外学者已经做了很多研究工作。云光学厚度是用于描述云辐射特性最重要的参数,从原理部分的公式推导可看到其与液水含量密切的相关。刘晓春等(2008)利用地基微波辐射计和飞机观测的云中液水含量资料,同卫星反演的云光学厚度建立相应关系式来了解云中液水含量的分布。也有人曾提出过对数关系式,指出在 0.31～0.750 μm 波长范围,云光学厚度与云液态水含量存在对数形式的正相关关系(Twomey et al.,1989);张杰(2006)通过建立能见度和云光学厚度的关系,得到了计算云液态水含量的经验式,并成功反演了祁连山地区的云液态水含量。大量的研究都表明,云液态水含量和云的光学性质有密切的联系。

天气系统的降水效率是研究空中云水资源分布、转化的重要指标。关于降水效率问题国内外有很多人进行过研究。目前对降水效率有多种定义,该效率对于研究自然降水和人工影响天气潜力具有重要意义。根据《大气科学辞典》给出的定义,降水效率是指一块云或者一个风暴系统中,实际产生的降水总量与理论上可能的最大降水总量之比。可能的最大降水总量一般采用进入云或者风暴系统的全部水汽总量;或云或风暴中凝结和凝华的全部水量。单个云体的降水效率计算通常有以下两种方法,一是到达地面的降水与进入云中的水汽之比,可表示云中总水汽含量转化为地面降水的程度;二是成为降水的水量与云中绝热上升凝结的水量之比,该计算方法反映了空中凝结的液态水转化为地面降水的比例(蔡淼,2013)。根据降水效率的大小,人工影响天气工作者可以大体预估人工增雨潜力状况。

李玉林等(2004)根据胡志晋提出的方法，将降落到地面的总降水量与水汽总通量之比定义为降水效率，利用南昌、赣州两个探空站逐日降雨量资料，进行降水效率的计算和分析，最后得到江西省夏季自然降水效率变化规律，进一步了解江西省大气中降水效率的基本变化特征。曾光平等(1990)根据降水过程中水汽条件和垂直运动条件，推导出降水效率的计算公式，用该公式计算华南前汛期锋面云系自然降水效率，并探讨人工播云的可能性。Hobbs等(1980)把降水效率定义为垂直于雨带宽距离的总雨强与总凝结率之比。汪学林等(1987)采用Hobbs等计算降水效率的方法，计算了影响吉林的蒙古气旋不同位置的降水效率，气旋中心附近的降水效率最高，冷锋和暖锋锋面附近次之，冷锋后最低。王以琳等(1994)利用Hobbs等的方法计算了影响山东主要降雨天气系统云系的降水效率，降水效率为33.06%～65.16%，通过分析水汽收支和凝结率的垂直分布，得出在各种天气系统中适合飞机播云的催化高度。雷达可以反演得到风场和云中液水含量，石立新等(2005)通过多普勒天气雷达VAD技术，反演得到水平线性风场和非线性风场的平均散度，根据连续方程求出不同高度层面的垂直速度，再利用探空曲线计算水汽凝结率，最后结合地面雨量资料估算云系的降水效率。周德平等(2005)利用辽宁省气象台站网的常规探空、云和降水的观测资料，分析了辽宁云水资源的地理分布状况及季节变化特征，并且计算了不同时段全部云水资源可开发潜力的估计值及开发潜力，为辽宁省人工增雨业务提供了一定的依据。代娟等(2009)计算分析了襄樊市空中云水资源的时空分布状况，并对其人工增雨潜力进行了评价分析。

关于水汽、云水、降水效率和增雨潜力方面，内蒙古自治区也做了一些非常有意义的工作。达布希拉图等(2008)对内蒙古地区近20 a总云量及可降水量进行了研究。苏立娟(2005)系统分析了内蒙古地区的19种云量参数、降水和可降水量的时空分布特征及多年变化趋势，详细探讨了内蒙古中部地区春夏季降水云特征，揭示了气候因子的多年时间分布和变化趋势以及同云量、降水、可降水量的关系。宫德吉(1996)对内蒙古中西部地区河套气旋天气系统的自然降水效率进行了讨论，计算表明，不同的气象条件、不同的云种，甚至同一天气系统的不同部位，降水效率都是不同的。郑旭程等(2018a)利用NCEP/NCAR再分析资料，分析内蒙古地区的水汽资源时空分布特征，探讨该地区水汽通量及收支等特征。结果表明，内蒙古地区年平均可降水量为10～15 kg/m^2，夏季可降水量最大，冬季最少。全区主要受偏西或西北向的水汽通量影响，除东北部外，全区大部地区为水汽辐散。夏季，东、西部水汽输送特征有很大差异，东部受西南风水汽通量控制，且为水汽辐合。全区年均水汽输入为13.74×10^7 kg/s，夏季的水汽输入量最多，高达21.93×10^7 kg/s，秋季最少。全区年均水汽输入量约4.33×10^{15} kg，年均降水量为3.34×10^{14} kg，降水仅占全部水汽输入的7.7%，空中可开发利用的水汽资源很丰富。郑旭程等(2018b)利用NCEP再分析、小时降水量、探空、地面观测以及卫星资料等，从水汽、云水两方面探究空中水物质及降水效率评估方法，分析了内蒙古自治区不同区域、不同天气系统降水效率。结果表明，天气过程平均水汽初值为27 mm，过程中水汽总输入量是水汽初值的36.7%，水汽降水效率为7.5%。各天气系统平均水物质总量为10 mm左右，其中水凝物初值较小，为2 mm，水汽凝结量为水凝物初值的4倍左右，过程水凝物降水效率大约为41%。全区降水效率较低，有较大的增雨潜力。

6.2　云水资源评估技术

2010年起，中国气象局人工影响天气中心开展云水资源评估的相关研究和探索。在多项科研项目、业务项目和《人工影响天气业务现代化建设三年行动计划》等的支持下，不断开展评估方法研究、试验和应用。经过5年多的努力，从概念的提出、方法的研究和观测试验等方面，初步建立了一套云水资源评估方案，并得到了初步评估结果。2016年，中国气象局下发《云水资源评估技术指南》(下简称《指南》)，为全国云水资源评估工作提供了技术方法。下面给出《指南》具体内容，可作为内蒙古自治区开展相关工作的指导方法。

6.2.1 概念和方法(CWR-MEM方案)

6.2.1.1 各类水物质定义

《指南》首先对涉及的各类水物质进行了定义：

(1)水汽(atmospheric water vapor，Qv)。指气态的水成物。

(2)水凝物(atmospheric hydrometeors，Qh)。指大气中液态和固态水成物。按粒子大小可分为云粒子(Q_c)和存在于空中的液态或固态的降水粒子(Q_p)。

(3)降水(precipitation，R)。指降落到地面的液态或固态水成物。降水是人类可用水资源的主要来源，它形成江河径流，补充湖泊、冰川、雪盖和地下水、土壤水等。

(4)空中水物质(atmospheric material，Q_m)。指存在于空中的水汽和水凝物。

(5)云水资源(cloud water resource，CWR)。存在于空中，通过一定技术手段可以开发利用的水凝物。

6.2.1.2 云水资源的评估理论

以大气水成物变化方程为基础，综合考虑一定时段、一定区域大气水成物的变化，包括水汽和水凝物的瞬时变化和平流输送，水汽垂直方向的抬升、凝结成云，降水粒子落出及地面蒸发等过程，提出包括大气水收支平衡方程、云水资源总量及其各种特征量的物理概念和计算方法。在此基础上，建立云水资源监测评估方法(cloud water resource-monitoring and evaluation method，CWR-MEM)。

对于任意时段和区域，水的变化包括水汽和水凝物的瞬时变化和平流输送、水汽垂直方向的抬升凝结/凝华成云、云内粒子蒸发/升华为水汽、降水粒子的下落和地表蒸发等物理过程。

根据大气水平衡理论，归纳得到0～T时段内，任意区域内的水汽和水凝物的平衡方程：

水汽终值－水汽初值＝水汽输入－水汽输出＋蒸发－凝结＋地面蒸发　　(6.1)

水凝物终值－水凝物初值＝水凝物输入－水凝物输出＋凝结－蒸发－降水　　(6.2)

式中，各物理量的单位和计算方法如下：

(1)水汽初值和水汽终值。瞬时量，单位为kg，分别为$T=0$和T'时刻的格点柱垂直积分水汽量。

(2)水凝物初值和水凝物终值。瞬时量，单位为kg，分别为$T=0$和T'时刻的格点柱垂直积分水凝物量。

(3)水汽输入和水汽输出。时间积分量，单位为kg，分别为单位时段T内，通过格点各边界垂直各层流入和流出的水汽量，需要结合风场计算得到。在任一边界视u、v的正负，水汽的平流均可有正、负两种符号，即输入或输出。

(4)水凝物输入和水凝物输出。时间积分量，单位为kg，分别为单位时段T内，通过格点各边界垂直各层流入和流出的水凝物量，格点柱Q_c的输入和输出可分别由云水含量结合风场求得。

(5)地面蒸发。时间积分量,单位为 kg,单位时段 T 内从地面蒸发进入格点柱的水汽量。

(6)地面降水。时间积分量,单位为 kg,单位时段 T 内降落到地表的液态和固态水量。

(7)凝结和蒸发。时间积分量,单位为 kg,单位时段 T 内格点柱内空中水汽凝结为云水或云水蒸发为水汽的量。

由于云内蒸发和凝结难以监测和计算,因此在指南中将凝结和蒸发作为整体,由水凝物平衡方程(6.2)求得。计算方法为

$$\text{凝结}-\text{蒸发}=\text{水凝物终值}+\text{水凝物输出}+\text{降水}-\text{水凝物初值}-\text{水凝物输入} \tag{6.3}$$

当(凝结一蒸发)大于 0 时,凝结量大于蒸发量,定义该数值为该格点柱单位时间内的凝结量,反之为蒸发量。需要说明的是,这种估算方法会导致凝结和蒸发量在数值上的低估。

6.2.1.3　云水资源及相关物理量的计算方法

一定时段($0\sim T$)、一定区域范围(X,Y,Z)的云水资源评估量包括各种水成物总量、水成物更新周期和水成物转换效率 3 类,共 10 个参量。各参量的概念和计算方法如下。

(1)水汽总量 GQ_v。T 时段内,评估区域内参与大气水循环过程的所有水汽的收入量应等于所有支出量,并定义为水汽总量。

$$GQ_v=\text{水汽初值}+\text{水汽输入}+\text{地面蒸发}+\text{蒸发} \tag{6.4}$$

$$\text{或}\quad GQ_v=\text{水汽终值}+\text{水汽输出}+\text{凝结} \tag{6.5}$$

(2)水凝物总量 GQ_h。T 时段内,评估区域内参与大气水循环过程的所有水凝物的收入量应等于所有支出量,定义为水凝物总量。

$$GQ_h=\text{水凝物初值}+\text{水凝物输入}+\text{凝结} \tag{6.6}$$

$$\text{或}\quad GQ_h=\text{水凝物终值}+\text{水凝物输出}+\text{降水}+\text{蒸发} \tag{6.7}$$

水汽总量 GQ_v 和水凝物总量 GQ_h 的计算方法可以由收入项或支出项分别计算,但计算公式中分别用到了初值、收入和终值、输出。由于数据的精确度原因,结果不会完全相等,如果二者误差在规定范围内,可以认为结果是可信的。

(3)降水总量 GR。T 时段内,分析区域的降水总量。

$$GR=T\text{ 时段内区域雨量累加} \tag{6.8}$$

(4)云水资源总量 GCWR。一定范围、一段时间中,水凝物总量中没有降到地面的量。

$$GCWR=\text{水凝物总量}-\text{降水总量}=\text{水凝物终值}+\text{水凝物总输出}+\text{蒸发} \tag{6.9}$$

$$\text{或}\quad GCWR=\text{水凝物初值}+\text{水凝物总输入}+\text{凝结}-\text{降水} \tag{6.10}$$

(5)水汽更新周期 T_v。$0\sim T$ 时段,评估区域内水汽瞬时总量的平均值和平均降水强度的比值。

$$T_v=\text{水汽瞬时总量的平均值}/(\text{总降水量}/\text{时段}) \tag{6.11}$$

(6)水凝物更新周期 T_h。$0\sim T$ 时段,评估区域内水凝物瞬时总量和平均降水强度的比值。

$$T_h=\text{水凝物瞬时总量的平均值}/(\text{总降水量}/\text{时段}) \tag{6.12}$$

(7)水汽凝结效率 P。一定范围、一段时间中,总凝结量占总水汽量的比率。

$$P=\text{总凝结量}/\text{水汽总量} \tag{6.13}$$

(8)水汽降水效率 E_v。一定范围、一段时间中,降水总量占水汽总量的比率。

$$E_v=\text{降水总量}/\text{水汽总量} \tag{6.14}$$

(9)水凝物降水效率 E_h。一定范围、一段时间中,降水总量占水凝物总量的比率。

$$E_h = \text{降水总量}/\text{水凝物总量} \tag{6.15}$$

(10)总水物质降水效率 E_m。一定范围、一段时间中,降水总量占总水成物总量的比率。

$$E_m = \text{降水总量}/\text{总水成物量} \tag{6.16}$$

6.2.2 资料和适用范围

6.2.2.1 资料

1. 大气再分析资料

目前可用的大气再分析资料包括 NCEP 再分析资料和欧洲中期数据预报中心再分析资料。时间分辨率均为 6 h,一天 4 次,分别为世界时 00 时、06 时、12 时和 18 时;垂直方向从 1000 hPa 到 10 hPa,3 种空间分辨率分别为 1°×1°、0.5°×0.5°和 0.25°×0.25°。

《指南》中应用实例采用的是 NCEP,1°×1°分辨率的大气再分析资料。各省在应用时可采用更为精细的资料。

2. 降水产品

《指南》采用国家气象信息中心下发的气象卫星与地面降水观测的融合产品(CMPA-Hourly,V1.0),水平分辨率为 0.1°×0.1°,时间分辨率为 1 h。

6.2.2.2 适用范围

应用《指南》提供的评估方法开展云水资源评估时,其评估范围与能获得的大气再分析资料分辨率和精度关系密切。1°×1°分辨率的再分析资料较适宜的评估范围是全国或大区域;分辨率更高且精度更高的再分析资料,可以评估省域和更小空间范围的云水资源。

6.2.3 水汽场、云场和降水场监测诊断方法

6.2.3.1 水汽场监测诊断方法

利用大气再分析资料,对水汽场进行逐 6 h 监测。

(1)水汽含量 Q_v。格点的比湿,单位为 g/kg。

(2)格点柱水汽量 P_{wat}。格点柱的水汽含量沿垂直方向的积分,单位为 g/m^2 或 mm。

(3)水汽的输入和输出 TFQv。在单位时间内流经某一单位面积的水汽质量,由水汽含量结合风场得到,单位为 g/s 或 g/(s·hPa·cm)。

6.2.3.2 云场监测诊断方法

1. 云区诊断阈值

通过对 Cloudsat 云观测资料和再分析资料中相对湿度的统计,结合云的地理差异和气候特性,根据对云区诊断的 TS 评分测试,得出中国和不同区域诊断云区的相对湿度阈值及其随温度的垂直分布,结果列于表 6.1。不同区域划分主要考虑气候特征并结合人工影响天气分区,以 35°N 线区分南方和北方,以 110°E 线区分东部和西部,其中又将西南地区以 100°E 线分成两个区域,因此共分为东北(NE)、东南(SE)、西北(NW)、西南(SW)和青藏高原(TP)5 个区域。

2. 云含水量典型值

利用 Cloudsat 多年观测资料,统计得出中国和不同分区层状云、深对流云的含水量典型值及其随温度的垂直分布,结果列于表 6.2 和表 6.3。

表 6.1　中国及不同区域诊断云区的相对湿度阈值垂直廓线

T(℃)	相对湿度阈值(%)					
	中国	NE	NW	SE	SW	TP
<−55	97	98	95	97	97	82
−55～−50	93	96	94	91	90	82
−50～−45	89	93	87	89	83	82
−45～−40	85	89	84	86	80	77
−40～−35	81	84	81	83	74	72
−35～−30	83	82	73	81	78	64
−30～−25	75	79	71	80	71	62
−25～−20	72	75	68	77	67	56
−20～−15	70	72	68	73	69	50
−15～−10	70	73	65	71	71	52
−10～−5	72	72	66	76	73	55
−5～0	78	75	72	79	78	55
0～5	81	80	76	83	81	55
5～10	82	80	73	82	81	55
10～15	83	77	58	84	84	55
>15	84	81	45	86	84	55

表 6.2　中国和不同区域层状云云水含量典型值及其随温度垂直分布

T(℃)	云水含量(mg/m³)					
	中国	NE	NW	SE	SW	TP
<−55	58.09	39.99	13.74	62.90	97.11	41.82
−55～−50	44.73	27.40	16.58	56.93	77.58	36.51
−50～−45	41.87	25.79	18.92	55.64	71.88	43.75
−45～−40	45.61	29.44	24.28	63.63	71.39	43.40
−40～−35	51.62	34.62	30.68	70.64	78.53	46.46
−35～−30	60.95	42.33	40.61	84.00	85.55	51.29
−30～−25	73.03	52.30	50.59	97.70	99.23	60.29
−25～−20	87.40	64.33	62.22	115.82	113.72	70.56
−20～−15	121.44	100.62	96.81	147.58	139.90	120.28
−15～−10	180.80	169.39	164.51	194.38	184.41	196.61
−10～−5	195.42	185.66	186.30	195.09	197.45	243.22
−5～0	211.33	187.37	190.89	198.04	223.57	315.55
0～5	234.63	208.29	206.29	219.31	248.61	471.25
5～10	251.21	214.01	205.50	234.46	275.47	581.24
10～15	271.62	237.81	198.23	259.05	298.57	586.78
>15	311.27	231.64	166.05	288.81	378.44	591.55

表 6.3　中国和不同区域深对流云云水含量典型值及其随温度垂直分布

T(℃)	云水含量(mg/m³)					
	中国	NE	NW	SE	SW	TP
<−55	32.44	32.66	30.33	31.19	34.24	34.91
−55～−50	34.03	31.69	35.54	33.68	31.94	46.41
−50～−45	37.32	34.06	38.84	37.95	34.64	50.66
−45～−40	43.11	41.59	41.60	42.74	41.41	54.17
−40～−35	53.85	51.00	56.67	51.78	54.95	58.15
−35～−30	69.81	65.75	73.48	67.32	71.01	76.02
−30～−25	89.18	84.17	93.58	87.88	88.51	99.27
−25～−20	111.64	109.63	117.71	109.04	107.19	123.18
−20～−15	153.42	156.11	157.38	149.93	140.58	179.64
−15～−10	218.99	224.72	223.36	199.11	199.81	265.07
−10～−5	245.33	227.07	241.19	212.40	236.74	328.80
−5～0	263.77	220.66	245.51	217.41	281.78	384.27
0～5	290.47	225.75	250.78	254.88	320.97	496.92
5～10	303.51	218.75	225.76	249.35	356.33	597.99
10～15	320.10	194.30	173.95	254.20	412.62	589.78
>15	404.68	197.11	160.27	282.08	606.83	654.56

(1)云水含量 Q_c。格点的云含水量,单位为 g/m³。

(2)格点柱云水量 C_{wat}。格点柱的云水含量沿垂直方向的积分,单位为 g/m² 或 mm。

(3)云水的输入和输出 TFQc。在单位时间内流经某一单位面积的云水质量,由云水含量结合风场得到,单位为 g/s 或 g/(s · hPa · cm)。

6.2.3.3　*风场监测诊断方法*

利用大气再分析资料中的 u 和 v 对风场进行逐 6 h 监测。在不同的边界,u 和 v 的方向代表不同的输入和输出。

各边界不同风向时,水汽和云水的输入和输出的判断如下:

西边界,$u>0$,输入;$u<0$,输出

东边界,$u>0$,输出;$u<0$,输入

南边界,$v>0$,输入;$v<0$,输出

北边界,$v>0$,输出;$v<0$,输入

6.2.3.4　*降水监测方法*

为得到较连续的地面雨量资料,利用国家气象信息中心下发的卫星融合降水产品对地面降水进行逐时监测。对评估区域,进行 T 时段的雨量求和,得到该区域 T 时段内的降水总量。

6.2.4　云水资源评估计算流程

6.2.4.1　*总体思路*

大气水分收支平衡和云水资源计算评估的总体思路如图 6.1 所示。其中,四维时变水凝

物场 Q_h 的监测诊断是空中云水资源监测评估方案的重点和难点。水凝物场由小云粒子 Q_c 和大降水粒子 Q_p 两部分组成，其中云粒子 Q_c 可通过卫星监测和相对湿度诊断得到，大降水粒子 Q_p 可通过天气雷达监测得到。由于我国雷达站点分布不均匀，目前不能达到无缝隙全部覆盖，因此《指南》中对于大范围水凝物的评估优先考虑卫星监测的 Q_c 部分，对于主要由雷达监测获得的 Q_p 部分的考虑待进一步完善。

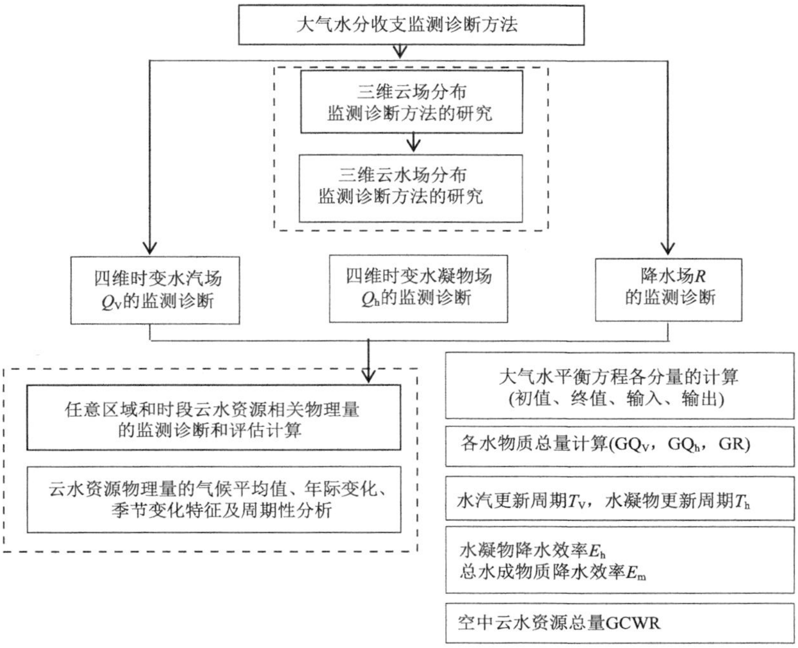

图 6.1　云水资源计算评估流程

在进行云水资源评估时，首先要确定评估的时空尺度，即评估的区域和评估的时段。

6.2.4.2　区域边界处理方法

为了提高云水资源评估精度，首先将区域划分为由若干个 1°×1°格点组成的不规则多边形，确定多边形的每个边界，以便进行每个格点的处理和边界上输入和输出的计算。任意区域边界和格点处理方法如图 6.2(彩)所示。

6.2.4.3　空间积分方法

适宜的评估区域可以是中国、任意中尺度区域或省域等。

对于指定的评估区域，各物理量的空间积分方法如下。

(1)水凝物初值和终值。初始和最终时刻，评估区域内所有格点的柱云水量累加，即可得到该评估区域的水凝物初值和终值。

(2)水汽初值和终值。初始和最终时刻，评估区域内所有格点的柱水汽量累加，即可得到该评估区域的水汽初值和终值。

(3)水凝物输入和输出。对于单位时段，按第 6.2.4.2 节的边界处理方法，将评估区域内边界上每个格点对应的输入(输出)量累加，即可得到单位时段内该评估区域的水凝物输入总量(输入总量)。

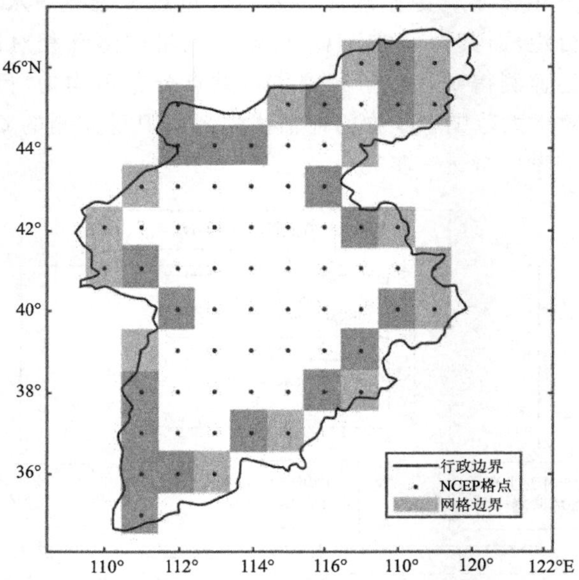

图 6.2　任意区域边界处理示意图(图中绿色、蓝色和红色分别表示经该格点的 1 条、2 条或 3 条边界有平流输送)

(4)水汽输入和输出。对于单位时段,按第 6.2.4.2 节的边界处理方法,将评估区域内边界上每个格点对应的输入(输出)量累加,即可得到单位时段内该评估区域的水汽输入总量(输入总量)。

(5)凝结和蒸发。对于单位时段,将评估区域内所有格点的凝结量(蒸发量)累加,即可得到该评估区域单位时段内的凝结总量(蒸发总量)。

(6)地面降水。对于单位时段,将评估区域内所有格点的降水量累加,即可得到该评估区域单位时段内的降水总量。

6.2.4.4　时间积分方法

评估时段包括月、季和年。《指南》中所用的大气再分析资料为逐 6 h 的瞬时值,这里定义每个时刻的瞬时值代表前后各 3 h 的平均状况。对于上述任意评估区域,在对各物理量空间积分后,针对不同的评估时段,以月为例,各物理量时间积分方法如下:

(1)水凝物初值和终值。评估月内第一个时刻和最后一个时刻对应的区域水凝物量,即为该区域在评估月内的水凝物初值和终值。

(2)水汽初值和终值。评估月内第一个时刻和最后一个时刻对应的区域水汽总量,即为该评估区域在评估月内的水汽初值和终值。

(3)水凝物输入和输出。将评估区域内每条边界逐 6 h 的输入量(输出量)累加,即可得到该格点评估月内的水凝物输入总量(输出总量)。

(4)水汽输入和输出。将评估区域内每条边界逐 6 h 的输入量(输出量)累加,即可得到该格点评估月内的水汽输入总量(输出总量)。

(5)凝结和蒸发。对于每个格点,将评估月内逐 6 h 的凝结量(蒸发量)累加,即可得到该格点评估月内的凝结总量(蒸发总量)。

(6)地面降水。对于每个格点，将评估月内逐时的降水量累加，即可得到该格点评估月内的降水总量。

根据现有的资料和监测手段，《指南》初步给出的云水资源的评估方法，可用于指导各地开展云水资源的评估。值得注意的是，《指南》中将凝结和蒸发作为整体，由水凝物平衡方程估算得到，这种处理方法会导致凝结和蒸发的低估，从而会引起水凝物总量和云水资源量的低估和降水效率的高估。

6.2.5 2008—2010 年中国云水资源评估

根据建立的云水资源评估方案(CWR-MEM)，利用 NCEP 再分析资料，结合卫星和地面降水观测资料，对 2008—2010 年中国空中云水资源进行逐 6 h 格点评估。通过不同区域的数据后处理，实现了不同区域、不同时段的云水资源评估和分析。

评估得到的云水资源及各特征参量包括各种水成物总量、水汽凝结效率、总水成物降水效率、水凝物降水效率、水汽和水凝物更新周期、空中云水资源总量和有效云水资源量等。

6.2.5.1 全国云水资源多年平均值

2008—2010 年中国地区空中云水资源计算评估结果的多年平均值见表 6.4。水汽和水凝物的输入和输出量见表 6.5。

表 6.4 2008—2010 年中国空中云水资源计算评估物理量年平均值

计算评估量	年平均值
水汽总量 GQ_v	369000 亿 m^3
水凝物总量 GQ_h	71500 亿 m^3
水汽更新周期 T_v	10 d
水凝物更新周期 T_h	7 h
水汽凝结效率 P	15%
总水物质降水效率 E_m	11%
水汽降水效率 E_v	14%
水凝物降水效率 E_h	70%
空中云水资源总量 GCWR	21300 亿 m^3

表 6.5 2008—2010 年中国各边界输入和输出的水汽和水凝物年平均值

	输入(亿 m^3)	输出(亿 m^3)	净输入量(亿 m^3)
水汽 Q_v	331000	308000	23000
水凝物 Q_h	9550	9320	230

6.2.5.2 不同区域云水资源多年平均值

在中国区域评估结果较为合理的基础上，进一步评估不同分区的云水资源特征。结合我国六大人工影响天气区域，进行全国分区的评估计算。

2008—2010 年我国东北、东南、西北、西南、华北和中部人工影响天气区域空中云水资源的计算评估结果平均值分别见表 6.6～6.8。对比分析 2008—2010 年间各区域的云水资源评估量可见，东南和西南地区的水汽总量最多，水汽更新也较快，均小于 10 d；西南地区的水汽凝结效率最高，约为13%，说明水汽凝结成云的效率较高。在各区域中，西南和东南区域的水凝物总量较为丰沛，平均到单位面积上，东南区域的水凝物平均值最大，中部区域次之，西北和华北区域的水凝物平均值较小。就不同区域的降水量而言，东南区域单位面积上的平均降水量最大，超过1000 mm，中部和西南区域次之，西北区域单位面积上的降水量最小，年平均降水量仅为203 mm。东南和西南区域的水凝物降水效率也较高，分别为72%和69%。东北、西北和华北区域的云系降水效率均较低，约50%。

不同区域中，东南区域由于水凝物总量较大，即便云系有较高的降水效率，也仍有很大一部分水凝物留在空中可供人工影响天气开发利用，因此云水资源总量也最为丰沛。西北区域水凝物总量为各区域中最少，降水效率也最低，但也有很大一部分云水资源可供开发利用。

表6.6　2008—2010年不同区域空中水物质总量平均值

区域	水汽总量 GQ_v（亿 m^3）	水凝物总量 GQ_h（亿 m^3）	降水总量 GR（亿 m^3）	云水资源总量 GCWR（亿 m^3）
东北	85700	9330	5110	4220
东南	166000	15400	11100	4300
西北	95600	15200	7150	8050
西南	168000	27300	18900	8400
华北	61600	4550	2250	2300
中部	97100	9500	5950	3550

表6.7　2008—2010年不同区域单位面积上空中水物质量平均值

区域	面积（万 km^2）	水汽量 Q_v（mm）	水凝物量 Q_h（mm）	降水量 R（mm）	云水资源量 CWR（mm）
东北	125	6856	746	409	338
东南	82	20244	1878	1354	524
西北	353	2708	431	203	228
西南	260	6462	1050	727	323
华北	68	9059	669	331	338
中部	75	12947	1267	793	473

表6.8　2008—2010年不同区域水成物更新周期和转换效率平均值

区域	水汽更新周期 T_v(d)	水凝物更新周期 T_h(h)	水汽凝结效率 P(%)	水汽降水效率 E_v(%)	水凝物降水效率 E_h(%)
东北	11	7	8	6	54
东南	9	4	8	7	72
西北	15	11	11	7	47
西南	8	7	13	11	69
华北	12	6	5	4	49
中部	11	5	7	6	62

6.3　2018 年内蒙古云水资源评估

内蒙古地处干旱、半干旱地区，水资源十分匮乏，年降水量的常年值(1981—2010 年平均)仅为 32.8 mm(额济纳旗)至 558.2 mm(鄂伦春旗)，降水集中于夏季。人工影响天气成为开发空中水资源的重要手段，在世界许多水资源短缺地区得到广泛应用。内蒙古地区空中云水资源丰富，根据 2016 年中国气象局下发的《云水资源评估技术指南》中云水资源评估方案(CWR-MEM)对内蒙古空中云水资源进行评估分析。

依据 2017 年 10 月 1 日至 2018 年 9 月 30 日 NCEP 1.0°×1.0°再分析资料以及地面降水观测资料，在对 2018 年内蒙古空中云水资源进行逐 6 h 格点评估的基础上，实现了对全区云水资源评估和分析。

评估得到的云水资源及各特征参量包括水汽初值、水汽终值、水汽输入、水汽输出、水凝物初值、水凝物终值、水凝物输入、水凝物输出、降水量、各种水成物总量、水汽凝结效率、水凝物降水效率、总水成物降水效率、水汽和水凝物更新周期、空中云水资源总量等。

6.3.1　全区 2018 年云水资源总量

根据《云水资源评估技术指南》，利用 NCEP 再分析资料，结合雨量观测，对 2018 年内蒙古地区云水资源进行评估分析，并计算了降水效率。

(1)2018 年内蒙古地区空中水成物变化量见表 6.9。2018 年内蒙古全年总降水量约为 5290 亿 m^3，从各边界累积输入内蒙古的水汽总量约为 96000 亿 m^3，输出的水汽总量约为 83600 亿 m^3，水汽的全年净输入量约为 12400 亿 m^3，水汽总量约为 91200 亿 m^3。从各边界累积输入到内蒙古的水凝物总量约为 1800 亿 m^3，输出的水凝物总量约为 1610 亿 m^3，水凝物的全年净输入量约为 190 亿 m^3，水凝物总量约为 6900 亿 m^3。根据水成物平衡方程，估算得到 2018 年内蒙古全年水汽总凝结量约为 5100 亿 m^3，地面总蒸发量约为 5330 亿 m^3。

表 6.9　2018 年内蒙古地区空中水物质变化量(单位:亿 m^3)

	初值	终值	输入	输出	净输入量	总量
水汽 GQ_v	103	117	96000	83600	12400	91200
水凝物 GQ_h	147	131	1800	1610	190	6900
总水物质 Q_m	104	118	97800	85200	12600	98100
降水总量 QR:5290		地面蒸发:5330		凝结量:5100		

(2)根据水成物降水总量，计算得到 2018 年内蒙古水汽凝结效率、总水成物凝结效率、水汽降水效率和水凝物降水效率。2018 年内蒙古地区水物质更新周期和降水效率的年评估结果见表 6.10。

表 6.10　2018 年内蒙古地区水物质更新周期和转换效率

更新周期和转换效率	计算结果
水汽更新周期 T_v	14.4 d
水汽凝结效率 P	5.6%
总水物质降水效率 E_m	5.4%
水汽降水效率 E_v	5.8%
水凝物降水效率 E_h	76.7%

(3)根据总云水量和降水总量，计算得到2018年内蒙古空中云水资源总量GCWR=1610亿m^3。

6.3.2 云水资源特征量的时空分布特征

6.3.2.1 水汽、水凝物年平均分布特征

2018年，内蒙古水汽总的分布趋势与降水类似，是东多西少、南多北少，除通辽市东南部在14 mm以上，呼伦贝尔市东南部、兴安盟东南部、通辽市中部、赤峰市东部和南部、鄂尔多斯南部为12～14 mm，呼伦贝尔市北部、乌兰察布市中部和北部、阿拉善盟北部为8～10 mm，全区大部分地区为10～12 mm。与水汽相比，水凝物的瞬时存量明显小于水汽约2个量级，分布呈由东北向西南逐渐减少的趋势，呼伦贝尔市中部为0.21～0.24 mm，兴安盟西北部，呼伦贝尔市东部和西部、锡林郭勒盟东北部为0.18～0.21 mm，兴安盟南部、通辽市北部、锡林郭勒盟中部为0.15～0.18 mm，锡林郭勒盟西部、乌兰察布市中部和南部、呼和浩特市、鄂尔多斯市大部、阿拉善盟东南部为0.12～0.15 mm，乌兰察布市北部、巴彦淖尔市、阿拉善盟大部为0.09～0.12 mm。

6.3.2.2 水汽和水凝物更新周期年平均分布特征

2018年，水汽更新周期呈现由东北向西南变短的趋势。呼伦贝尔市大部、兴安盟大部、通辽市北部、锡林郭勒盟东部和西南部、乌兰察布市中部和南部、呼和浩特市更新最快，更新周期为5～10 d；兴安盟南部、通辽市中部和南部、赤峰市大部、锡林郭勒盟西部、包头市大部、巴彦淖尔市西部、鄂尔多斯市西部和南部为10～15 d；巴彦淖尔市西部、鄂尔多斯市西北部、阿拉善盟更新最慢，更新周期为15～60 d。

水凝物的更新速度明显快于水汽，不同地区差异较为明显，总体表现为自西向东、自南向北、由西北向东南变快的趋势。全区大部分地区更新周期为2～4 h；呼伦贝尔市西部、锡林郭勒盟西北部、阿拉善盟东部为4～6 h；阿拉善盟西部地区水凝物更新最为缓慢，为6～14 h，局部地区超过14 h。

6.3.2.3 降水量分布特征

2018年内蒙古降水量在63.5(拐子湖)至791.6 mm(鄂伦春旗)之间，呼伦贝尔市东部在600 mm以上，呼伦贝尔市中部、兴安盟北部为500～600 mm，锡林郭勒盟西北部、巴彦淖尔市西部、阿拉善盟大部在250 mm以下，其余地区为250～500 mm。与历史同期(1981—2010年)平均值相比，2018年全区大部地区降水量接近常年，仅赤峰市大部、通辽市南部偏少，包头市北部、巴彦淖尔市北部、鄂尔多斯中西部、乌海市、阿拉善西部偏多。

6.3.3 结论

总体来看，2018年内蒙古空中云水资源总量约为1610亿m^3，全年总降水量约为5290亿m^3，水汽总量约为91200亿m^3，水凝物总量约为6900亿m^3，水汽总凝结量约为5100亿m^3，地面总蒸发量约为5330亿m^3。2018年内蒙古水汽更新周期约为14.4 d，水汽凝结效率约为5.6%，总水成物降水效率约为5.4%，水汽降水效率约为5.8%，水凝物降水效率约为76.7%。

内蒙古降水总的分布趋势是东多西少、南多北少，从东北地区向西南地区逐渐减少，空间分布较不均匀。内蒙古水汽总的分布趋势与降水类似，即东多西少、南多北少。水凝物总的分

布趋势是东多西少，从东北向西南逐渐减少。除西北地区外，内蒙古不同地区的水汽更新周期年平均值大多为 10～20 d。水凝物的更新速度明显快于水汽，不同地区差异较为明显，总体表现为自西向东、自南向北，由西北向东南变快的趋势。

思考题

1. 简述云水资源评估中对各水成物的定义。
2. 根据大气水平衡理论，请写出任意区域内的水汽和水凝物平衡方程。
3. 请给出水汽和水凝物的平衡方程中各物理量的计算方法。
4. 空中云水资源总量是如何计算的？
5. 水汽更新周期及水凝物更新周期是如何定义的？
6. 请给出水汽降水效率及水凝物降水效率的计算方法。
7. 如何判断水汽和云水的输入与输出？

第 7 章　人工影响天气的效果检验

人工影响天气效果检验是一个极为重要但是又非常困难的课题,是当前国内外人工影响天气领域亟待解决的重大科学技术问题之一。

根据云降水物理学理论和人工影响天气原理,人工增雨效果是指人工催化后云体发生的变化。这种变化包含两个方面,一方面是指人工催化是否改变了云内微物理过程和云中宏观、微观物理量(如云体高度、持续时间、上升气流速度、云体温度以及冰晶浓度、大云滴浓度等),这是人工影响的直接效果或物理效应;另一方面是指是否使降水发生了变化,这虽是播云的目的但它是播云的间接效果,是云的一系列物理变化的最终结果。最终效果是人们进行人工影响天气活动特别关注的问题。另外,搞清楚人工增雨的直接和间接效果之间的联系至关重要。统计检验得到的人工影响天气试验效果只有在获得物理上的解释,并为观测到的物理效应所证实时,人工影响天气试验效果的检验才是完整的、令人信服的。

7.1　人工影响天气效果检验的重要性

人工影响天气活动的健康持续发展取决于其实际播云作业的效果。实践证明,人们对云降水物理过程的有意识影响可能出现正效应,也可能出现负效应或无效应。在旱区实施人工播云是否可以增加降水、缓解旱情,在库区开展人工降水是否可以增加水库蓄水量,这些是人们极为关注的问题。很显然,人为影响效果的准确评估是社会和公众对这项活动支持和投入的依据。同时,人工影响天气理论和方法是否正确,只有通过效果的评估来检验,作业效果的科学检验又可以促进人工影响天气理论和方法的发展。综上所述,科学、客观的效果检验对于推动人工影响天气事业的发展和进步具有极其重要的意义。

当前,人工增雨作业是我国广泛开展的一项人工影响天气业务活动,对其进行规范化、常态化效果检验是人工影响天气业务发展的迫切要求。

7.2　国内外人工增雨作业效果检验现状和发展趋势

人工影响天气是建立在云和降水物理学基础上的应用技术,其活力取决于应用的效果和在减灾抗灾中的作用。近几十年来,根据国内外所进行的大量有设计的外场试验研究,云物理工作者设计出两大类试验方案,即随机化试验和非随机化试验。

7.2.1　随机化试验

作为科学上可接受的最可靠的检验播云效果的方案是统计学家推荐的随机化试验。所谓随机化试验,是根据以随机原理制定的方案所实施的人工影响天气催化试验。为了尽可能客观地检验人工影响天气的效果,试验方案中规定,在适合催化作业的时期里,是否催化作业由随机方法确定,这样可以消除试验工作中某些主观因素的影响。对这样获得的催化与不催化的两组试验资料进行分析,评定催化效果,并对效果做统计学检验。这种方案根据降水自然变率和预报效果计算统计个例，在信噪比很低的情况下，需 5～10 a 的试验周期，如福建古田的随机化人工影响天气试验长达 12 a(叶家东 等，1981)。由于这种试验周期长，需要大量的试验样本，并且要求放弃一半的可作业机会，因此一般在业务作业中很少采取这种试验方案。

7.2.2 非随机化试验

对业务作业来说，非随机化试验是一种花费少、易获取增雨效果的方法，它已在世界范围广泛应用，并为播云有效性提供了一些证据。这些试验通常假设自然降水在时间、空间上是平稳的，实际作业很难满足这个假设条件，从而降低了效果评估的可靠性。

由于现阶段人们对云、降水物理过程及人工影响天气原理还没有完全了解，以及探测技术和仪器设备的局限，为了客观地、科学地、定量地评估人工影响天气的效果，迫切需要加强以下方面的工作：

(1)严格设计，加强监测手段，以获取试验和作业过程详细完整的各物理量变化的证据；

(2)完善效果统计方法，提出能客观、定量地评价效果的统计学方法。

因此，迫切需要建立和发展适合我国人工影响天气实际的、客观的、科学的和定量的人工影响天气效果检验技术方法。这是人工影响天气科学研究的重要组成部分，也是本学科领域极为重要的研究课题。

7.2.3 国外人工增雨作业效果检验现状

目前世界上有几十个国家开展人工影响天气活动，然而许多业务项目不仅缺乏严格的科学设计，而且没有开展科学的效果检验，只有少数项目开展了有科学设计的外场试验和效果检验。20 世纪 50 年代以来国际上开展过的大型外场试验有澳大利亚播云试验(1950—1960 年飞机播云试验)、以色列播云随机试验(分 3 个阶段：第一阶段 1961—1967 年，第二阶段 1969—1975 年，第三阶段 1976—1991 年)、Climax 计划(1960—1964 年和 1965—1970 年美国科罗拉多州落基山区地形云随机化试验)、白顶计划(1960—1964 年美国密苏里州南部对流云随机化飞机播云试验)、喀斯喀特计划(1969—1974 年美国喀斯喀特山区冬季地形云非随机化试验，试验中对播云效应进行直接物理测定)、FACE-Ⅰ和Ⅱ计划(1970—1980 年在佛罗里达州实施的积云动力催化)、怀俄明冬季地形云播云计划等。

早期的外场随机试验多为黑箱型，以对落基山地形云进行随机播撒试验为代表，该试验分为 ClimaxⅠ(1960—1965 年)和 ClimaxⅡ(1965—1970 年)两期。Climax 试验在人工影响天气的历史上占有重要地位，它是少数在统计上具有显著性，并在物理上获得一定解释的播云增雨成功的试验之一，而且它标志着广泛进行地形云作业的开始。在 1973 年召开的世界气象组织(WMO)第一次人工影响天气科学讨论会上，它与以色列人工增雨计划并列，作为普遍可接受的两项较成功的人工增雨试验计划(WMO，1980)。

由于以色列播云随机试验不仅统计效果显著，而且微物理证据合理，云和降水物理概念模型清晰(即以色列冬季大陆性冷积云云滴谱窄，不易通过碰并产生降水，缺乏自然冰核，云体维持时间较长，具有静力催化可能性)，因而以色列播云随机试验得到国际云降水物理学界较普遍的认可，该试验也为以色列随后进行的人工增雨业务作业提供了较系统的科学依据和方法。1975 年 11 月开始，以色列人工增雨试验的北部试验区转为业务化播云作业，即 Israel-3。Nirel等(1995)提出一种业务化作业效果评估的方法——历史对数模式方法。用该方法对 1976—1990 年播云催化作业进行效果评估，结果表明有 6%～11%的增雨效果，统计显著度

$\alpha=0.02$。

国外有专家提出一种基于浮动目标区，对短期非随机业务化对流云作业效果进行客观评估的方法，利用 NEXRAD 雷达回波拼图定义浮动目标区分析单元，在目标单元叠加飞机播撒作业情况确定播撒单元和未播撒单元，根据设定的客观标准从所有未播撒单元中确定每一个播撒单元的对比单元，通过对 Texas 1999—2001 年作业季的催化效果进行评估，得到同随机播云试验一致的作业效果。

2010 年世界气象组织关于人工影响天气的声明中指出，有相当多的证据显示在适当的条件下在云中播撒成冰性物质和吸湿性物质可以改变云的微物理结构。然而，作为播云结果对地面降水产生重要和有益变化的证据是有争议的(WMO，2010)。

2005/2006 年冬季至 2013/2014 年冬季实施的怀俄明人工影响天气飞行计划(WWMPP)是近期国际上影响较大的外场科学试验，旨在评估利用冬季地形云人工增雪实现增加怀俄明州水资源供应的可行性。试验采用随机交叉作业方案，试验区设在认为具有较大播云潜力的怀俄明州中南部的 Sierra Madre 和 Medicine Bow 山脉，利用地基烟炉对试验区冬季地形云实施 AgI 播云作业。

为了设计和实施科学的冬季地形云播云效果评估，根据有关人工影响天气的指导意见，WWMPP 将物理的、统计的和数值模式的分析结合起来评估播云效应。来自地基探测设备微波辐射计和声学冰核粒子计数器的物理证据显示，试验区地形云具有一定的播云作业条件，地基播撒的 AgI 冰核可到达预定目标区；基于 NCAR 播云模式的高分辨率 WRF 模式模拟随机试验的播云个例(模式经过微波辐射计、雪量计和探空数据的检验)，通过对比播撒作业和未播撒作业的不同模拟结果评估播云效果，得到两个目标区均有 10%～15%的模拟效果；对 118 个作业样本(雪量计数据经过质量控制)进行统计分析得到相对增雨 3%，显著性水平 $\alpha=0.28$(效果不显著)的结果。进一步的分析证明 2 方面因素影响了结果：①在 Sierra Madre 开展作业对预设之外下风方的 Medicine Bow 带来一定效果；②没有足够数量的 AgI 冰核到达预设区域，在此基础上对作业时间分层的统计分析显示作业系统有3%～17%的播云效果。综上，来自统计、模式、物理的证据显示，有 5%～15%的正播云效果。

总的来说，随着云降水物理和相关学科的发展以及监测手段的不断改进、各种云物理探测设备的研发，人工增雨理论不断完善，科学技术水平有明显的提高。但是，由于自然云雨变化的复杂性，现有科学技术手段还不能全面认识实际的云雨变化情况，因而难以满足效果检验对资料的要求，致使催化效果的科学检验至今仍为世界性难题。也正因为如此，效果检验方面的进展必然带动整个学科的发展，因此要求从事这一工作的技术人员和第一线业务人员须进行长期不懈的努力。

7.2.4　国内人工增雨作业效果检验现状

我国于 1958 年开始开展人工影响天气外场试验，分别在吉林、甘肃、湖北、江苏、河北、云南等地开展了飞机和地面人工增雨、人工防雹试验。1974—1986 年的 4—6 月我国在福建古田水库流域开展了人工增雨随机化外场试验。20 世纪 80 年代，国家批准了包括“北方层状云人工降水试验研究”和山西昔阳，甘肃平凉、永登和岷县，新疆昭苏以及内蒙古等地一批人工影响天气科研项目，20 多个省(区、市)也相继开展了不同程度的人工影响天气科学试验，人工影响天气外场试验在全国各地蓬勃开展。

进入 21 世纪以来，随着我国大范围干旱和水资源短缺问题日趋严重，人工影响天气活动也越来越受到重视。国家科技部相继资助开展"十五"国家科技攻关课题"人工增雨技术研究及示范"和"十一五"国家科技支撑项目"人工影响天气关键技术与装备研发"的研究工作,开展了许多有设计的外场试验,其中"十五"国家科技攻关课题研究建立了人工增雨作业效果的综合检验方法,并对示范区人工增雨作业的效果进行了评估。2014年,在科技部公益性行业(气象)科研专项的支持下,我国启动了人工增雨随机化外场试验,期望通过5～10年的试验,给出中国的随机化人工增雨作业效果。

中国气象局根据业务发展需求也相继资助开展了人工增雨效果检验业务应用研究。2007年中国气象局业务轨道项目"人工增雨作业效果检验技术方法研究",研究总结出7种非随机化和3种随机化的人工增雨作业效果统计检验技术方法,以及5种人工增雨作业效果物理检验技术方法,并在部分省份的人工增雨作业效果检验工作中试用。近年来,中国气象局人工影响天气中心承担中国气象局业务项目"人工增雨作业效果检验业务试验和应用",通过调研各地人工增雨作业效果检验业务需求,研究开发了适用于业务作业效果评估的基于地面降水量的人工增雨作业效果统计检验技术方法和基于天气雷达探测的人工影响天气作业效果物理检验技术方法,并研发了相应的技术系统。利用这些技术方法在试点省份开展了人工增雨作业效果检验业务试验,帮助试点省份组建人工增雨效果检验工作团队、开展人工增雨作业效果检验工作,为进一步在全国人工影响天气业务部门推广应用效果检验技术方法积累了经验。

目前,我国人工增雨效果检验工作进展主要表现在以下3个方面。①基于地面降水量的人工增雨作业效果统计检验技术方法得到发展和应用,非随机化人工增雨业务作业效果检验工作和随机化人工增雨科学试验效果检验工作正在有序规范地进行中。②物理检验越来越引起重视,越来越多地利用卫星、雷达、飞机探测资料开展效果检验工作,基于天气雷达探测的人工影响天气作业效果物理检验技术方法得到发展和应用。③云和降水的数值模拟研究取得了明显进展,并在一些有条件的地方逐步开始用于效果检验工作。

7.2.5 发展趋势

就目前我国人工增雨作业效果检验现状,未来的发展趋势主要集中在以下4个方面。

(1)组织开展人工增雨随机化效果检验业务工作。随机试验作为科学上可接受的最可靠的检验播云效果的方案,也是最受统计学家推荐的试验方案。但由于其试验周期较长,需要获取一定数量的试验样本以后才进行播云效果评估,给出阶段性的或整个试验期的总体或平均播云效果,并同时给出该播云效果的置信度水平。此外,这种方案要求放弃一半的作业机会,因此目前在我国实际业务作业中基本上没有开展,一般多用于研究工作。未来,在我国有条件的地方可以逐步开展人工增雨随机化效果检验业务工作。

(2)提高人工增雨非随机化业务作业效果检验的科学性。目前,我国由于增雨抗旱的需要,人工增雨作业的范围较广,作业影响区也很不固定,因此主要采用非随机试验方案。由于各种非随机试验对降水的时空分布做了一定的假设,导致这类统计方法功效不高(即要达到一定显著性水平所需的试验样本数较多或所需的试验周期较长)、准确度和灵敏度较低,对自然降水统计推断存在一定误差,甚至出现"假效果",影响效果检验的客观性和科学性。有些地方,常态化的人工增雨作业业务要求每一次或每一过程的人工增雨作业都要给出明确的增雨效果,这是很困难的,而且这样给出的增雨效果置信度水平也会大打折扣。因此,大力倡导经过科学设计的、规范化的非随机化人工增雨业务作业及其效果检验是非常必要的。

(3)统计检验结果和物理检验证据有机结合。人工增雨作业后的地面降水量的统计检验结果需要有物理检验提供播云催化所产生变化的物理证据，这在科学研究和科学试验中相对容易实现，但在人工增雨常规业务作业中，要使每一次的物理检验证据和统计检验物理量在时空上完全匹配有一定的难度。因此，如何使统计检验结果和物理检验证据有机结合是效果检验工作的一个努力方向。

(4)数值模拟效果检验逐步得到应用。云模式是人工增雨作业效果评估(检验)的一个重要手段，我国现阶段发展的各种数值模式对实际云和降水过程做了很多简化，对于不同地区不同天气背景的各类降水过程的数值模拟仍有很多不足之处，须在动力学、微物理学以及多尺度相互作用等方面继续改进，并注重模拟结果同实测资料的对比验证。在数值模式得到充分改进的基础上，数值模拟效果检验将会充当越来越重要的角色。

7.3　人工影响天气效果检验的基本方法

一般来说，现有的人工增雨作业效果检验方法主要有统计检验、物理检验和数值模拟检验。统计检验关注的是可被检测和定量分析的降水增量(间接效果)，运用概率论与数理统计理论定量地检验出作业效果并指明其显著性水平；物理检验主要分析作业前后云的宏微观物理特征的变化，根据云降水形成及其催化作业的物理机制，找出相应的物理响应(微物理响应或宏观动力响应等)，定性或定量分析作业效果；数值模拟检验是根据云和降水形成的热力过程、动力过程和微物理过程等，以及人工增雨催化作业原理，建立一套描述云和降水过程以及人工催化增雨过程的数值模式，定量预报催化与不催化情况下云的发展和降水量，并与实测结果比较，从而判断作业效果。目前，科学的效果检验已从以往单纯的统计检验向物理检验、统计检验和数值模拟检验相结合的综合性检验发展。

7.3.1　统计检验方法

统计检验的主要评估对象是地面降水量，比较未进行作业的自然降水量和作业后的降水量的差值并分析差值的显著性。设人工影响后的降水量为 R，自然降水量为 R'，它们的差值 $E=R-R'$，即为人工影响天气的效果。作业后的 R 是可以测量的，R' 通常可以通过统计方法来估计，即进行参数假设检验，根据众多雨量资料建立统计量，做统计推断的显著性检验和参数估计。如果两者存在差异，则还要对这个差值进行统计检验，指出由于降水的自然起伏和估计值的随机误差引起这种差异的可能性有多大。如果这个可能性很大，就没有理由认为人工影响天气显著地改变了雨量，即所谓效果不显著；如果这个可能性很小，如 $<5\%$，则就有较大把握说人工影响天气有效，即所谓效果显著。这种方法能在一定显著性水平上得出定量的增雨效果，便于评价作业的有效性，估算开支和效益比，因此，统计检验是人工增雨效果检验的基本方法。但是，由于该方法完全撇开物理因子，以及降水自然起伏，而且又受多种因子的综合作用，因而要得到客观、定量的结果十分困难。

显著性检验在数理统计中称为假设检验，可分为参数性检验和非参数性检验两种。在总体分布已知的情况下(如正态分布)，检验分布参数(如均值和方差)的假设，称为参数性检验。常用到的有 μ 检验、t 检验和 F 检验等。在分布形式不知道或没有特定分布形式的情况下，对总体分布进行比较。由于这种比较是在分布之间而不是在参数之间，因此常称为非参数性检验。符号检验法、秩和检验法以及柯尔莫哥洛夫分布函数拟合度检验法等都属于这类检验。在人工影响天气试验中，不论是雨量或是云的宏观、微观结构指标，其分布形式往往是不知道的，因此在效果检验的统计分析中常用到以上几种非参数性检验法。

由于自然降水时空分布变化太大，致使人工催化效果常被淹没在自然降水起伏的“噪声”中。统计分析是一种从“噪声”中提取信息的技术方法。显然，由于不同试验方案和不同统计分析方法，对自然降水时空分布做不同假设，以及由于统计模型与资料拟合不准确，或试验对象实际不属于同一统计总体，或个别极端事件的权重太大等因素，使得统计效果及其显著度都会有明显起伏变化，从而得出不一致的统计结论。

统计检验的关键在于如何确定准确度较高的自然降水估计值。对于随机化试验方案可以很好地估计出自然降水量，但是由于牺牲一部分作业机会和试验周期长的局限，很难在实践中普遍接受。一般在抗旱增雨作业中，采用非随机化试验方案对其进行效果检验。现有的非随机化试验方案一般是在选择对比区后，根据对比区雨量估计作业区的自然雨量。怎样提高作业区雨量期望值一直是效果检验需要不断努力的目标。

7.3.1.1　随机化试验

人工影响天气试验是在自然条件无法控制甚至难以预测或监测的大自然环境中进行的试验。为了科学地进行这类试验，人们往往求助于随机试验设计，将适于作业的对象根据随机原则分成两部分，其中一部分不施加人工影响，保持其自然状态作为对比样本，并据此检验作业样本的效果。随机试验作为科学上可接受的最可靠的检验播云效果的方案，也是最受统计学家推荐的试验方案。这种方案根据降水自然变率和预报效果计算统计个例，在信噪比很低的情况下，需5～10 a的试验周期。由于其试验周期长，需要大量的试验样本，而且方法本身也难以避免少数极值的影响，难以排除自然云本身的不确定因素，并且要求放弃一半作业的机会等诸多因素，因此在实际作业和试验中很少使用，一般多用于研究工作。

7.3.1.2　非随机化试验

鉴于目前防灾减灾的迫切需要，人工影响天气的作业范围广（如飞机作业）且作业的目标区也极不固定，作业方式通常是非随机的。在目前物理监测手段还相当不齐备而又不宜于采用随机设计的前提下，划定目标区和控制区进行非随机播云，同时使用多种统计推断的方法对各种资料进行统计分析，对人工影响天气业务性作业来说是一种花费少、易获取播云效果信息的方法，并已在世界范围得到广泛应用。

现今非随机化效果统计检验主要有以下几种方法。

（1）序列试验。假定作业区自然雨量（雹灾）在历史上是平稳的随机序列，以作业区历史平均雨量（雹灾）作为作业期自然雨量（雹灾）的估计值。

（2）区域对比试验。假定作业期自然雨量（雹灾）的空间分布统计上是均匀的，利用同期对比区雨量（雹灾）作为作业区自然雨量（雹灾）的估计值。

（3）区域趋势对比双比分析法。假定对比区和作业区处于降水系统的同一发展阶段，计算作业时段作业区统计变量（雨量或雹灾等）与对比区统计变量的比值和作业前期两个区域统计变量的比值，并由2个比值的比率来评估作业的正、负效果。

（4）区域历史回归试验。假定作业期作业区与对比区雨量（雹灾）的统计关系与历史上同类天气条件下的雨量（雹灾）的区域相同，利用对比区自然雨量（雹灾）推断作业区自然雨量（雹灾）期望值，又可分为固定目标区法、移动目标区法、浮动对比区法等。

（5）区域控制模拟试验。通过分析作业期自然降水特征，事先确定一些判据，利用统计数值模拟的方法将“不相似”的样本从相似天气系列中剔除，以提高效果评估功效。

(6)基于聚类的浮动对比区回归统计法。引入整层大气可降水量作为物理协变量，采用聚类分析方法改进对浮动对比区的分区方案，并且使用网格插值技术提高雨量的计算精度。

上述各种效果统计检验方法中，使用的物理量主要包括所选择的作业区、对比区历史与作业时段的天气形势、云层条件(雷达回波结构、卫星云图参量等)以及需要定量评估的地面降雨量(3 h、6 h、12 h、日、月、季)或表征冰雹云和地面降雹特征的物理量(如降雹日效、雹灾面积、雹灾损失、防雹经济效益、云回波高度与强度、闪电频率、雷声频谱、冰雹平均直径、平均质量、质量通量、冰雹动能通量和落地冰雹动能)等。此外，在部分统计方法中还引入了一些气象协变量作为控制因子，来提高作业区自然统计变量估计值的准确度，如对比区和作业区整层大气可降水量和人工影响作业前后的雷达回波顶高、回波强度、云顶温度以及卫星红外探测云顶温度等物理量。

7.3.2 物理检验方法

物理检验是从人工影响天气的物理机制出发，通过各种探测技术，测量催化的云宏观动力学效应和微观物理反应，并制定相应的指标，以便比较催化前后这些指标是否显著改变。

但必须强调，所有这些指标以及降水量、数浓度等，也是受到多种因素制约的，它们在试验中不仅受制于播云措施，而且其本身还存在着相当大的自然变异，因此，要从中检测出人工播云的影响效应，除了效应特别明显或云结构的时空变化小以外，一般仍需要采用统计检验的方法，可以把这种物理检验称为“物理效应的统计检验”。它将催化云或降水物理参数作为增雨效果检验的统计量，用统计推断的方法对未作业情况下云和降水物理参数作出推断，并与增雨作业后催化云和降水物理参数的实测值进行比较来检验增雨效果。具体做法与统计检验方法一样，所不同的是用物理参数作为降水统计量。

物理检验方法可为效果统计检验结果提供物理依据，但它无法给出定量的效果；同时，也可为数值模式的发展和模拟提供比对用的基础数据。

7.3.3 数值模拟检验方法

根据云和降水的宏观动力学和微物理学过程以及人工增雨原理，针对人工增雨催化作业问题，建立一套描述云和降水以及人工增雨过程的数值模式，然后求其数值解。用同一数值模式，在同样的初始、边界条件下，对比催化和不催化的计算结果，就可以定量地了解实施催化的效果。

云数值模式不仅能够模拟云和降水的主要过程，而且能够描述云的多种宏、微观物理过程相互作用的整体演变过程，为人工增雨催化试验提供预期的效果。这是一种宏、微观耦合的全过程的理论分析方法，是人工影响天气效果检验的基本途径。现阶段由于人们对云和降水自然变化规律以及人工影响天气机制了解得尚不是非常清楚，现在发展的各种数值模式对实际云和降水过程做了相当大的简化，模式还不够完善，用于直接定量预报降水量及云体的变化还比较困难。目前，国内外建立和发展的一维、二维和三维云降水数值模式，尽管尚不十分完善，但通过人工催化模拟试验，不但可以了解云和降水过程是否因催化而改变，而且可以了解在这一过程中哪个环节(链)的变化。这对提高人工增雨效果检验的科学性和客观性都是非常重要的，并已在人工增雨科学研究和效果检验中发挥越来越重要的作用。

数值模拟在人工影响天气中主要起两方面作用。其一，优化人工影响天气试验方案设计，预报目标云的可播性，选择合适的作业对象和技术方法，提高人工影响天气试验的预见性、科学性，避免盲目作业。其二，定量预报催化与不催化情况下云的发展和降水量，并与实测结果比较，从而判断作业效果。

7.4　非随机化人工影响天气效果的统计检验

非随机化人工影响天气效果的统计检验方法常用的有序列分析、区域对比分析、双比分析、区域历史回归分析等。

7.4.1　序列分析

序列分析是最简单的一种统计检验方法。假设作业影响区自然降水量在历史上是平稳的时间序列，以作业影响区历史同期降水量的平均值作为作业期自然降水量的估计值，然后与作业期实测降水量作比较，得出人工增雨效果。由于日雨量的变化较大，常采用旬、月、季雨量作为评估单元，但由于天气形势不同或局地气候条件变化，使用该方法估计自然降水量时误差较大，且灵敏度较低。

(1)相对增雨率。作业影响区作业期实测降水量 Y_2 与历史期(非作业期)降水量 Y_1 的比值减去 1 再乘以 100%，其计算公式为

$$R_{SR}=\left(\frac{Y_2}{Y_1}-1\right)\times 100\% \tag{7.1}$$

(2)绝对增雨量。作业影响区作业期实测降水量 Y_2 与雨量期望值(用作业影响区历史期降水量的平均值 Y_1 近似代替假定不做人工增雨情况下的自然降水量)的差值，其计算公式为

$$O_{SR}=Y_2-Y_1 \tag{7.2}$$

7.4.2　区域对比分析

区域对比分析假设作业期自然降水量的空间分布在统计上是均匀的，以同期对比区实测降水量作为作业影响区自然降水量的估计值，然后与其实测降水量做比较，得出人工增雨效果。该方法对地形条件要求相对较高，实践中由于地形等条件的差异，这个假设常常难以成立。

(1)相对增雨率。作业影响区作业期实测降水量 Y_2 与对比区作业期实测降水量 X_2 的比值减去 1 再乘以 100%，其计算公式为

$$R_{AR}=\left(\frac{Y_2}{X_2}-1\right)\times 100\% \tag{7.3}$$

(2)绝对增雨量。作业影响区作业期实测降水量 Y_2 与雨量期望值(用对比区作业期实测降水量 X_2 近似代替未开展作业的情况下作业影响区的自然降水量)的差值，其计算公式为

$$O_{AR}=Y_2-X_2 \tag{7.4}$$

7.4.3　双比分析

双比分析假设自然降水情况下作业期作业影响区与对比区的降水量比值和非作业期(历史期)的对应比值是相同的，以非作业期作业影响区与对比区自然降水量的比值代替作业期 2 个区自然降水量的比值，求出作业影响区作业期自然降水量的估计值，然后与其实测值比较，得到人工增雨效果。该方法曾广泛用于抗旱增雨的单次作业效果评估，直接给出相对增雨率，但后来有文献指出该方法存在一个问题，即当比值大于 1 时，未必能说明是人工催化的效果。

(1)相对增雨率。作业影响区作业期实测降水量 Y_2 与其非作业期(历史期)实测降水量 Y_1 的比值比上对比区作业期实测降水量 X_2 与其非作业期(历史期)实测降水量 X_1 的比值减去 1 再乘以 100%,其计算公式为

$$R_{DR}=\left(\frac{Y_2/Y_1}{X_2/X_1}-1\right)\times 100\% \tag{7.5}$$

(2)绝对增雨量。作业影响区作业期实测降水量 Y_2 与雨量期望值(雨量期望值指计算出的假定未进行人工增雨作业的情况下作业影响区的降水量)的差值,其计算公式为

$$O_{DR}=Y_2\times\left(\frac{R_{DR}}{1+R_{DR}}\right)=Y_2-\frac{X_2Y_1}{X_1} \tag{7.6}$$

7.4.4 区域历史回归分析

区域历史回归分析是建立在作业期作业影响区与对比区降水量的统计相关关系与历史上两个区降水量的区域相关相同的假定基础上,借助于 1 个或 1 个以上的对比区,根据历史样本建立作业影响区与对比区自然降水量的回归方程,然后将作业期对比区的实测降水量代入方程求得作业期作业影响区自然降水量的估计值,并与实测值进行比较以确定增雨效果。该方法的最大困难在于作业影响区与对比区的关系不稳定,导致评估结果稳定性较差。然而,如果对比区选择得当,可用样本资料足够多,这种方法仍具有较好的评估功效。

实际检验时,将作业期对比区实测降水量代入回归方程求出作业期作业影响区自然降水量的估计值 Y'_2,再与其实测降水量 Y_2 进行比较确定增雨效果。

绝对增雨量可以表示为

$$O_{HR}=Y_2-Y'_2 \tag{7.7}$$

相对增雨率可以表示为

$$R_{HR}=\left(\frac{Y_2}{Y'_2}-1\right)\times 100\% \tag{7.8}$$

目前常用的统计检验方法主要是以上 4 种。根据专家学者从功效、准确度、灵敏度等方面对 4 种方法进行的已有分析来看,基于同样的样本,区域历史回归分析方法是统计检验功效较高,准确度和灵敏度较好的一种,也是国内外人工影响天气作业效果检验比较常用的方法之一。因此,推荐在效果检验业务中首先应用区域历史回归统计检验方法。

7.4.5 基于地面降水量的区域历史回归统计检验技术方法及个例

7.4.5.1 适用范围

这里阐述的是针对既有人工增雨作业样本(包括稳定性降水和对流性降水)进行基于地面降水量的区域历史回归统计检验技术方法,最后通过具体个例进行详细说明。

任何地面火箭、烟炉作业个例以及飞机作业个例,只要获得详细的作业信息(地面火箭、烟炉作业信息包括地面作业点经纬度、作业方位角和仰角、作业用弹量、作业起止时间等;飞机作业信息包括飞机飞行轨迹、机载作业装备和催化剂种类、飞行作业高度和温度、作业剂量、作业起止时间等)、时间和空间覆盖整个作业过程的地面降水量资料和相关历史降水量资料,均可使用基于地面降水量的区域历史回归统计检验方法进行检验。

该方法适用于人工增雨(雪)作业效果统计检验。以下内容仅针对人工增雨作业效果统计检验进行阐述。

7.4.5.2　方法步骤

1. 作业过程合理性分析

根据获取的作业信息，利用观测资料对待检验作业样本的播云作业过程进行合理性分析。对通过合理性分析认为播云作业过程基本合理的作业样本，进行下述的统计检验；对明显不合理的作业样本则放弃检验。

2. 准备降水量资料

收集地面气象站的日雨量资料和小时雨量资料，根据已有经验，日雨量资料的时间序列应不少于 20 a，小时雨量资料应不少于 5 a。将两类雨量资料整理成标准通用格式（如雨量资料未经过质量检验，则首先要对雨量资料进行检验并剔除错误资料），形成本地的日雨量数据集和小时雨量数据集。在此基础上，还可以进一步根据本地不同天气气候特点、降水类型（层状云降水、积层混合云降水、对流云降水等）和降水量等级等，对本地的日雨量数据集和小时雨量数据集进行分类，形成本地不同类型的日雨量数据集和小时雨量数据集。

历史同期雨量资料应尽量选择未开展人工增雨作业的年份序列，保证用来进行增雨作业效果统计检验的历史样本不受催化作业影响。

3. 选择统计变量

人工增雨作业效果统计检验通常针对地面降水量进行，也可以考虑对雷达回波的物理参量等观测物理量进行统计检验分析。

选择小时雨量作为统计变量，考虑了作业的充分性，但是小时雨量自然变率较大，区域相关性较差；选择日雨量作为统计变量，其自然变率比小时雨量小，区域相关性更好，但是雨量时段内未必有持续性作业。因此，各地需基于催化作业影响时效综合考虑确定统计检验评估单元，对于持续时间较长的降水过程或持续进行的增雨（雪）作业过程，可以考虑选择日雨量作为统计变量；对于持续时间较短的阵性降水或时间较短的非持续性增雨（雪）作业，可以选择小时雨量作为统计变量。

在此基础上，结合人工增雨作业信息确定作业样本（逐日的区域平均降水量或逐时的区域平均降水量），同时从相应历史同期雨量资料中选择符合条件的样本（逐日的区域平均降水量或逐时的区域平均降水量）。

4. 区域平均降水量的计算

作业影响区或对比区通常包含多个地面雨量站，实际应用中需要计算区域平均降水量。通常以各站点降水量的算术平均近似代替区域平均降水量$\bar{r}$，即该区域内所有地面雨量站点的雨量观测值 r_i 之和除以该区域内地面雨量站点数 n，其计算公式为

$$\bar{r} = \frac{1}{n}\sum_{i=1}^{n} r_i \tag{7.9}$$

5. 确定作业影响区

根据实际作业情况（作业工具、作业点或飞行作业轨迹、作业仰角和方位角或催化作业高度、催化剂及用量等），结合作业影响时效、作业高度的高空风等进行综合判断。

针对不同催化作业方式，其作业影响范围的估算方法不同。

对于地面火箭作业，近似认为是线源播撒或点源播撒，考虑地面火箭的有效射程，结合线源或点源扩散理论和作业高度高空风的风向、风速，确定作业影响区范围。

对于飞机作业，首先要分析实际的飞行播撒作业方式，确定飞机是线源播撒扩散或面源播

撒扩散或是两者结合的播撒扩散。根据飞机的实际飞行轨迹，结合作业高度的高空风考虑催化剂的水平扩散和水平传输，确定作业影响区范围。

6. 选择和确定对比区

(1)选择对比区

作业影响区范围确定后，可根据以下原则选择对比区：①对比区通常选在作业影响区的上风方或侧风方，要求不受催化作业影响；②对比区的地形、面积与作业影响区大体相仿；③对比区和作业影响区受相同或相似天气系统影响(对于对流云降水过程，可借助雷达回波分析)；④对比区与作业影响区的降水量相关较好。

(2)相关分析

利用作业影响区和所选对比区的历史雨量资料，对两区的区域平均降水量进行相关分析。相关系数的大小反映了两区区域平均降水量的相关程度：

$$r=\frac{\sum_{i=1}^{n}(x_i-\bar{x})(y_i-\bar{y})}{\sqrt{\sum_{i=1}^{n}(x_i-\bar{x})^2\sum_{i=1}^{n}(y_i-\bar{y})^2}} \tag{7.10}$$

式中，分子为协方差 $S_{xy}=\frac{1}{n-1}\sum_{i=1}^{n}(x_i-\bar{x})(y_i-\bar{y})$，分母为标准差 $S_x=\sqrt{\frac{1}{n-1}\sum_{i=1}^{n}(x_i-\bar{x})^2}$ 与 $S_y=\sqrt{\frac{1}{n-1}\sum_{i=1}^{n}(y_i-\bar{y})^2}$ 的乘积，x_i、y_i 分别是历史期对比区、作业影响区的区域平均降水量，$\bar{x}$、$\bar{y}$ 分别是历史期对比区、作业影响区区域平均降水量的平均值，n 是历史样本数。

(3)确定对比区

根据对比区选择原则，选择多个不同的备选对比区(包含不同的地面雨量站点)，利用相关分析方法分别计算不同的备选对比区与作业影响区的相关系数，从中选出相关系数最大的备选对比区作为最终选定的对比区。

7. 统计变量的正态检验和正态变换

利用区域历史回归统计检验方法进行统计分析时，要求统计变量满足正态分布。通常情况下，地面降水量(日雨量、小时雨量等)不满足正态分布，如果要利用地面降水量进行作业效果统计检验，需对其进行正态变换，并利用柯尔莫哥洛夫分布函数拟合度检验方法检验变换后的统计变量是否服从正态分布。

利用柯尔莫哥洛夫分布函数拟合度检验方法分别对历史期作业影响区和对比区的区域平均降水量(或其代换变量)进行正态分布拟合度检验。

假定 n 个区域平均降水量数据为一列一维数组，设为 $\boldsymbol{a}$，具体算法步骤如下：

(1)对数组 $\boldsymbol{a}$ 按从小到大的顺序进行排序，得到一个新的数组 $\boldsymbol{b}$。

(2)求数组 $\boldsymbol{b}$ 的平均值 $\bar{x}$ 和标准差 S。

(3)求经验分布函数值。经验分布函数值等于$(i-1)$与 n 的比值 $F_n(x_i)=\frac{i-1}{n}$，其中 i 表示数组 $\boldsymbol{b}$ 中数据所对应的序号，取值 $1,\cdots,n$，n 表示样本总数。

(4)求理论分布函数值。首先求出数组 $\boldsymbol{b}$ 中每个数据值与数组 $\boldsymbol{b}$ 的平均值的差，再除以数组 $\boldsymbol{b}$ 的标准差 $\tau_i=\frac{x_i-\bar{x}}{S}$，式中 $S=\sqrt{\frac{1}{n-1}\sum_{i=1}^{n}(x_i-\bar{x})^2}$，查标准正态分布函数表得到数组 $\boldsymbol{b}$

中数据对应的理论分布函数值 $F(x)=\Phi(x)$。

(5)求出数组 **b** 中每个数据的经验分布函数值与对应的理论分布函数值的差值的绝对值 $d(x_i)=|F_n(x_i)-F(x_i)|$。

(6)找出所求得的 n 个差值的最大值 $D_n=\sup|F_n(x)-F(x)|$，将该值乘以 $\sqrt{n}$ 得到一个数值，设为 m，$m=\sqrt{n}D_n$。

(7)比较 m 与 1.36 的大小，如果 $m<1.36$，则认为"统计变量近似服从正态分布"，如果 $m>1.36$，则认为"统计变量不满足正态分布"。

通过不断地检验和不断地代换，最终选择服从(或近似服从)正态分布的代换变量，作为新的统计变量进行区域历史回归统计检验。

8. 建立区域历史回归方程

利用作业影响区和对比区的历史雨量资料，以对比区历史区域平均降水量为自变量，作业影响区历史区域平均降水量为因变量，采用最小二乘法建立一元线性回归方程 $y=a+bx$，式中系数 $b=\dfrac{S_{xy}}{S_x^2}=\dfrac{\sum_{i=1}^{n}x_iy_i-n\bar{x}\bar{y}}{\sum_{i=1}^{n}x_i^2-n\bar{x}^2}$，系数 $a=\bar{y}-b\bar{x}$，x_i、y_i 分别表示历史期对比区、作业影响区区域平均降水量，$\bar{x}$、$\bar{y}$ 分别表示历史期对比区、作业影响区区域平均降水量的平均值；系数 b 的分子是历史期对比区、作业影响区区域平均降水量的协方差，系数 b 的分母是历史期对比区区域平均降水量的方差。

建立上述回归方程所用变量均为变量代换后经检验满足正态分布的统计变量。

9. 计算人工增雨作业的绝对增雨量和相对增雨率

将作业期对比区实测的区域平均降水量(或其代换变量)代入回归方程求出作业期作业影响区自然降水量的估计值(或其代换变量)，其逆变换值 Y'_2 即为作业期作业影响区自然降水量的估计值。

将作业期作业影响区自然降水量的估计值 Y'_2 与作业期作业影响区的实测降水量 Y_2 进行比较，确定绝对增雨量。

绝对增雨量表示为

$$O_{HR}=Y_2-Y'_2 \tag{7.11}$$

相对增雨率表示为

$$R_{HR}=\left(\frac{Y_2}{Y'_2}-1\right)\times 100\% \tag{7.12}$$

10. 统计检验结果的显著性检验

采用 t 检验法对区域历史回归统计检验的绝对增雨量和相对增雨率进行统计显著性检验。检验统计量 t 的公式如下：

$$t=\frac{\overline{y_k}-\overline{y_k}'}{\sqrt{\frac{1-r^2}{n-2}\sum_{i=1}^{n}(y_i-\overline{y_n})^2\left[\frac{1}{k}+\frac{1}{n}+\frac{(\overline{x_k}-\overline{x_n})^2}{\sum_{i=1}^{n}(x_i-\overline{x_n})^2}\right]}} \tag{7.13}$$

式中，$\overline{y_k}$ 和 $\overline{y_k}'$ 分别表示作业期作业影响区区域平均降水量实测值(或其正态变换值)的平均值和基于对比区区域平均降水量得到的自然降水量估计值（或其正态变换值）的平均值，r 表示基于历史样本雨量资料求得的作业影响区与对比区的相关系数，k 和 n 分别表示作业样本数和历史样本数，x_i 和 y_i 分别表示历史期对比区区域平均降水量（或其正态变换值）和作业影响区区域平均降水量（或其正态变换值），$\overline{x}_k$ 表示作业期对比区区域平均降水量（或其正态变换值）的平均值，$\overline{x}_n$ 和 $\overline{y}_n$ 分别表示历史期对比区区域平均降水量（或其正态变换值）的平均值和作业影响区区域平均降水量（或其正态变换值）的平均值。

根据上述求得的 t 值查 t 分布的数值表，其中自由度 $\nu=n-2$，得到的 α 值即为前面通过区域历史回归方法估算的作业影响区增雨效果的显著性水平。α 值越小，说明统计检验结果可信度越高。

11. 给出人工增雨作业效果统计检验结果及其显著性水平

利用统计检验方法检验出的人工增雨作业效果是一个统计意义上的检验结果，因此在给出人工增雨作业效果统计检验结果的同时必须给出该统计检验结果的显著性水平。

7.4.5.3　应用说明

采用该方法对固定作业目标区和固定对比区的较长时间累积的作业样本进行增雨（雪）作业效果检验，可以使检验的结果更稳定，更易通过显著性检验。

各地可根据本地具体情况，参考以下方法进行作业引导和设计，从而逐渐积累增雨（雪）作业样本。

一方面，收集整理本地过去 10 年或更长时间范围内所有增雨作业的飞机和地面作业信息（作业点或作业区域、作业起止时间、用弹量或催化剂用量、作业高度层及温度、作业前后天气状况描述等）。对上述收集到的历史地面作业信息，以县和作业点为单位，进行统计，统计出作业较多的地方和较少的地方。飞机作业可以分成几个区域（几个县的范围），分析多年飞机作业较多和较少的地方分布情况。另外，对影响本地的历年降水天气系统进行气候分型统计分析，可以按年或者季分析各类降水天气系统的出现频次、移动方向、移动路径、所占比例等。

根据统计分析的本地历史作业分布情况，将作业少的地方作为对比区，并有意识地引导该区域以后尽量少作业或不作业；根据统计分析的历年降水天气系统的气候分型情况和选定的对比区，选择与对比区相关较好的地区作为目标区。结合降水天气系统的移向，目标区应选在对比区的侧风方或下风方，应位于作业充分的催化作业影响区范围内。利用目标区和对比区的历史降水量资料进行相关分析，计算两区域的相关系数，选择目标区和对比区相关最强的组合（相关系数至少≥0.6）。

初期各地可能由于增雨（雪）作业目标区域不固定，且没有规范的作业设计，积累的固定作业目标区和固定对比区的作业样本很少。找到一个相关较好的作业目标区和对比区组合后，结合两区域的实际作业需求，逐渐引导目标区的增雨（雪）作业充分合理，对比区范围内不受催化作业影响。这样各地逐年积累作业样本，即可根据提供的区域历史回归统计检验方法每年给出定量的年度评估结果。

7.4.5.4　人工增雨作业统计检验个例

利用内蒙古国家级地面气象站的候雨量资料对 2012—2017 年内蒙古中部地区人工增雨作业效果进行统计检验分析。

（1）选取 1970—1999 年内蒙古中部地区国家级地面气象站的候降水资料作为历史样本。

(2)合理选取对比区和目标区是科学评估增雨效果的前提。参考中部地区的作业情况，飞机和地面增雨的作业时段集中在 4—9 月，同时也是降水量集中的时段，故选取 4—9 月为作业期。统计显示，春季和夏季影响呼和浩特降水的天气系统主要有蒙古冷涡、西来槽、北槽南涡、河套低涡、贝加尔湖气旋、冷切变、暖湿切变。夏季冷锋过境时，积雨云会强烈发展，出现阵性降水，甚至冰雹、飑线等强对流天气，通常单体由于局地性较强只能覆盖到部分观测站。稳定性降水云系多来自于西或西南方向，为大范围层状云，影响范围通常纵跨呼和浩特市南部和北部，一般持续 1～3 d。

(3)根据对比区和目标区确定的原则，结合内蒙古中部地区降水天气背景及呼和浩特市人工增雨地面作业点分布与飞机增雨飞行区域，将包头市区、土默特右旗和鄂尔多斯达拉特旗站点区域设为对比区，将开展飞机作业和地面火箭作业较为集中的呼和浩特市区、土默特左旗和托克托县气象站所涵盖区域设定为作业目标区(表 7.1 和图 7.1)。

表 7.1　对比区和目标区内各气象站点信息

		站名(站号)		
		包头(53446)	土右旗(53445)	达拉特旗(53457)
对比区	经度(°E)	109.9	110.5	110.0
	纬度(°N)	40.5	40.5	40.4
		站名(站号)		
		土左旗(53464)	呼和浩特(53463)	托克托县(53467)
目标区	经度(°E)	111.2	111.7	111.2
	纬度(°N)	40.7	40.8	40.3

(4)考虑到影响呼和浩特地区的大型降水天气过程一般持续 1～3 d，并且实际业务中针对每次有量降水过程基本上都不会放过增雨作业的机会，这里选取对比区和作业目标区气象站点的逐候降水量作为统计变量。为避免由于不稳定性降水造成过强的局地影响，通过对主要降水形势及降水可能的气象观测站覆盖范围分析，在采用候降水量进行统计评估时，还分别对两个区域所涵盖的气象观测站候降水量作 3 站平均处理。

图 7.2 为 1970—1999 年对比区和目标区的平均日降水量和候降水量变化。从图中可以看出，两个区域平均日降水量的相关系数为 0.67，候降水量相关系数为 0.76，候降水量的相关性优于日降水量。

从图 7.3 对比区和目标区全年各候历史(1970—1999 年)3 站平均降水量的变化可以看出，两个区域各候多年平均降水量随时间的变化特征比较接近；汛期降水量均集中在夏季(6—8 月)，目标区各候平均降水量略高于对比区，最大相差 7.6 mm。由 30 年历史降水资料容易计算得到对比区、目标区候平均降水量相关系数为 0.98，具有较好的相关，表明两个区及统计变量的选择比较合理。

(5)采用柯尔莫哥洛夫分布函数拟合度检验法检验两个区候降水量(4 站平均，下同)的历史变化是否满足正态分布。考虑到降水量一般与正态分布偏离较大，在进行正态分布检验前首先对两个区域的候降水量做一定变换处理，通过试验选择，选择 4.5 次方根变换。

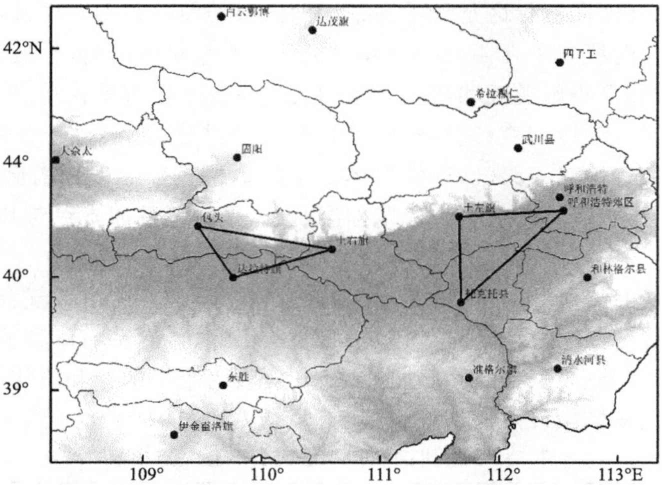

图 7.1　选择的对比区(左边三角区)和目标区(右边三角区)范围示意

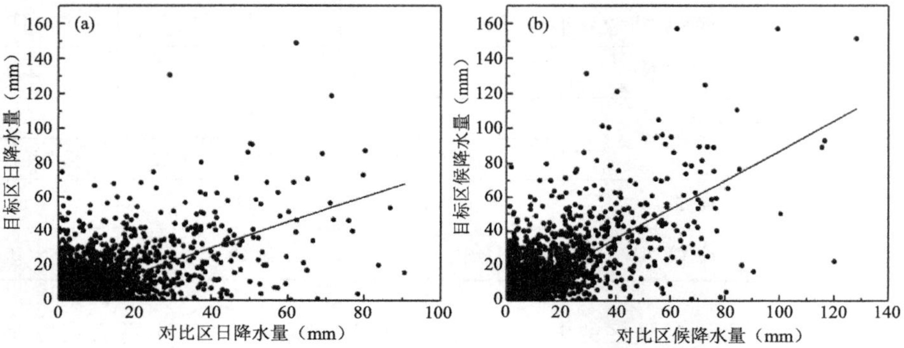

图 7.2　1970—1999 年对比区、目标区平均日降水量(a)和候降水量(b)对比

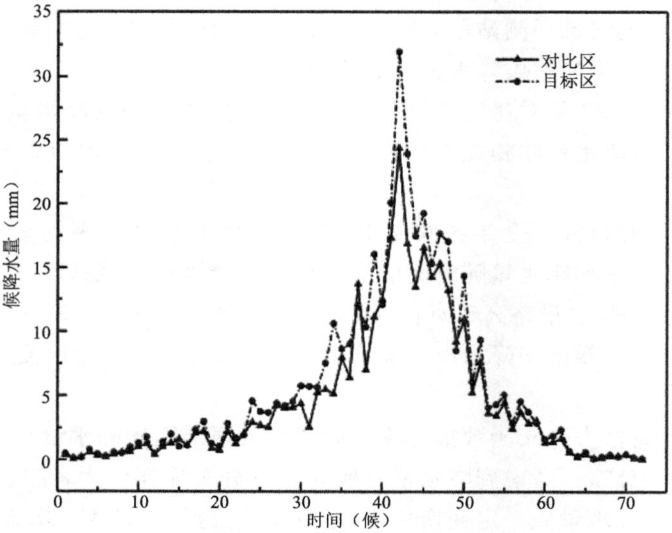

图 7.3　对比区和目标区各候的 3 站平均以及历史(1970—1999 年)多年平均降水量变化

考虑对比区与目标区同时出现降水现象，统计得到对比区和目标区候降水量的历史样本容量 $n=1103$。经 4.5 次方根变换的对比区候降水量 $x_i(i=1,2,\cdots,n)$ 的样本平均值 $\bar{x}=1.356$，标准差 $S_x=0.49$；经 4.5 次方根变换的目标区候降水量 $y_i(i=1,2,\cdots,n)$ 的样本平均值 $\bar{y}=1.448$，标准差 $S_y=0.47$。由以上检验结果可知，2 个变量经 4.5 次方根变换后 P 值均大于 0.05，满足正态分布。因此，对比区和目标区的候降水量经过 4.5 次方根转换后满足正态分布，可以建立回归方程。

(6)对于对比区和目标区服从 4.5 次方根正态分布的候降水量资料，利用式(7.14)容易计算出二者候降水量相关系数 $r=0.826$。这也表明了所选择的对比区与目标区候降水量间存在很好的相关。

$$r=\frac{\sum_{i=1}^{n}(x_i-\bar{x})(y_i-\bar{y})}{\sqrt{\sum_{i=1}^{n}(x_i-\bar{x})^2\sum_{i=1}^{n}(y_i-\bar{y})^2}}\qquad t=r\times\sqrt{\frac{n-2}{1-r^2}}\tag{7.14}$$

采用 t 检验法对两个区域的候降水量相关系数进行显著性检验。取显著性水平 $\alpha=0.05$，结合历史样本容量值 $n=1103$，查 t 分布表易知 $t_{0.05}=1.96$。容易计算得到候降水量相关系数 t 检验值 $t_{实}=48.62$，$t_{实}$ 远大于 $t_{0.05}$，即对比区和目标区的候降水量相关非常显著。

(7)根据历史回归统计原理，通过最小二乘法可以计算出两个区域候平均降水量的线性拟合关系 $y=a+bx$。系数 a、b 可由式(7.15)和(7.16)求得，容易计算得到 $a=0.381358$，$b=0.786385$。

$$b=\frac{\sum_{i=1}^{n}(y_i-\bar{y})(x_i-\bar{x})}{\sum_{i=1}^{n}(x_i-\bar{x})^2}\tag{7.15}$$

$$a=\bar{y}-b\bar{x}\tag{7.16}$$

运用方差分析，在对比区和目标区历史候降水量均总体服从正态分布且二者相关较好的条件下，采用 F 检验以检验所确定的一元线性回归方程的显著性。有：

$$F=\frac{u}{\dfrac{Q}{n-2}}\tag{7.17}$$

$$u=\sum_{i=1}^{n}(\hat{y}_i-\bar{y})^2\tag{7.18}$$

$$Q=\sum_{i=1}^{n}(y_i-\hat{y})^2\tag{7.19}$$

式中，u 为依变量回归估计值 $\hat{y}_i$ 对平均值 $\bar{y}$ 的离差平方和，表示自变量对因变量的线性影响贡献；Q 为依变量实测值 y_i 对回归值 $\hat{y}_i$ 的离差平方和，表示除自变量以外其他随机因素影响大小。计算得 $u=164.10$，$Q=76.43$，$F_{实}\approx2363.79$。根据自由度$(1,n-2)$，$n=1103$，查 F 分布函数表知，显著性水平 $\alpha=0.05$ 对应 $F_{0.05}=3.85$。可见 $F_{实}$ 远大于 $F_{0.05}$，表明上述线性回归效果非常显著。

由此可知，通过计算获得的候降水量变化关系式，即可由作业期对比区的候降水量来估算目标区候降水量的期望值。

(8)基于上述方案，对 2012—2017 年呼和浩特市人工增雨效果进行统计评估，选取 4—9 月为评估时段，将作业期间对比区实测候降水量经 4.5 次方根变换后代入上述回归方程，可计算出对应的目标区候降水量估计值 $\hat{y}_t$，再与目标区实际候降水量 y_t 相比较，便可以评估出作业目标区各候增雨量 $\Delta y = y_t - \hat{y}_t$，计算得到目标区 6 a 人工增雨作业累积增加降水量约 284.96 mm。相应地，也可获得 4—9 月平均相对增雨率。

为确定所获得的增雨量是为人工影响所致抑或仅仅是降水的自然变差，再采用多个事件 t 检验法检验增雨量的统计显著性。即有：

$$t = \frac{\overline{y_k} - \overline{\hat{y}_k}}{\sqrt{\frac{1-r^2}{n-2}\sum_{i=1}^{n}(y_i - \overline{y_n})^2\left[\frac{1}{k}+\frac{1}{n}+\frac{(\overline{x_k}-\overline{x_n})^2}{\sum_{i=1}^{n}(x_i-\overline{x_n})^2}\right]}} \tag{7.20}$$

式中，n 和 r 分别是建立以上回归方程时的样本容量和对比区与目标区统计变量的相关系数，$\overline{x}_n$、$\overline{y}_n$ 分别为对比区和目标区候降水量的历史平均值，k 是人工增雨统计试验次数，$\overline{x}_k$、$\overline{y}_k$ 分别为对比区和目标区统计变量 k 次试验平均值，$\overline{\hat{y}}_k$ 为目标区候降水量估计值 k 次试验平均值。

统计调查 2012 年以来多年的平均增雨效果。自 2012 年以来逐年累加的汛期增雨效果统计结果详见表 7.2。2012—2017 年汛期作业候数 $k=86$，计算得到增雨量 $t_{实}=3.68$，且通过 $\alpha=0.01$ 显著性检验。随着人工增雨作业统计样本的增加，使用区域历史回归方法统计的人工增雨效果相对增雨率渐趋于稳定，平均为 28.2%，其显著性水平超过 0.01。2012—2017 年 4—9 月人工增雨作业累计增加降水量为 284.96 mm，人工增雨作业效果显著。

表 7.2 区域历史回归试验法分析目标区 2012—2017 年 4—9 月人工增雨效果统计情况

	2012 年	2012—2013 年	2012—2014 年	2012—2015 年	2012—2016 年	2012—2017 年
作业期样本数(候)	12	31	51	66	77	86
增雨量(mm)	70.40	196.97	158.68	224.56	256.52	284.96
平均相对增雨率(%)	47.1	63.6	26.6	30.4	28.0	27.8
$t_{实}$	6.67	6.61	3.37	3.79	3.70	3.68
显著性水平(α)	0.01	0.01	0.01	0.01	0.01	0.01

7.5 人工影响天气效果的物理检验

我国早在 20 世纪 60—70 年代，就已重视观测催化前后云体外形的特征变化、云内温度分布和垂直速度的变化等。福建古田水库人工增雨试验后期，就曾对试验区进行过大气冰核浓度、自然和人工催化后的雨滴谱、雨水中 Ag^+ 含量分析以及雷达回波参量变化的观测和统计分析工作，对人工增雨效果的统计分析结论给予了一定的物理解释。

物理检验是根据云和降水形成原理和人工影响机制，利用直接探测、遥感探测和示踪技术等各种探测技术，测量催化导致的宏观动力效应和微观物理效应等播云的直接效果，制定相应的指标，检验人工影响是否显著地改变这些指标。物理检验通常有以下 3 个方面。

1. 云微物理参数的观测分析

云微物理参数是用以检验播云概念是否合理以及所采用的技术方法是否有效的最直观和最有效的响应。主要是利用飞机粒子测量系统(PMS)、含水量仪、冰雪晶取样仪、飞机颠簸仪、飞机积冰仪、云滴谱取样仪、凝结核计数器、冰核计数器、地基及机载微波辐射计或通过地面观测降水结构特征等探测技术手段，提供催化剂参与云雾质粒的核化、水凝物增长的物理证据。监测的云微物理参数主要包括：

(1)催化作业前云结构自然本底性质的监测，关键参数有液态云水含量、冰晶浓度及其空间尺度，大气本底核(如云核、冰核浓度等)的观测，以及人工播撒后目标区上空与其周围环境间的核浓度对比观测；

(2)人工播撒后在云中的目标区内冰晶数浓度，云中过冷水含量的变化特征，冰晶和降水粒子的形态、浓度、尺度谱变化特征；

(3)地面降水特征的连续监测，包括地面降水粒子谱、降水粒子形态的变化特点等。

2. 云宏观动力学特征的观测分析

动力学响应参数是催化作业后反映云体宏观物理特征变化的参数，如层状云的云顶特征或对流云云体的回波顶高、回波体积、云的色调变化、回波持续时间等。

云的宏观特征变化主要是通过目测或利用雷达、飞机以及照相或录像等各种技术手段，观测人工影响前、后作业云体的宏观特征变化和动力学响应而得到。主要包括云的生命期、云体的外形、云顶特征、云的色调、光学现象的变化，飞机飞行平稳度的变化，飞机积冰状况的变化，云含水量垂直与水平分布特征的变化，云内温度垂直廓线和水平分布特征的变化，云内垂直气流变化以及其他专项观测的动力参数。

在缺少直接观测手段的情形下，雷达可作为检验催化作业宏观特征与动力响应的主要手段，一般观测回波顶高的变化、回波强度的垂直廓线和最强回波高度的变化、回波水平和垂直尺度及强度梯度的变化、回波持续时间的变化等。

3. 降水化学响应参数的变化

检验催化作业后的人工冰核扩散和传输、降水化学特性，主要包括人工冰核扩散和传输范围的直接观测或示踪观测，监测目标区内的冰核浓度及其变化；降水物的化学分析，通常为测定地面降水中的 Ag^+ 含量，针对 AgI 催化采用冷台冻滴技术观测降水水样中的冻结核浓度及其变化。

7.5.1　适用范围

这里阐述的是针对既有人工增雨播云作业过程进行基于天气雷达探测的播云作业效果物理检验技术方法。

任何地面火箭、烟炉作业个例以及飞机作业个例，只要获得详细的作业信息(地面火箭、烟炉作业信息包括地面作业点经纬度、作业方位角和仰角、作业用弹量、作业起止时间等；飞机作业信息包括飞机飞行轨迹、机载作业装备和催化剂种类、飞行作业高度和温度、作业剂量、作业起止时间等)、时间和空间覆盖整个作业过程的天气雷达探测基数据等有关信息资料，均可利用本章阐述的基于天气雷达探测的播云作业效果物理检验技术方法。

本方法适用于人工增雨(雪)作业、人工消雨(雪)作业、人工消云作业、人工防雹作业等效果物理检验。以下内容针对人工增雨作业效果物理检验阐述。

7.5.2　方法步骤

1. 作业过程合理性分析

根据获取的作业信息，对待检验的作业个例（地面火箭作业或飞机作业）的播云作业过程进行合理性分析。只有通过合理性分析认为播云作业过程基本合理的作业个例，才进行下述的物理检验。对明显不合理的作业个例则放弃检验。

2. 准备雷达资料

通过分析作业信息，收集时间和空间覆盖整个作业过程的天气雷达探测基数据作为物理检验的必备资料。

3. 选择雷达探测物理量

天气雷达探测的物理量有很多，建议选择国际上常用的 5 个雷达探测物理量（回波顶高、回波体积、最大反射率、垂直累积液态水含量和降水通量）进行播云作业效果的物理检验。5 个雷达探测物理量的定义如下。

（1）回波顶高。这里所述的回波顶高是指给定 dBZ 阈值单元体的回波顶高，即用给定 dBZ 阈值对雷达回波进行识别，某单元体回波顶高是指不低于该阈值的雷达回波所在的最大高度。

（2）回波体积。这里所述的回波体积是指给定 dBZ 阈值单元体的回波体积，即给定 dBZ 阈值进行识别后，识别出的某单元体实际体积。

（3）最大反射率。这里所述的最大反射率是指给定 dBZ 阈值单元体内的最大 dBZ 值，即给定 dBZ 阈值进行识别后，识别出的某单元体中雷达回波 dBZ 的最大值。

（4）垂直累积液态水含量。这里所述的垂直累积液态水含量是指给定 dBZ 阈值单元体内，由 0 ℃层到单元体层顶每层最大反射率因子计算的液态水含量的累积。

给定 dBZ 阈值进行识别后，对识别出的某单元体，垂直方向从 0 ℃层开始，记为 $iz0$，在这一层单元体中找出 dBZ 值最大的格点，根据水物质密度 M 与反射率因子 Z 关系（M-Z）转换成单位网格液态水含量。按同样方法向上找到单元体层顶，记为 izT，将从 0 ℃层高度到层顶高度得到的每一层液态水含量累加，得到垂直累积液态水含量。具体计算步骤如下：

1）在识别出的某单元体中的任一层高度，找出该层 dBZ 值最大的格点。

2）将该最大 dBZ 值转换成反射率因子 Z（单位：mm^6/m^3）：

$$Z=10^{\left(\frac{dBZ}{10}\right)} \tag{7.21}$$

3）由反射率因子 Z 计算水物质密度 M（单位：g/m^3）：

$$M=3.44\times10^{-3}Z^{4/7} \tag{7.22}$$

4）将单元体内每一层水物质密度 M 在垂直方向从 0 ℃层高度到层顶高度进行积分得到 VIL（单位：g/m^2）：

$$\mathrm{VIL}=\int_{iz0}^{izT}M\mathrm{d}z \tag{7.23}$$

5）将单位转换为 kg/m^2。

因为厘米波雷达对大粒子敏感，对云滴反应很弱，所以 VIL 只是降水物的累积。同时，冰雹的存在会产生强回波，导致降水物密度出现不可靠的高值，因此实际应用时将所有大于 55 dBZ 的反射率取为 55 dBZ。

（5）降水通量。这里所述的降水通量是指给定 DBZ 阈值单元体内，水平投影的每个单元格垂直最大反射率因子计算的降水通量总和。具体计算步骤如下：

1）对给定 dBZ 阈值识别出的某单元体，在水平投影面格点逐点找出其垂直方向上最大 dBZ 值，并将其转换成反射率因子 Z（单位：mm^6/m^3）：

$$Z=10^{\left(\frac{DBZ}{10}\right)} \tag{7.24}$$

2）根据反射率因子 Z 与降水率 R 的经验关系（Z-R）计算降水率 R（单位：mm/h）：

$$R=\left(\frac{Z}{200}\right)^{1.6^{-1}} \tag{7.25}$$

3）将单位转换成 m/s。

4）将降水率 R 乘以格点面积 ΔA，得到格点面积上的降水通量（单位：m^3/s）：

$$\Delta P_{flux}=\Delta A\times R \tag{7.26}$$

5）将单元体水平投影面所有格点上的降水通量相加，得到该单元体总降水通量（单位：m^3/s）：

$$P_{flux}=\sum\Delta P_{flux} \tag{7.27}$$

4. 确定作业云体单元

根据作业过程的详细作业信息，基于覆盖作业过程的雷达探测基数据资料，在雷达探测回波图上准确定位作业位置或作业区域，确定作业云体单元。

（1）飞机播云作业

如果作业的目标云系是均匀的层状云系或面积较大的云系，通常适合飞机播云作业。

如果飞机针对云系的某一区域进行了充分播撒，根据探空资料和雷达探测资料等综合判识的高空风向和风速以及云系的移向移速，结合飞机播云作业的起止时间（假定认为播云催化剂有效作业时间为 3 h，有学者认为可以更长），那么就比较容易确定播云作业影响的云体单元及其移动方向和影响区域范围。

如果飞机没有针对相对固定的某一区域进行充分播撒，或者飞机只是沿着飞行航线直线播撒，那么确定播云作业影响的有效云体单元及其移动方向和影响区域范围就非常困难。

（2）地面火箭作业

根据地面火箭作业点的经纬度在雷达探测图上准确定位作业位置，结合作业时间、作业方位角和仰角，根据作业时刻的雷达回波，可以判定地面火箭作业是否合理。对于合理的地面火箭作业，可以精确确定作业云体单元。对于明显不合理的作业，则放弃进行物理检验。

5. 对作业云体单元进行识别追踪

选择国际上常用的 5 个雷达探测物理量（回波顶高、回波体积、最大反射率、垂直累积液态水含量、降水通量），对作业云体单元物理属性进行分析。根据作业单元物理属性，选取与作业单元相适合的回波反射率和回波体积 2 个特征值为阈值，在雷达探测范围内进行云体回波识别。将识别出的云体单元进行编号，并对编号后的作业云体单元的整个生命期进行追踪。

6. 选择和确定对比云体单元

在雷达探测范围内，根据所选取的回波反射率和回波体积 2 个特征值的阈值，识别出与作业云体单元发展演变比较类似的云体（特别是作业前与作业单元发展趋势相似的云体），将这些识别出的云体作为备选的对比云体单元进行编号和追踪。

选择 5 个雷达探测物理量（回波顶高、回波体积、最大反射率、垂直累积液态水含量、降水通量），比对分析所有备选的对比云体单元与作业云体单元的物理量在作业前时段的发展演变趋势，从中选出作业前与作业云体单元的物理属性最接近、发展和变化趋势最相似的备选单元确定为对比云体单元。

7. 识别追踪对比云体单元

对编号的所有备选云体单元和选择确定的对比云体单元的整个生命期自动识别追踪。重点关注这些云体单元的物理属性变化。

8. 比对分析作业云体单元和对比云体单元的时间序列变化

选择 5 个雷达探测物理量（回波顶高、回波体积、最大反射率、垂直累积液态水含量、降水通量），分别绘制出作业云体单元和对比云体单元这 5 个物理量随时间的变化曲线，标识出作业信息，比对分析作业云体单元和对比云体单元物理量的时间序列变化。由于不同的云体单元生消演变的生命期时间往往不在同一时刻，因此分析云体单元时间序列变化的时间坐标最好选择云体单元的生命期时间（即归一化的时间）；当不同的云体单元生消演变的生命期时间比较一致时，时间坐标也可以选择实际的北京时或世界时。

9. 给出播云作业是否促使作业云体单元发生变化的物理学证据

选择 5 个雷达探测物理量（回波顶高、回波体积、最大反射率、垂直累积液态水含量、降水通量），比对作业云体单元和对比云体单元整个时间序列的变化差异，将两者作业以后的变化差异去除掉作业之前已经存在的差异后所存在的差异视为评判播云作业是否促使作业云体单元发生变化的物理学证据。若作业云体单元较对比云体单元有正偏离，则增雨（雪）催化作业具有正效果；若作业云体单元较对比云体单元正偏离不明显或呈负偏离，则增雨（雪）催化作业效果不明显或为负效果。

7.5.3 应用说明

根据有关人工影响天气的指导意见，人工增雨作业后的地面降水量的统计检验结果需要有物理检验提供播云催化所产生变化的物理证据。因此，建议首先采用基于地面降水量的区域历史回归方法对累积样本的人工增雨作业效果进行统计检验，然后利用基于天气雷达探测的物理检验技术方法对这些累积样本的作业目标单元进行物理检验，给出播云作业效果相应的物理证据。

实际应用中，尝试对上述统计检验个例作业过程的播云作业目标单元进行物理检验。但由于一部常规天气雷达的探测范围有限，有时探测范围内可能不易找到播撒作业前与作业目标单元的发展演变趋势比较一致的对比单元，最终只能单独对作业目标单元作业前、后的演变趋势进行简单对比分析，不能给出统计检验结果对应的有力物理证据。

7.5.4 人工影响天气效果物理检验个例

下面给出内蒙古自治区呼和浩特市 2016 年 5 月 23 日增雨作业的效果分析。

1. 作业概况及合理性分析

受高空槽影响，内蒙古自西向东出现了明显降水天气。5 月 20 日晚，内蒙古自治区人工影响天气中心组织人员进驻增雨基地，密切监视天气系统演变，多次组织会商，寻找最佳作业时机，做好在辖区内（包头市、呼和浩特市、乌兰察布市）实施飞机增雨作业的一切准备工作。23 日开展了 1 架次增雨作业，具体飞行概况见表 7.3。

表 7.3　2016 年 5 月 23 日人工增雨作业概况

飞行时间	09:06—11:14
催化时间	09:12—10:57
催化层高度	约 3.6 km
探空选择	2016 年 5 月 23 日呼和浩特市 08 时探空
催化层风向	260°
催化层风速	36 m/s
催化剂用量	37 根 AgI 烟条
催化剂型号	RFY-1(AgI 含量 12.5g/根,成核率约 1.03×10^{15}个/g)

本次作业时长近 1 h 45 min,催化层高度约 3600 m,消耗冷云烟条 37 根。利用雷达组合反射率、FY-2 反演云顶高度、探空云识别等方法判别作业有效性,得出以下结论:此次作业高度位于回波区中上部,作业高度选择合理,作业过程中一直在云中飞行,比较平稳,催化结束后在云底飞行,出现轻微颠簸,作业层温度为−6～−4 ℃,相对湿度一直在 80%以上,作业过程中机翼一直有积冰,催化剂选择合理,作业方式选择垂直于高空风水平耕云式穿飞,飞行轨迹大多位于回波范围,催化剂播撒充分,是一次典型的冷云飞机增雨作业。

2. 影响区与对比区的确定

以催化剂扩散 1 h 后的范围确定影响区,并在垂直于系统移动方向上影响区前后约 12 km 确定对比区 1 和对比区 2(图略)。

3. 效果分析

利用多参数区域动态对比分析法(K 值法,K=影响区参量/对比区参量),对影响区和对比区的雨量、卫星云顶高度、过冷层厚度、光学厚度等参量进行对比。其中,影响区与对比区的雨量、卫星云顶高度及光学厚度的 K 值类似,均在作业前和作业时有增大的趋势,催化作业 1 h后由于催化剂还未起作用,K 值有所降低;当催化作业 2 h 后受到催化剂的影响,K 值开始增大,作业后 2～3 h 内影响区的雨量、卫星云顶高度及光学厚度均有明显增加趋势,雨量增加明显。卫星反演的过冷层厚度 K 值在催化开始到作业结束时有下降趋势,作业后 3 h 呈上升趋势,在作业后 3～4 h 影响区的过冷层厚度呈下降趋势,之后又出现明显的上升趋势。卫星反演产品 K 值响应时间比雨量等参量 K 值响应时间提前约 1 h。

综上所述,此次催化作业有一定效果,作业后 3～4 h 之内效果最为明显(图 7.4)。此外从干旱监测图来看,此次自然降水以及人工增雨有效缓解了中部地区的干旱,效果显著。

7.6　人工影响天气效果的数值模拟检验

数值模拟评估人工影响作业的效果,可以帮助减少评估所需的时间,已成为人工影响天气效果检验的一种基本方法。采用催化数值模式评估人工影响作业的效果,首先是根据云和降水的宏观动力学和微物理学过程,建立一套能够较真实地模拟自然云和降水在各种条件下发展过程的数值模式,然后根据人工影响天气播云理论与假说在模式中合理地描述人工催化的作用(如暖性云播撒吸湿性核、冷性云播撒致冷剂或人工冰核等)。这样,在相同的初始条件下

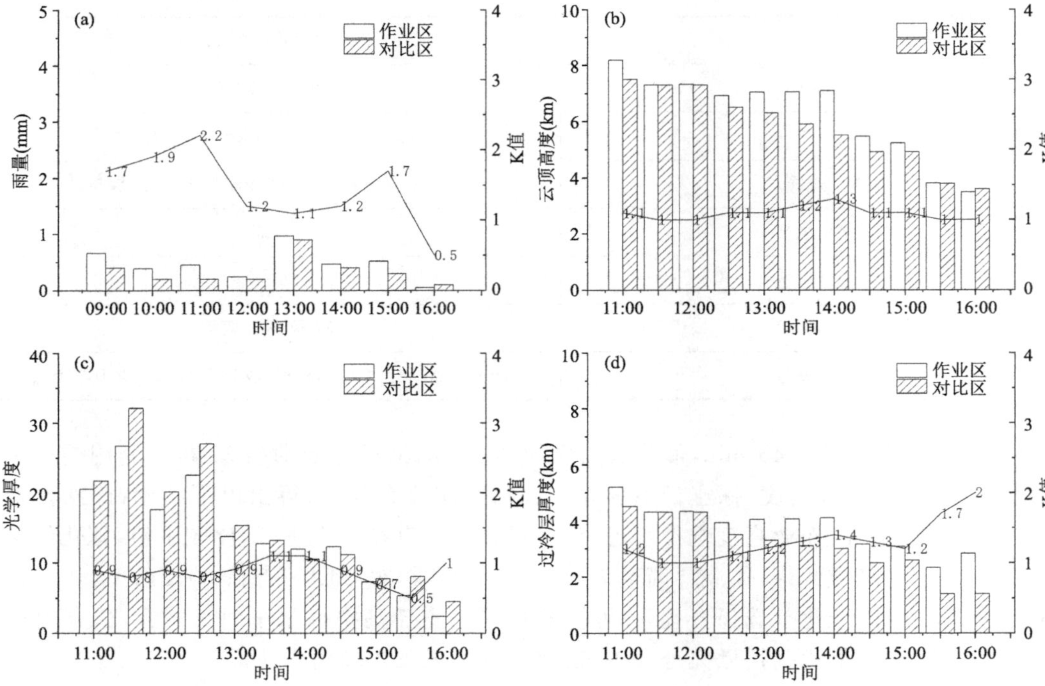

图 7.4　2016 年 5 月 23 日作业前后雨量及卫星参数的 K 值变化

(a)雨量；(b)云顶高度；(c)光学厚度；(d)过冷层厚度

(温、压、湿、风等分布变化特征，下垫面特征；背景大气气溶胶和凝结核/冰核分布等)，对比催化与不催化下云和降水宏观、微观结构，发展过程以及人工催化的各种微物理和动力响应，即可以定量地了解催化效果。

数值模拟在人工影响天气中主要起两个作用，一是优化试验方案设计，预测目标云的可播性，选择合适的作业对象与技术方法，提高播云作业试验的预见性、科学性，从而避免盲目作业；二是定量预报催化与不催化情况下云和降水的发展与演变，并与实际观测结果做比较，从而判断人工影响作业的效果。不过，只有当云降水模式的功能提高到可以重复再现观测结果，可把各类资料加以融合而更贴近实况，才可发挥主导作用。

现阶段由于人们对云和降水自然规律以及人工催化影响机制了解得还不够深入，发展的数值模式对实际云和降水过程做了相当大的简化，还不够完善，用于直接定量地预报云和降水结构、发展与演变过程仍然较为困难，因此数值模式目前还不能作为一种十分可靠的效果检验手段来应用。但随着人们对云和降水过程认识的深入，监测手段的不断完善及数值模拟的改进，人们预测自然降水和催化作用的能力将大幅度提高，数值模拟将成为效果核验的重要手段。从长远来看，用数值模式做精确、定量的云和降水预报是解决人工影响天气效果检验问题的重要途径。云数值模拟不仅能够描述云降水的主要过程，而且能够描述云的多种宏、微观物理过程相互作用的整体演变过程，为人工影响天气催化试验提供预期的效果。当前，数值模拟已成为人工影响天气理论研究最为重要的组成部分。

在暖云催化试验中，大多采用在云内合适部位播撒吸湿性核或大水滴的方法进行，而对于冷云催化，通常采用在云内播撒致冷剂或人工冰核的方法进行。

目前，国内外建立和发展的一维、二维和三维人工催化数值模式，尽管尚不十分完善，但通过催化模拟试验，不仅可以了解云和降水是否因催化而改变，而且可以了解这一过程中每个环节（链）的变化。这就可提出一个定量的人工催化假说，指出各种物理量应有的变化，以便有针对性地进行物理检验的观测甚至指导相关观测仪器的设计与开发。这对提高人工影响天气效果评估的科学性和客观性都是非常重要的，并在人工增雨、人工防雹科学研究和效果评估中已发挥出越来越重要的作用。从长远来看，用数值模式做精确、定量的降水预报是解决人工影响天气效果检验问题的主要途径。当然，为了达到这个目标，还需要做长期艰苦的努力。

7.7　人工影响天气效果综合检验技术方法

根据上述统计检验方法、物理检验方法和数值模拟检验方法可以归纳得到人工影响天气作业效果综合检验技术，2005 年，肖辉等总结出了一套人工增雨效果综合检验技术方法（图 7.5）[①]。具体内容介绍如下。

（1）收集示范区各雨量站的历史降雨量数据以及外场综合探测数据，包括地面雨量、雷达回波、卫星云图、云中粒子谱、微波辐射计资料、地面雨滴谱等。

（2）根据历史降雨量数据以及外场综合探测数据，利用统计分析方法，建立目标区自然降水预报的回归分析方程。结合影响区实测降水量，给出增雨量和增雨效果，并对结果进行显著性检验。也可用统计数值模拟方法，研究不同样本容量降水自然起伏分布和不同功效试验样本分析等。

（3）根据外场综合探测数据，分析作业前后云中物理参量和地面降水参量的变化，给出物理响应的证据。

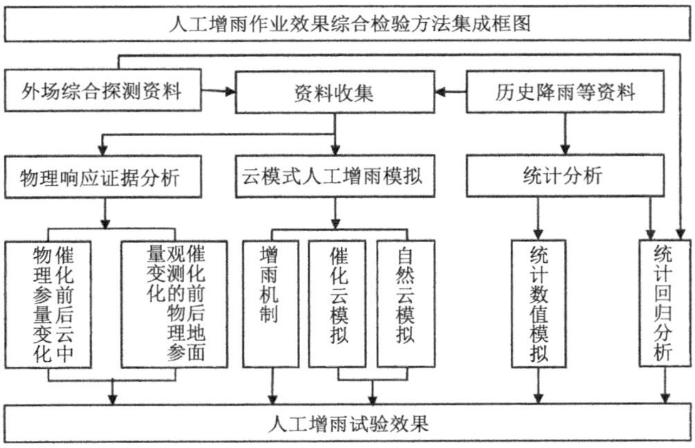

图 7.5　人工增雨作业效果综合检验技术方法集成图

（4）针对外场催化作业个例和实际作业剂量，用人工影响天气云数值模式分别模拟未加催化的云（自然云）和加催化的云（催化云）产生的地面降水量、降水强度和降水范围等特征参量的变化，计算出催化增雨的效果，并分析催化增雨机制。

① “十五”国家科技攻关计划专题“人工影响天气效果综合检验技术方法研究”结题报告[R]. 专题编号：2001BA610A06-10.

(5)综合以上几个方面的分析研究，给出人工增雨作业的效果。

7.8 小结

人工增雨的效果，是指人工增雨作业后，云和降水是否产生了预期的变化。这种变化既包括降水有否增加，也包括云和降水的宏、微观物理量，诸如云的厚度、面积、上升气流速度、持续时间、云体内的温度廓线及冰晶浓度、含水量、谱宽、雷达回波等参数是否产生了预期的改变。前者称为人工增雨的间接效果，也是最终效果；后者称为人工增雨的直接效果或物理效应。二者原则上应该一致，但由于最终效果所受的影响因子及其时空分布的复杂多变，实际上它们之间仅表示存在着相关的关系。上述用来表示效果的量（包括物理量和非物理量）统称效果指标。

效果检验的方法主要有统计检验、物理检验和数值模拟。

不同的作业方案设计和人工增雨效果统计方法，以及由于统计模型与资料拟合不准确，或试验对象实际不属于同一统计母体，或个别极端事件的权重过大等因素，会导致统计效果及其显著度有明显的起伏变化，从而得出不一致的统计分析结论。因此，需对效果统计分析方案进行比较，择优选用。人工增雨效果统计检验必须面对两方面的问题，一是选择什么样的检验方案，才能在最短的试验周期内客观、科学地检验出催化效果；二是对某一确定的检验方案，需要多少样本容量才能得出可信的统计分析结果。由于影响自然降水的制约因素很多，无法完全在参数性统计检验中反映出来，真实效果更是无法确切获知，因此上述两方面的问题无法直接回答。但可通过试验的功效、准确度和灵敏度分析，给予统计上的比较认定。本章介绍了几种常用的非随机试验和随机化试验的效果统计检验方法，并对它们进行了比较。

人工影响天气效果的物理检验主要目的在于为评估效果提供相应的物理学证据。物理检验的途径和方法的选择，是根据对云施加影响后所能产生的一系列物理过程变化有敏感响应的关键参数的测量要求而定的，其中包括云微物理响应参数、云动力学响应参数、降水化学响应参数等。物理检验提供的证据和信息，对人工影响天气物理基础及催化效果的统计检验结论提出了物理解释和佐证，对人工影响天气技术方法的改进和作业方案设计具有重要的指导作用。

随着对云和降水机制的深入研究，探测技术、数值模拟和计算机技术的发展，深入探索人工催化原理和机制，寻找可以减少降水自然变率制约的物理预报因子。正确地设计试验方案和作业方案，获得综合的新资料集，提高数据处理和融合水平。开展人工影响天气效果的统计学方法、物理学方法和数值模拟技术相结合的综合性效果检验，从多方面开辟人工影响天气效果评估的发展前景。

此外，人工影响天气科研部门与业务部门无论何时、何地都应当在一起协作、一起攻关，共同解决人工影响天气领域进展缓慢的许多问题。未来，人工影响天气的发展单靠业务计划或研究计划是远远不够的。在两方面共同努力下，人工影响天气效果检验难题必将能够解决！

思考题

1. 人工影响天气效果检验有几种基本方法？
2. 列举几个国际上开展过的大型外场试验。

3. 统计检验的基本概念是什么？分为哪两种检验？哪种检验准确度高？为什么？
4. 目前统计检验的非随机化试验的常用方法有哪些？
5. 物理检验的基本概念是什么？有哪几方面内容？
6. 为什么物理检验仍主要采用统计方法，即物理效应的统计检验？
7. 物理检验相比统计检验其优越性体现在哪里？
8. 效果的数值模拟研究是指什么？
9. 现阶段数值模拟主要应用于哪些方面？其指导意义是什么？

第8章 人工影响天气业务技术系统

实践证明，建立一套适合当地特点、满足人工影响天气业务需要、自动化程度较高的人工影响天气业务技术系统，是成功的人工影响天气业务的重要组成部分。逐步发展建立科学性强、能稳定运行的业务技术系统，是保障人工影响天气工作稳步发展的关键之一。

8.1 业务技术系统的发展历程

在开展人工影响天气作业的早期，从观测资料获取到加工处理分析，多采用人力手工劳动。由于受当时的通信和计算条件限制，信息处理决策指挥的实时性不够。但是老一辈人工影响天气科学家多年坚持不懈的努力为后期人工影响天气业务技术系统的开发从方法、技术及认识等多方面提供了科研积累。

20世纪80年代，随着计算机技术的普及和气象业务现代化建设的起步，国内较早开展人工影响天气作业的吉林、新疆、内蒙古等省(区)根据自身的条件和特点，开始不同程度地应用计算机进行相关作业信息的加工处理，推进了人工影响天气业务与气象业务同步向自动化迈进。1989年，黑龙江将现代化技术应用于人工影响天气业务技术系统。

随着全国人工影响天气协调会议制度的建立(1994年)，国家加大了对全国人工影响天气工作的组织和指导，多次召开全国人工影响天气技术交流研讨会，推动了这项工作的发展。有条件的省(区、市)在当地政府和科研攻关项目的支持下，边作业、边研究、边进行人工影响天气现代化建设。到“八五”末期，吉林、河北、北京、新疆等10个省(区、市)先后开发了各具特色的业务技术系统。在这些系统中明显增强了对云物理观测、判据指标和概念模型的自动、半自动化处理分析和显示功能及实时监控能力。

“九五”期间，随着“9210工程”建设，新一代基本气象业务系统投入运行，我国气象业务现代化快速发展，计算机和气象通信传递能力迅速提高，一批国家级、省级人工影响天气科技攻关项目立项实施，为人工影响天气业务技术系统的发展奠定了基础。2001年中国气象局科教司在天津举办“九五”人工影响天气重点成果推广暨业务技术系统建设主流演示会议，有近20个省(区、市)参与交流展示。这一时期的业务技术系统在整体设计、系统功能、科学性、实用性及与气象业务系统衔接方面有明显提升。人工影响天气决策指挥自动化能力迈上了新台阶。

2009年，全国人工影响天气业务系统交流会议召开。2011年，在北京召开了全国业务系统演示交流及观摩会议，全国气象部门各领域业务系统进行了交流演示，对人工影响天气业务技术系统的发展起到推动和促进的作用。此后，人工影响天气业务技术系统迈进了快速发展阶段。

业务技术系统早期是由各省(区、市)着手开发的，发展至今由国家人工影响天气中心组织开发，目前中国气象局人工影响天气中心有一系列的业务系统。另外，借助区域人工影响天气工程组织开发了区域性的业务系统，目前完成的有东北区域人工影响天气业务系统。业务系统也从早期单一的发展成为目前集成化的；开发平台从DOS操作系统环境发展为Windows

系统；从无地理信息发展到采用 MapInfo、ArcGIS 再到现阶段采用高清影像及地理信息数据；从 C/S 架构发展到 B/S 架构居多再到未来的云十端的形式。

8.2　业务技术系统的基本组成

人工影响天气业务技术系统的目的主要是满足人工影响天气业务、管理全流程的需要，能够准确及时地获取、处理各类信息，快速决策指挥作业，高效地完成人工影响天气作业条件选择、作业方案设计和决策、作业实施、作业后评估、安全管理等全流程。因此，业务系统的基本组成应当涵盖监测分析、预报预警发布、实时监控、效果评估、信息上报以及安全管理等全流程的模块，其中必须有一个实现人工影响天气业务及安全相关的数据采集功能，涵盖各监测数据、预报预警产品、作业相关信息及装备弹药等全部信息的综合数据库作为后台支撑。

内蒙古自治区在人工影响天气领域多年来一直走在全国的前列，在业务技术系统开发方面也不例外。从 20 世纪 80 年代起发展到今天紧紧围绕人工影响天气业务现代化建设要求，以“一平台、一系统”为核心，构建无缝隙、精准化、智慧型的现代人工影响天气监测预报预警、作业指挥和效果评估业务体系，实现了全区人工影响天气产品在线发布，决策指挥逐级指导，作业状态实时监控，人工影响天气作业装备、弹药信息实时采集和统一管理，集约化的现代人工影响天气业务系统初步形成。目前，内蒙古自治区人工影响天气业务技术系统包含云降水精细化分析平台、综合业务技术系统、移动终端系统(APP)、装备弹药物联网系统、地空通信系统、安全射界系统、电子沙盘系统、空域申报系统(图 8.1)。

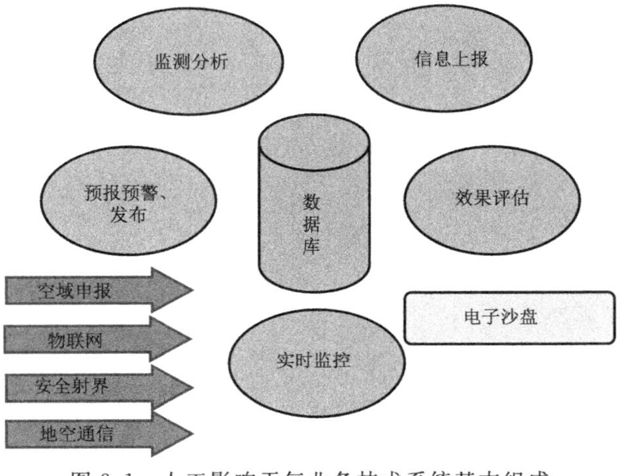

图 8.1　人工影响天气业务技术系统基本组成

8.3　云降水精细化分析系统

8.3.1　系统简介

内蒙古人工影响天气作业指挥系统——云降水精细化分析平台是基于 AuroView 地理信息系统 V4.0 和相关科技支撑课题的云物理精细处理分析技术成果，结合本地云物理概念模型和指标体系开发建设的。该系统可为人工影响天气作业人员、科研人员提供一个高效的云降水精细化分析、飞机作业设计和实时跟踪指挥、产品制作、效果分析等功能的业务平台，从而提高内蒙古地区人工影响天气工作的科技水平和业务水平。

8.3.2　系统结构

内蒙古云降水精细化分析平台集常规观测数据(地面、高空、雨量、自动气象站等)、人工影响天气特种观测数据(X 波段双偏振雷达、天气小雷达、GPS/MET、雨滴谱、微波辐射计)、卫星及卫星反演产品数据、雷达探测数据、L 波段探空数据、闪电数据、飞机作业及探测数据等于一体,经数据标准化处理后,可在 CPAS 平台进行单项资料分析或单一技术方法分析,也可进行交互分析或综合分析,最终实现对人工影响天气作业科学有效的决策指挥。系统总体结构如图 8.2。

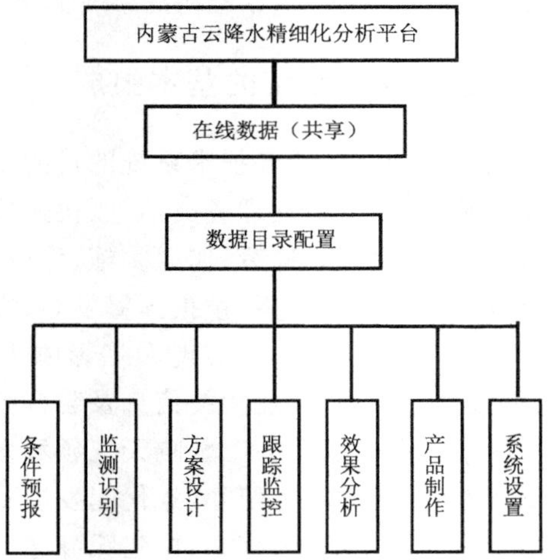

图 8.2　内蒙古云降水精细化分析平台结构图

8.3.3　系统功能介绍

内蒙古云降水精细化分析系统功能主要包括卫星云参数反演、数据集成显示、数据综合分析、潜势预报分析、作业条件监测识别分析、飞机作业方案设计和跟踪决策、作业效果分析、产品制作以及其他本地化功能。

(1)卫星云参数反演。基于卫星、探空和地面观测资料,针对区域云结构特点,优化云特征参数的获取反演技术,获取内蒙古区域范围云顶高度、云底高度、云粒子半径、云光学厚度、过冷层厚度等卫星云结构特征参数产品。

(2)数据集成显示。实现卫星数据、卫星反演产品、多普勒雷达基数据(PPI、CAPPI)、雷达产品数据、小雷达、L 波段探空数据、雨量数据、闪电数据、自动气象站数据、飞机轨迹和探测数据、作业数据等的综合集成显示。

卫星资料和产品显示实现卫星数据、卫星反演云物理参数产品的显示。

多普勒雷达数据和产品显示实现多普勒雷达的体扫数据(回波强度、速度等)、雷达产品的显示。

基础气象观测资料显示实现 MICAPS 数据、L 波段探空系统秒级探测资料、雨量数据、自动站数据的显示。

人工影响天气特种观测资料显示实现 X 波段双偏振雷达数据、天气小雷达数据、GPS/MET 数据的显示。

基础地理信息和人工影响天气资源信息显示实现基础地理信息、高炮和火箭位置、相关设施等的显示。

辅助功能模块提供分屏显示、辅助视窗、距离测量以及面积测量等功能。

(3)数据综合分析。基于卫星、雷达、L 波段探空等资料,精细化分析云和降水的宏、微观结构演变。

时间序列分析实现卫星反演产品、探空数据、雷达数据的时间序列图分析。

空间剖面分析实现卫星反演产品、雷达数据、雨量数据的垂直剖面分析。

T-re 分析实现 FY-2 静止卫星的 T-re 变化分析。

区域信息统计实现区域的云参数产品、雷达回波强度、雨量等信息的统计。

(4)潜势预报分析。利用中小尺度数值模式产品,根据概念模型和指标,综合判定增雨潜力区;提供人机交互分析功能,判断降水潜力区。

(5)作业条件监测识别分析。建立以云物理实时精细分析为核心的云识别、云追踪、云物理分析等功能,根据本地作业指标,实现 3 h 播云条件监测识别、综合判断是否存在增雨作业的条件,以及可作业天气形势出现的时段、区域,合理选择作业目标区。

(6)飞机作业方案设计和跟踪决策。根据条件监测预警分析产品、实况数据,选定合适的作业云系,选择有利的作业区域,设计飞行作业航线,提出合适的催化方案、飞机播撒作业时间、飞行高度等,制定飞机增雨作业方案设计。

实时监控飞行轨迹、详细的飞行信息和云物理探测信息,了解云中的温度、湿度场以及各种探头探测到的微物理信息。

(7)作业效果分析。提供云参数对比、雷达回波对比的物理检验方法,雨量对比的统计效果评估功能。

(8)产品制作。提供服务决策产品专题图、决策服务报等制作功能。

(9)本地化功能。实现本地 724XSP 全固态双偏振多普勒雷达资料、地基多通道微波辐射计资料、闪电定位仪资料的接收、显示和分析使用;接收本地 MM5 微物理数值模式产品,实现各种产品(整层和分层云水、雨水、雪水、冰晶、霰等以及增雨潜力区)的显示、分析,包括时间序列、空间垂直剖面分析。

基于云降水精细化分析系统,业务人员开展的平台业务流程如图 8.3 所示。

业务流程	输入	处理	输出
作业指导产品	干旱图 降水图 云模式分析 模式指标选取		作业过程预报 作业潜力预报
作业条件监测识别分析	卫星数据 卫星反演产品 雷达数据 雷达产品 L波段探空数据 雨量数据 自动站数据 雨量累计数据 闪电数据 GNSS/MET数据 其他特种观测数据	动画分析 空间分析 时间序列分析 区域统计分析 联动分析 T-re分析 参数显示 产品制作输出	作业目标区产品 条件预警报产品
飞机作业指挥	雷达数据 潜力区产品		飞机作业方案报
飞机跟踪指挥	飞机实机轨迹显示 历史轨迹回放 云微物理分析		
作业效果检验	卫星反演产品 雷达数据 雨量数据 历史轨迹	雨量累计计算 增雨量计算 直观对比分析 区域对比分析 序列对比分析 影响区/对比区确定	效果分析报产品
	在线数据库	分析工具 产品制作工具	

图 8.3　平台业务流程图

8.3.4　系统应用举例

2016 年 5 月内蒙古自治区大部分地区降水量不足 20 mm,大部分地区出现中度以上气象干旱。5月20—25日受高空槽与地面倒槽影响,配合槽前西南暖湿气流的有利条件,内蒙古从西至东出现明显降水天气,各级人工影响天气中心抓住有利时机,开展了人工增雨作业,有效缓解了旱情。下面以中部地区飞机增雨作业过程为例进行系统业务说明。

根据模式预报显示,5月22日20时至5月23日20时,受高空槽东移影响,内蒙古中西部有冷暖混合云系自西向东移动,云顶高度3~5 km,有一定的冰相粒子与液态水含量。云体垂直结构分析显示(图略),过冷水较少,位于−15~0 ℃层(海拔高度2000~6000 m),含量为0.001 g/kg,云中冰晶较少;云中降水粒子丰富,主要位于2000~8000 m高度。

内蒙古人工影响天气中心利用云降水精细化分析系统对23日卫星反演产品、L波段探空资料等进行综合分析。监测资料分析表明,22日23时起,内蒙古中西部有云系覆盖,为典型层云,云垂直发展密实,整层相对湿度较大,0 ℃层和−10 ℃层分别位于3.6 km、5.4 km高度,云系自西南向东北移动,移速约为50 km/h。云中局部具有丰富的液态水含量,05时云顶温度局部最低约为−28 ℃,光学厚度最大可达28。23日凌晨呼和浩特地区云系条件变好,适合飞机增雨作业。

根据以上分析,河套地区整层都为西南风,风速18 m/s(约65 km/h),23日凌晨呼和浩特地区云系条件变好。05时通过云降水精细化分析平台设计飞行航线。

从云降水精细化分析平台显示的飞行过程中微物理分析表明(图略),此次作业高度位于回波区中上部,作业高度选择合理,作业过程中一直在云中飞行,比较平稳,催化结束后在云底飞行,出现轻微颠簸,作业层温度为−6~−4 ℃,相对湿度一直在80%以上,作业过程中机翼一直有积冰,催化剂选择合理,作业方式选择垂直于高空风水平耕云式穿飞,飞行轨迹大多位于回波范围,催化剂播撒充分,是一次典型的冷云飞机增雨作业。

8.4 内蒙古自治区人工影响天气综合业务系统

随着科技的进步以及社会对人工影响天气服务需求的提升,为了提高全区人工影响天气业务能力,实现内蒙古自治区人工影响天气业务系统与国家级、区域级人工影响天气业务系统的无缝对接,内蒙古人工影响天气中心研发完成了集作业指导产品的发布、天气过程检测预报、人工影响天气作业跟踪监控、效果计算、信息上报以及人工影响天气业务综合管理等于一体的具有内蒙古自治区特色的人工影响天气综合业务系统。

系统将从CIMISS系统中获取各种数据,并将各级人工影响天气单位产生的产品、方案、指令存储到数据库中,同时由共享发布系统发布产品。系统主要由监测预报、指导产品、作业监控、综合业务、通知公告和产品上传6个模块组成。

8.4.1 监测预报模块

在此模块中用户可查看最新的预报产品和监测产品。

预报产品主要包括本地MM5模式产品和GRAPES_CAMS模式产品。

本地MM5模式产品有不同时次的降水场(对流性降水量、间隔性降水量)、云微观场(可降水量、雨水含量、雨水量、雪水含量、霰含量、凝结核数目、云水含量、云降水量、冰晶含量)、云量(低云量、中云量、总云量)及增雨潜力区预报产品。

GRAPES_CAMS模式产品有云宏观场(云带、垂直累计液态水含量、垂直累积过冷水、云顶温度、云顶高度)、云微观场(云微观场、总水成物场+风场+温度、云水比含水量、雨水比含水量、冰晶比含水量、雪比含水量、霰比含水量、冰晶数浓度、雨滴数浓度、雪数浓度、霰数浓度)、垂直结构(Q_c、N_i、T 垂直剖面、Q_s+Q_g、Q_r、H 垂直剖面)、降水场(3 h 降水、6 h 降水、24 h 降水)。

监测产品包括卫星云特征参量产品(云顶温度、云顶高度、过冷层厚度、光学厚度、有效粒子半径、液水路径、黑体亮温)、雷达拼图。

用户通过鼠标点击相应的产品名称,该产品会在显示界面中央显示。在产品上方可选择预报产品区域、高度层次、起报时间、预报时效以及动画播放等功能,产品右侧会显示同时次相关的预报、监测产品,方便预报员及指挥人员选择需要的预报产品。

8.4.2 指导产品模块

作业指导需要上下级、上下游地区之间方便地传递信息,并能够及时接收和浏览信息,因此发送指导产品时,具有一键式选择单位、定向发送的功能。指导产品(信息)以推送的方式传递到目标单位,通过产品查看状态的不同颜色进行提示。所有指导产品可以实现分类管理、关键词查询、发布和接收单位统计等功能。

本模块包括作业天气过程预报、作业天气潜力预报、作业条件监测预警、专项活动保障预报、作业效果分析报以及地面作业方案报等指导产品的查看、检索、产品查收阅读情况以及指导产品上传统计等功能。

8.4.3 综合业务模块

此模块包括作业管理、弹药管理、装备管理、作业站点管理、人员管理、年报/半年报等6部分内容。

作业管理可以实现全区人工影响天气作业信息浏览、作业信息填报、作业信息统计以及作业统计图表。此外,还可以进行作业信息质量统计以及飞机作业方案和轨迹的上报工作,还具备作业信息的筛选导出功能。

弹药、装备、作业站点、人员以及年报/半年报管理可以实现全区人工影响天气弹药、装备、站点和人员信息的浏览、录入、统计以及管理工作。

8.4.4 通知公告模块

此模块主要包括常规通知公告、地面作业上报质量报、飞机作业上报质量报、预报产品检验报告等报告的查看、检索等功能。

8.4.5 产品上传模块

此模块实现了不同级别用户上传各类预报预警产品、作业效果分析、地面作业方案以及各类通知报文的功能。模块规定了各类文件的命名规范,不符合规范的文件将无法上传至系统中。

8.5 人工影响天气移动终端系统

8.5.1 系统结构

移动指挥监控系统总体分为3个部分:服务端、手机端和指挥端。

(1)服务端是移动指挥监控系统的核心,主要负责数据交互和数据的后台处理,其运行内容并不直接向各级用户展示。服务端以数据库为基础进行搭建,包含 web 服务和信息管理网站 2 个模块。数据库和 web 服务功能结合，具体负责气象数据、雷达数据和云图数据的处理与格式统一，计算作业参数，接收用户反馈的作业状态、信息上报等内容。数据库和信息管理网结合，负责实现系统的分类分级管理功能。

(2)手机端(APP)主要负责数据的解析与显示和反馈作业信息。服务端将格式统一后的数据发送至手机端，手机端解析数据后可直接显示气象信息、预报预警信息、指导产品并实时接收作业指令。手机端包含有作业站点的安全射界图，通过卫星定位信息和 GIS 技术，自动分析作业装备与安全射界图中心点的相对位置，协助判断作业的安全性。作业人员参考各类信息，按照作业指令进行作业并实时反馈作业状态至服务端。作业结束后手机端可以直接上报作业信息，并上传作业录像。

(3)指挥端主要负责向各级用户发送作业参数，以实现指挥作业的目的。作业指挥端可以编辑和发送作业指令到指定的目标用户。

移动指挥监控系统软件结构框架见图 8.4。

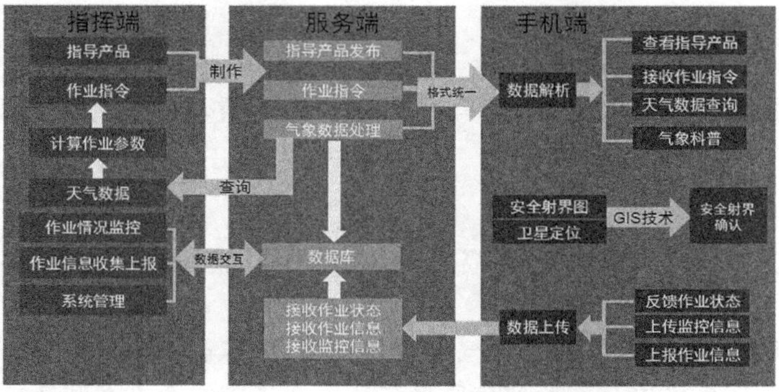

图 8.4　移动指挥监控系统结构框架

8.5.2　系统功能

手机端是系统结构中的表层应用端，包括 6 个基本模块，分别是指导产品、天气数据、作业指令、作业监控、信息上报和气象科普模块。

1. 指导产品模块

各级人工影响天气指导产品制作完成后上传至“人工影响天气综合业务系统”，手机端可随时查看指导产品。指导产品发布后，手机端会有相应提示，提醒业务人员及时查看信息。为了减少无线传输的数据量，增强信息传输的时效性，所有指导产品均在服务端进行数据处理，以图片的形式发送至各级用户的手机端，手机端查看信息时可进行缩放，方便查看具体细节。

2. 作业指令模块

作业指令发布模块安装在盟(市)级指挥端，作业指令模块安装在盟(市)级和旗(县)级手机端，作业点用户能够接收显示作业指令。作业指挥端可以编辑和发送作业指令到指定的目标用户，目标用户手机端收到指令后自动以文字和声音(震动)形式对目标用户进行不间断提示，直至其确认接收作业指令。作业指令接收后，手机端后台按用户级别和业务流程自动弹出对话窗口，保证按流程执行业务工作，避免人为操作失误导致的管理混乱。作业指令的接收状态实时向上反馈。

3. 天气数据模块

气象数据的查看分为 3 个子模块：雷达图查看、卫星云图查看和雨量查看。雷达数据和云图数据在服务端被实时解析和处理，以图片形式存储在服务器中，指挥和作业人员需要查看雷达图时，手机端向服务端发送数据请求，自动调取当前最新的雷达图和卫星云图进行查看。雨量数据分为 12 h 雨量、6 h 雨量和 1 h 雨量 3 种形式，服务端每隔 1 h 自动统计本盟(市)雨量实况，将雨量统计结果和雨量统计时段按照数据请求发送至手机端，实现雨量实况信息的查询。

4. 作业监控模块

从作业指令发布时起，每当一项作业状态完成时(指令接收、作业准备、空域申请、安全射界确认、作业开始、作业结束)，均弹出相应的作业状态确认按钮，用户点击后手机端自动上报作业状态，用户还可在此模块进行作业视频录像并上传录像，对作业情况进行监控。作业结束后，手机端自动弹出信息上报模块，由作业人员迅速上报作业信息。

在未接收到作业指令而有作业需求时，作业点级或旗(县)级用户点击“作业监控”模块，即可申请作业。作业批复后，按作业流程进行作业准备、作业实施和作业信息上报。

5. 信息上报模块

各级用户均可通过手机端的信息上报模块进行作业信息上报。通过手机端进行信息上报时，不需要将作业信息的全部内容完整填写，只需填写必要的基本作业信息，填写后作业信息上报至盟(市)人工影响天气中心；由盟(市)人工影响天气中心对作业信息进行补充和审核，上报至自治区人工影响天气中心；自治区人工影响天气中心将作业信息上报至中国气象局人工影响天气中心。

6. 气象科普模块

气象科普信息包括气象知识、天气常识、指标体系和作业规范 4 个部分，主要目的是提高作业人员的知识素养和技能水平。气象科普信息与人工影响天气指导产品的制作、处理与发布方式相同，通过服务端上传科普信息，手机端查看和显示科普信息。

7. 用户权限

内蒙古自治区人工影响天气 4 级用户(自治区级、盟(市)级、旗(县)级、作业点级)的业务职责和业务分工有所区别，因此对 4 级用户设定不同的功能权限，以适应内蒙古自治区的人工影响天气业务结构和业务管理要求。

自治区级用户具有最高权限。自治区级用户可以完整运行各种功能，可以监控全区人工影响天气作业的状态，并能查询修改数据库信息，管理其他各级别的用户。

盟(市)级用户具有较高权限。盟(市)级用户可以完整运行各种功能，可以监控本盟(市)人工影响天气作业的状态，管理本盟(市)所辖的其他级别用户。

旗(县)级用户具有较低权限。旗(县)级用户以被动接收作业指令、上报作业状态和上报作业信息为主，能查看指导产品但无法发布作业指导信息和作业指令。负责人工影响天气作业指挥的旗(县)，可分配作业指挥和监控权限。

作业点级用户权限最低。只有接收作业指令、上报作业状态和上报作业信息功能。

8.6 装备弹药物联网系统

内蒙古自治区人工影响天气作业装备弹药物联网管理系统充分借鉴气象小型项目工程经验和技术模式，采用成熟安全的物联网、地理信息系统（GIS）和大数据等信息技术，依托地面气象专网和卫星、3G/4G等无线网络，实时采集人工影响天气装备弹药生产、验收、转运（运输）、仓储、发射（作业）和报废（销毁）等环节的信息，实现全区人工影响天气作业装备弹药信息统一管理和全区人工影响天气作业信息实时监控，解决人工影响天气安全管理的薄弱环节，提高人工影响天气弹药、装备等资源的实时监管和综合调配能力，全面提升全区人工影响天气管理信息化和智能化水平，确保人工影响天气作业安全高效，充分发挥人工影响天气服务的效益。

系统由硬件部分和软件部分构成。硬件部分包括手持扫码终端和火箭作业信息自动采集系统，下发至全区12个盟（市）的仓库及作业点。软件部分为内蒙古自治区人工影响天气作业装备弹药物联网管理系统，系统由6个子系统构成，分别为装备弹药管理、人工影响天气作业监控、统计分析管理、综合查询管理、基础数据管理、系统配置管理。本节主要介绍软件系统和手持扫码终端的使用。

8.6.1 系统信息流程

内蒙古人工影响天气物联网系统信息流程主要涉及以下几个方面。

（1）从上海物管处获得弹药验收质量信息及弹药装箱信息。

（2）向国家级系统上报弹药管理信息与作业监视信息，同时接收国家级系统下发的各类信息。

（3）手持终端设备访问省级中心系统获得装备弹药分发调拨信息，同时手持终端设备将装备弹药出入库信息、装卸车信息与运输位置跟踪信息传输至省级中心系统。

（4）地面作业省级采集仪将地面作业弹药消耗信息、作业实时监控信息等传输至省级中心系统。

（5）机载端作业监视管理设备将飞机作业弹药消耗信息、作业实时监控信息等传输至省级中心系统。

系统信息流程如图8.5所示。

8.6.2 装备弹药管理

装备弹药管理子系统实现对全区范围内人工影响天气装备弹药的全流程跟踪监控及管理，主要包括弹药综合展现、弹药跟踪监控、弹药库存管理、弹药消耗管理、分发调拨管理、装备管理分布、弹药运输管理、采购计划管理、验收数据管理和厂商发货管理模块。

弹药综合展现模块从整体上对全区以及各盟（市）弹药的采购、库存以及作业使用进行宏观的统计展示。此外，综合展现界面还从全区或各盟（市）的月际分布、弹药种类占比、作业同期对比等维度对弹药的采购、库存以及作业使用量进行统计展现。在地图上点击某盟（市），会显示该盟（市）的弹药采购、库存以及作业使用统计信息，右侧统计信息展现会根据用户选择范围做相应变动。

用户点击装备弹药管理子系统的弹药库存管理模块，默认显示“库存管理”页面。库存管理对全区的所有库房的库存数据进行管理，用户可以通过点击“库房区域”选择库房或者某一区域查看该库房或该区域当前各类弹药的库存量。

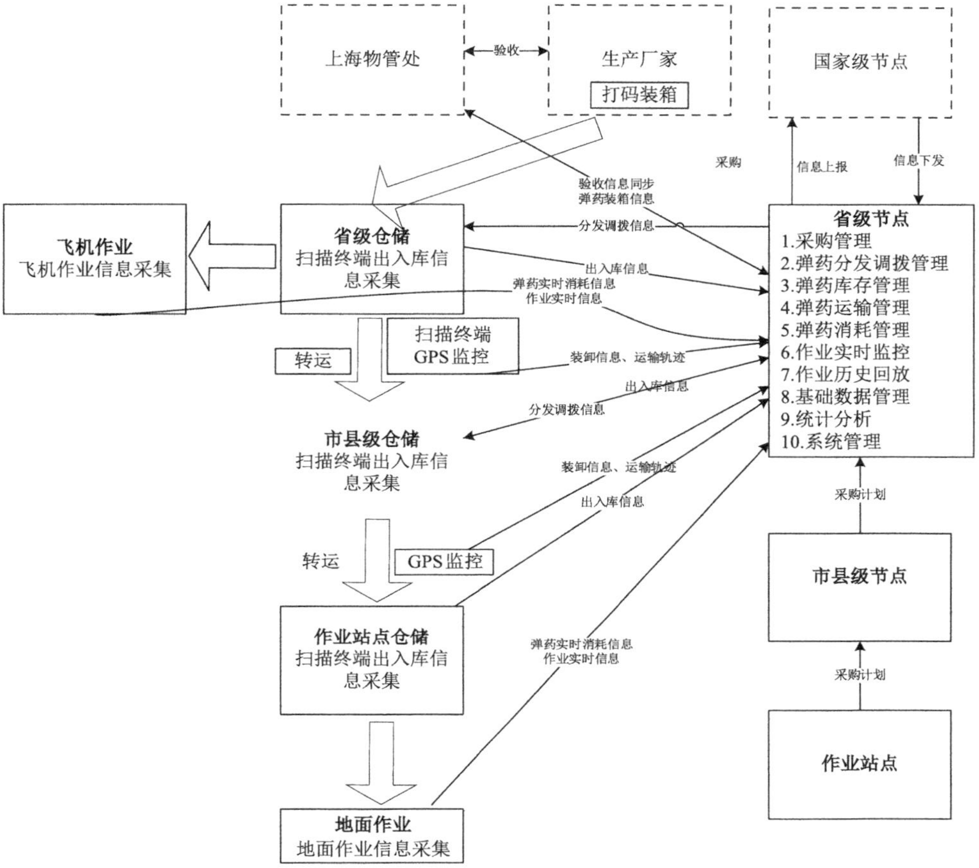

图 8.5　省级人工影响天气物联网系统信息流程图

此模块中包含“库存管理”“入库管理”“出库管理”“告警管理”“弹药报废管理”“返厂销毁管理”等功能。用户可查看全区所有库房弹药的出入库、过期告警、报废、返厂销毁等相应信息，数据精确到每一枚弹药。

选择弹药跟踪监控模块的“弹药跟踪监控”，进入弹药跟踪实时监控功能页面，该界面从库存和运输维度对弹药的管理进行监控。点击某个正在运输的车辆，会提示该运输车辆的具体信息，如运输的起始地址和目的地址、运输单编号，并能查看该车辆上当前运输的弹药详细信息。

选择弹药跟踪监控模块的“弹药跟踪”，进入弹药跟踪查询功能页面，输入弹药编码信息进行查询，可以跟踪查看到该枚弹药的整个生命流程。如果不能明确输入弹药编码，还可以通过库房区域、弹药种类等条件进行限定查询，在查询结果中选择某枚弹药，双击该枚弹药显示其流转过程和当前状态。

弹药消耗管理模块对弹药作业消耗进行列表管理。选择库房区域范围和其他条件，点击查询显示弹药作业消耗信息列表。

弹药运输管理模块以表格的形式对弹药运输进行管理。通过运输编号、派发单位、接收单位、出发时间等条件对运输管理信息进行查询，点击某条运输单信息，可以关联查看该运输单下的所有派发单信息。

装备管理分布模块,默认在地图上显示装备的地理位置。选择装备管理分布模块的“装备管理”,进入装备管理界面,用户可对人工影响天气作业的各类装备进行管理,这些装备包括高炮、火箭发射架、烟炉等。通过点击某个装备,可以提示装备的具体信息,如装备型号、装备类型、所属单位等,选择某个区域,可以提示该区域范围内各种装备类型的具体数量信息。

采购计划管理模块对各盟(市)每年度的采购计划进行管理,通过计划编号、计划年度、采购地区等条件对采购计划进行查询管理。选择某条采购计划,可以查看该计划的具体采购信息,如采购各种装备、弹药的数量信息。

选择验收数据管理模块对上海物管处系统的装备弹药验收数据进行管理。通过数据验收编号、批次、装备弹药类型等查询条件对验收信息进行查询管理。

选择分发调拨管理模块,默认进入“分发管理”页面。通过分发单位、接收单位等查询条件对分发单信息进行查询管理。选中并双击分发单信息列表中的条目,显示该条目分发弹药详细信息。选择分发调拨管理模块的“调拨管理”页面,可通过设置调拨单位、接收单位等查询条件对调拨单信息进行查询管理。选中并双击调拨单信息列表中的条目,则显示该条目调拨弹药详细信息。

厂商发货管理模块通过弹药编码、弹箱编码、弹药种类等查询条件对厂商发货信息进行查询管理。

8.6.3 人工影响天气作业监控

人工影响天气作业监控子系统实现了全区火箭及飞机作业信息的实时监控、历史作业回放、历史数据查询管理等功能。包括作业综合展现、作业实时监控、历史作业回放、作业信息管理 4 个模块。

选择人工影响天气作业监控子系统的作业综合展现模块,进入作业综合展现功能页面。选择全区或某个盟(市),会在右侧展现选择区域内飞机、地面作业的综合统计信息,近一个月的弹药消耗占比信息,年度作业月际分布信息和本年度与上年度的作业量同比信息。选择地图上某个地面作业点或作业飞机,会提示作业编号、当前经纬度、作业弹药种类及用量等信息。

选择人工影响天气作业监控子系统的作业实时监控模块,进入作业实时监控功能页面。实时监控功能在 GIS 地图上实时展现了当前正在作业的地面作业和飞机作业的位置分布情况,能够展现飞机的实时飞行轨迹和作业状态。

选择作业查询功能,通过设定作业编号、作业点名称等条件,显示符合条件的正在作业的飞机或地面作业点。通过设置图层显示,可以展示或过滤空中作业、地面作业、正在作业标牌。

选择人工影响天气作业监控子系统的“历史作业回放模块,进入历史作业回放功能页面。在地图上勾选地面作业,根据条件加载要回放的历史地面作业数据,点击“生成”按钮对历史作业进行播放。在地图上勾选飞机作业,根据条件加载要回放的历史飞机作业数据,点击“摘要”按钮对历史作业进行播放。

选择人工影响天气作业监控子系统的作业信息管理模块,进入作业信息管理功能页面。选择“地面作业信息查询”,根据作业站点编码、装备类型、作业开始时间以及作业结束时间实现对地面作业信息的查询,点击“查询”按钮显示地面作业信息数据列表。

8.6.4 统计分析管理

统计分析管理子系统主要对全区的弹药情况、装备分布、作业情况进行统计并以图表的方式进行展示。

弹药库存情况统计、弹药消耗情况统计、弹药报废情况统计、弹药采购情况统计、厂商供货情况统计、装备分布统计等模块，统计全区每种弹药的库存、消耗、报废、采购的情况，并通过堆积柱状图的方式对统计结果进行展示。

地面作业统计模块实现对当前全区的作业情况进行统计，通过作业目的、弹药种类、作业次数等信息对各区域在某段时间内的作业情况进行展现，并以作业次数分布统计和弹药消耗分布统计的方式对比全区作业情况。空中作业统计模块实现对当前全区的作业情况进行统计，通过作业区域、作业架次、弹药种类等信息字段，对各区域在某段时间内的作业情况进行展现，并以作业次数分布统计和弹药消耗分布统计的方式对比全区作业情况。

弹药综合统计模块实现对弹药的购买、消耗、库存等信息进行汇总统计，通过月报、年报的形式准确显示各类弹药的购买、使用和库存信息。

统计分析管理子系统实现对人工影响天气地面作业和飞机作业情况进行年度综合统计，通过年报的形式准确显示地面作业和飞机作业的年度累计、占比及和前一年的对比情况。

8.6.5 综合查询管理

选择综合查询管理模块进入综合查询管理功能页面。综合查询管理实现对系统数据库所含业务数据表的单表条件查询或联表条件查询，通过树形结构展现各数据库表结构，通过制定一个或多个表结构字段的范围，查询符合需要的数据。

8.6.6 基础数据管理

基础数据管理子系统包括人工影响天气单位信息管理、作业点信息管理、库房信息管理、厂商信息管理、人员信息管理、机场信息管理、作业飞机管理、装备弹药说明书管理、编码参数管理、手持终端设备管理、装车卸车管理、作业点信息管理、基础数据导入导出管理等模块。点击相应的标签可进入页面，对相应的基础数据进行增加、修改、删除和查询功能，实现对人工影响天气系统内基础信息的维护管理，还可以对基础数据进行导入、导出操作。

以作业点信息管理模块为例。点击进入作业点信息管理功能页面，作业点用户可以对人工影响天气系统内作业点信息进行增加、修改、删除和查询操作。

点击“作业点分布”，进入作业点分布管理界面，该界面显示作业点分布情况。放大地图显示作业点在各区域分布情况，鼠标移动到某作业点，会显示作业点的基本属性，如作业点编号、作业点名称、作业点类型、所属单位等信息。

8.6.7 系统配置管理

系统配置管理子系统可以对系统进行设置。

点击系统配置管理子系统，将进入用户管理模块。管理员可对系统用户进行管理，主要包括用户信息管理、角色信息管理和权限信息管理。能够修改或查询系统用户，维护系统用户的用户名及密码，可为用户分配或改变角色；实现根据访问权限为系统建立不同的系统角色，并为不同的角色分配不同的功能菜单；实现对系统功能菜单的维护管理。

在系统参数管理模块中，管理员可对系统运行参数进行维护管理，可对系统运行参数进行编辑、存储和应用，提供对本系统运行所需的各类参数的配置管理功能。通过日志管理模块可对日志输出进行控制，能够打开和关闭日志输出，并可设置日志输出级别，实现对各子系统日志输出的控制，查询管理功能能够根据条件过滤查询日志信息。数据备份与清理管理模块提供备份数据功能，数据库管理员可以按时间段和备份路径，将数据库表以数据库标准文件的形式进行导出与导入。数据统计管理模块提供数据统计管理功能，用户通过选择开始时间和结束时间，提取数据。日志安全审计信息管理模块提供日志安全审计功能，用户可以按安全事件类型和来源等条件，查询日志安全审计信息。系统告警模块显示系统状态监控情况，能够实时监控系统 CPU、内存和磁盘的使用情况。

8.6.8 手持扫码终端

手持设备开机，点击人工影响天气弹药管理 APP 图标，打开人工影响天气弹药管理手持终端系统。点击“登录”图标，打开登陆页面，输入用户名、密码，点击“登录”按钮，登录成功后，显示登录用户信息。

点击“采购入库”图标，进入采购入库功能页面，点击“扫码”按钮，扫描弹箱二维码，获取弹箱信息；点击扫描的信息列表中数据，可显示扫描详细信息。扫描完成后，点击“采购入库”按钮，终端系统提交弹箱信息到中心系统，完成采购入库操作。

需要将弹药分发到下级单位时，在主页点击“分发出库”图标，进入分发出库功能页面，根据用户权限查询显示分发单列表，选择需要分发出库的分发单，点击“扫码”按钮，进入分发单扫码页面。点击“扫码”按钮，扫描二维码，获取弹箱信息；点击“出库”按钮，终端系统提交弹箱信息到中心系统，完成分发出库操作。

将弹药装入运输车辆时，主页点击“装车扫码”图标，进入装车扫码功能页面，选择需要装车扫码的分发单，点击“扫码”按钮，进入分发单装车扫码页面。点击“扫码”按钮，扫描弹箱二维码，获取弹箱信息；点击“继续装车”按钮可继续选择分发单进行装车操作；点击“开始运输”按钮，终端系统提交弹箱信息到中心系统，完成装车操作。

装车操作完成后点击“运输跟踪”图标，进入运输跟踪功能页面，实时显示运输车辆位置信息，并上传至中心系统中。在运输过程中需保持手持终端开机，且 APP 保持开启。

待运输车辆到达目的地后，点击“卸车扫码”图标，进入卸车扫码功能页面，选择需要卸车的分发单，点击“扫码”按钮，进入分发单卸车扫码页面。点击“扫码”按钮，扫描弹箱二维码，获取弹箱信息；点击“卸车”按钮，终端系统提交弹箱信息到中心系统，完成卸车操作。

弹药接收方点击“分发入库”图标，进入分发入库功能页面，选择需要入库的分发单，点击“扫码”按钮，进入分发单扫码页面。点击“扫码”按钮，扫描二维码，获取弹箱信息；点击“入库”按钮，终端系统提交弹箱信息到中心系统，完成分发入库操作。

使用“作业出库”“作业入库”“报废销毁”“返厂出库”“装备注册”“装备报废”功能可以对弹药和装备进行不同操作，操作较为相似。以“作业出库”为例，点击“作业出库”图标，进入作业出库功能页面，点击“扫码”按钮，扫描弹箱二维码，获取弹箱弹药信息；点击“出库”按钮，终端系统提交弹箱弹药信息到中心系统，完成作业出库操作。

“弹药重编”功能可以将未使用的不同弹箱的弹药重新编入一个弹箱中。点击“弹药重编”图标，进入弹药重编功能页面，点击“扫码”按钮，扫描火箭弹二维码，获取弹箱弹药信息；点击“重编”按钮，终端系统提交弹箱弹药信息到中心系统，完成弹药重编操作。

8.7 地空通信系统

地空通信系统利用北斗卫星实现对全区人工影响天气作业飞机实时监控指挥。该系统由地面端、飞机端、服务端 3 部分构成。

8.7.1　地面端

地空通信系统的地面端软件，主要用于监控飞机端的下发数据、与各个终端进行信息交换以及实时显示相关信息，同时还能对历史数据进行回放操作。

地面端软件由 5 大模块构成。

(1)实时监控功能模块。实时监控飞机端下发的飞机轨迹相关信息，包括飞机列表、消息页面、飞行记录、航线设计、雷达数据、云图数据。

(2)历史回放功能模块。通过回放飞机作业飞行的数据重新展现飞机作业信息。

(3)消息管理功能模块。对地空通信信息进行记录，方便查询。

(4)系统设置功能模块。提供包括通信簿、本机卡号及发送频度、地图文件路径、轨迹颜色、定时保存等设置。

(5)帮助模块。显示帮助信息。

软件主界面由以下几个主要部分组成:菜单栏、工具栏、系统操作、地图显示窗口、状态栏、功能介绍栏。

实时监控模块可以对飞机端所传输回的位置信息、设备监测信息、通信信息以及作业相关信息进行详细显示和地图相关显示。点击菜单栏中的“实时监控”，即可调出实时监控页面。地图上将显示飞机的位置、飞行轨迹及作业状态等信息。左上角显示网络连接状态及北斗波束最强信号，双击北斗波束信号条可以显示全部北斗波束信息情况。

左侧飞机列表显示地面端所监控的全部飞机列表，当有监测信息时，系统会自动勾选该飞机端。选择某一飞机端并在其上点击鼠标右键可以选择实时监控、飞机居中显示、发送消息及历史回放等功能。

点击右侧地图控制按钮可以进行地图全图显示、地图平移、选取飞机、距离量测、面积量测、地图标绘、清除、地图截图、图层控制等操作。

点击系统操作区的“消息页面”进入收发消息页面，点击相应选项可以进行接收方选择、快捷短语及快捷短语管理、发送消息等操作。

点击系统操作区的“飞行记录”可查看飞机飞行记录。

在系统操作区点击“航线设计”进入航线设计页面。点击按钮后在地图窗口中绘制航线，点击鼠标右键结束绘制(最大绘制点数为 16 个)，同时点击相应的按钮可以进行清除航线、保存航线、打印航线、删除航线、发送航线、隐藏航线、航线查询及属性设置、更改地图背景颜色等操作。

点击系统操作区的“雷达数据”进入雷达数据页面。点击相应按钮可以进行打开回波、图层上移和下移、显隐雷达数据、显隐雷达圈、配置雷达显示、关闭回波分析、关闭所有雷达数据显示、雷达切面等操作。

点击系统操作区的“云图数据”进入云图操作界面。点击相应的按钮可以进行打开云图、颜色设置、设置透明度、关闭云图等操作。

点击菜单栏中的“历史回放”，进入历史回放界面。选择飞机列表中的历史数据，点击“播放”按钮即可实现轨迹回放。点击“打开”按钮，可选择需要回放的历史数据(后缀名为 dat 的文件)、CWIP 数据(后缀名为 .CSV 的文件)、中国气象局格式数据(后缀名为 .CSV 的文件)。打开文件后，将会在文件列表中显示，鼠标左键点击选中文件列表中打开的文件，然后点击“播放”按钮即可实现轨迹回放。双击划红线的部分可显示高度、温度、湿度、风向、水平风速、垂直风速、含水量及静压曲线等数据。

点击菜单栏中的“消息管理”，将显示消息管理页面，可以对历史收发消息进行查询、删除及导出等操作。

点击菜单栏中的“系统设置”进入系统相关参数的设置页面。点击相应选项可进行通信簿维护（添加、删除、修改及导入、导出通信簿）、本机卡号及发送频度设置、默认省份设置网络、北斗参数设置、北斗端口设置、定时保存设置、地图设置、轨迹颜色设置等操作。

点击菜单栏中的“帮助”，显示帮助信息等。

8.7.2　飞机端

飞机端软件由以下模块构成。

（1）实时显示功能模块。飞机端应用软件可以实时显示飞机当前的时间、经度、纬度、高度、方向、速度以及温度、湿度等信息，位置信息标绘在电子地图上，温湿度、高度图表显示。

（2）轨迹回放功能模块。通过回放飞机作业飞行的数据重新展现飞机作业信息。

（3）作业信息功能模块。对关键人工影响天气的信息进行设置，如起降机场。飞机携带的弹药类型等，在作业过程中实现对整个作业过程的实时记录。

（4）电子地图功能模块。飞机的位置信息通过电子地图更加直观地展现，有放大、缩小、测距、测面、标面、取点、截图等功能。

（5）短信息收发功能模块。通过北斗短信息实现与地面指挥中心实时互通，具有编写、显示、接收、记录短信息功能。

（6）预设航线显示功能模块。自动接收并显示地面指挥中心发送的飞机计划飞行航线。

（7）气象资料显示功能模块。自动接收并显示地面指挥中心发送的雷达、云图资料。

（8）系统设置功能模块。对本软件进行配置。

在飞机端应用软件页面可以设置飞机属性（填报单位、飞机编号、作业目的、起飞机场、降落机场、使用方式、作业人员等）、催化剂信息（弹药样式、催化剂厂商、催化剂种类、催化剂型号、催化剂总量、焰条的燃烧时间及液态二氧化碳的流速）以及进行数据管理（对起降机场、作业目的、弹药样式、催化剂厂商、催化剂种类进行编辑）。

飞机端应用软件主界面包括以下几个主要部分：操作区、信息显示区、地图显示窗口、地图操作工具栏、信息收发及历史列表显示、状态栏鼠标当前经纬度。

右上角“设备信息”显示目前状态：网络连接状态 N、北斗信号状态 B、定位信息状态 G、温湿度仪设备状态 H。双击北斗波束信号条可以查看详细的波束信息。

点击地图上方地图工具栏中相应的图标可以对地图进行平移、放大（滚轮向前推）、缩小、全图、距离、面积、取点、标点、标线、标面、标距、标圆、清除、跟随、出图、线宽、隐藏右侧等操作。

飞机端应用软件可以实时显示飞机当前的时间、经度、纬度、高度、方向、速度以及温度、湿度等信息，位置信息标绘在电子地图上。

右侧显示历史飞行记录列表，选择某一数据后双击或者点击操作条中的“播放”按钮即可实现回放。回放控制条可以对回放进行停止、加速、减速、暂停、下一数据及上一数据操作。另外，点击“打开”按钮可选择国家局格式数据，对其进行历史回放。

飞机起飞后，点击左上角的“开始飞行”按钮，软件进入飞行状态。当飞入作业位置后，点击操作区的“飞机作业”按钮，配置动态显示作业的弹药种类。点击相应的弹药类型，并设置好相应的作业参数后即可进行飞机作业，轨迹颜色会随弹药不同而不同。作业结束后，点击“结束作业”按钮完成飞机作业。点击“隐藏作业”按钮，可以隐藏作业窗口，并在地图的左下角显示飞机作业按钮，需要显示作业窗口时再次点击即可。

在主界面选择接收方，并输入需要发送的内容，点击“发送”即可发送消息。为了方便使用，设置了快捷短语，可以选择已经添加的快捷短语，并可以对快捷短语进行增删操作。点击“添加联系人”后，可对联系人及北斗卡号进行添加、删除、修改等操作。

点击操作区的“预设航线”按钮，在窗口中将弹出预设航线页面。点击某一航线可以在地图上显示该条航线信息，并能对航线进行删除、显隐和设置颜色等操作。点击“关闭”按钮，关闭预设航线。

系统设置包括基础设置、设备设置、轨迹颜色设置、帮助等。点击相应选项可设置地图文件、地图中心点及经纬度显示方式、服务端的地址、端口及设备的基本信息，轨迹颜色、查看帮助等功能。

8.7.3 服务端

地空通信系统的服务端主要用于解析北斗设备及相关设备信息和应用数据，向应用软件提供数据服务。服务端有位置、探测、作业数据自动下传功能。

在“设置”页面可以对北斗设备类型进行选择，对设备端口、波特率进行设置。设置好北斗设备后，软件会自动显示本机的北斗卡号及频度。同时，可以对温湿度仪类型进行选择，对设备端口、波特率进行设置。设备类型必须和端口号、波特率匹配，不同设备类型输出的数据是不同的。

设置位置报告是飞机端正常运行的必要功能。在设置页面，勾选“开启位置报告”，并输入报告地址，服务端将会按照这个地址将飞机端数据下发到地面服务软件，如果此服务端为地面端则忽略此项设置。

设置完成后点击“确定”，软件将自动关闭，重新启动软件即可。

8.8 安全射界绘制系统

地面人工影响天气作业所采用的高炮和火箭均属火工类产品，据生产厂家提供的资料，现在使用的人工影响天气高炮炮弹有约 1/300 的引信瞎火率和火箭弹 1/100 的发射故障率，导致作业时在一定程度上危及地面人员人身财产安全。目前，93%以上的地面人工影响天气作业安全事故是因作业点没有安全射界图或安全射界图制作不准确等原因所致。而这些地面人工影响天气作业安全事故在社会上造成了严重的不良影响，给当前人工影响天气高炮、火箭作业提出了更高的要求。

人工影响天气作业点安全射界绘制系统基于 GIS 平台，以人工影响天气作业点安全射界图绘制规范为技术指导，充分集成国内外主流的最新的高分辨率遥感地理信息数据，实现人工影响天气作业点安全射界图绘制和输出打印，为人工影响天气作业安全提供了技术支撑。

系统对火箭预设阵地和固定作业点进行安全射界图绘制，提供每个作业点可作业的方位角和仰角，同时提供安全射界范围矢量图层，供其他业务系统调用。对于临时作业点和移动作业点，系统根据作业位置和高分辨率遥感数据，人工交互式快速运算生成安全射界，并下发至移动终端系统。

(1)地图管理。系统采用开放的地图加载引擎,可选择加载卫星影像图、地形图、导航图等60余种图源,在图源选择上我们默认为天地图卫星影像。地图加载类型有以下3种模式:ServerOnly(在线服务器)、ServerAndCache(在线服务器和本地缓存)、CacheQnly(本地缓存)等。通过在文本框中填写经纬度信息,可实现位置导航。

(2)地标管理。实现人工影响天气作业点添加、管理及展示,可以根据需要从地理信息数据中导入地面要害部位数据,并用标准地标显示,也可以手工添加地面要害部位地标数据,并提供地标数据的增加、删除、编辑等功能。

(3)射界编辑。安全射界编辑模块是本系统的核心,用户须在作业点加载的10 km半径圆内的影像图上画出居民区、学校等非安全区域,地图界面最大可放大到20层级,清晰度完全满足作图需要。同时,系统实现国内人工影响天气作业点高炮和火箭弹所有型号、不同射击仰角未爆弹丸最大射程参数、理论最大射程及其随海拔增量参数等基础信息管理。

(4)射界图输出。系统实现了安全射界底图、水平距离圈、射击距离圈、方位线段、安全射界图形、安全射界编号、安全射界范围表、标注信息等要素交互式绘制,能够按照任意比例尺输出和打印。

8.9 人工影响天气电子沙盘系统

人工影响天气电子沙盘系统基于国内自主知识产权的EV-Globe三维GIS平台,结合高分辨率遥感影像和数字高程模型,实现了内蒙古人工影响天气作业装备和观测站的布局展示,卫星云图、雷达回波及降水量等天气监测信息的三维可视化分析展示,实际人工影响天气作业过程及作业方案的三维仿真模拟等功能,体现了人工影响天气空地立体作业模式,为用户提供形象直观的地理场景、飞机穿云及催化播撒效果,对提升人工影响天气指挥决策能力和作业能力起到积极作用。

8.9.1 系统结构

内蒙古人工影响天气电子沙盘系统采用C/S架构方式,以数据层、中间层和应用层三层体系结构进行设计。数据层对数据库进行访问,提取数据库中的原始数据,可对人工影响天气作业装备信息、气象探测信息等原始数据进行查询和修改。中间层通过配置信息对数据层进行逻辑检索,并对数据层提供的数据进行格式处理和逻辑运算。应用层接受用户请求和返回数据,对中间层提供的各类数据进行GIS处理和渲染,完成各项信息的显示功能。

8.9.2 系统功能

人工影响天气电子沙盘系统主要包括人工影响天气基础信息显示、天气监测数据显示、人工影响天气作业信息显示和GIS基本功能4个部分。人工影响天气基础信息显示模块可直观展示人工影响天气作业装备、常规观测站点和特种探测设备的空间分布及详细信息;天气监测数据显示模块能实时分析展示云图、雷达、探空、地面观测数据及其时空变化过程;人工影响天气作业信息显示模块可实现历史、实时人工影响天气作业过程展示、作业状态监控、作业设计模拟等;GIS基本功能模块可进行三维空间测量和地图坐标拾取。所有功能均以三维方式显示,给决策指挥提供更直观的数据信息。具体功能结构如图8.6所示。

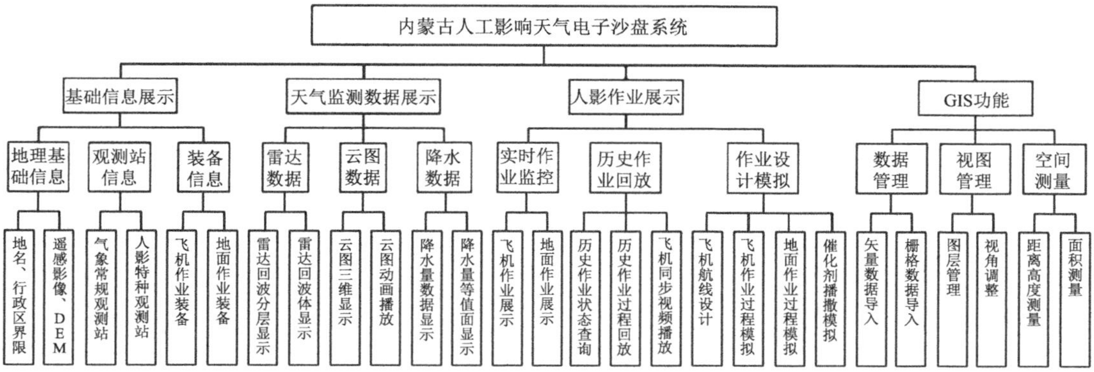

图 8.6　系统功能结构

1. 人工影响天气基础信息显示

人工影响天气基础信息显示模块三维展示人工影响天气观测装备和作业装备的布局情况。观测装备信息包含全区雷达、探空站、自动站、区域站等常规观测站和 GPS/MET、偏振雷达、微波辐射计等人工影响天气特殊观测装备的类型、位置、数量、站点名称、编码、级别、探测范围等信息，以不同颜色和图标分类显示。作业装备信息包含全区所有飞机、火箭、高炮、烟炉等人工影响天气作业装备的类型、位置、数量、站点名称、编号等信息，以不同颜色、图标、仿真模型等方式分类显示，根据显示范围的大小，图标和仿真模型自动转换显示。所有显示内容以图层树方式进行管理，配有增添图层、对图标进行编辑和信息标注等功能。

2. 天气监测数据显示

天气监测数据显示模块对云图、雷达、降水量等观测数据进行三维显示和动画展示，能够为决策者提供实时天气状况和演变过程。

云图数据源为风云 2 号卫星数据。该数据占用空间大，数据的积累不利于保持系统的运行效率，因此需要输入数据的时间范围，选定后系统从 CIMISS 自动读取和保存该时段内的数据并构建索引。显示数据时，系统在地图上进行云图的三维渲染，根据红外云图的云黑体亮温值，判断云顶高度，确定显示高度，以三维方式显示云图数据。某时段内的多个连续云图数据可按时间顺序动画播放，直观地显示云体的时空变化情况。

雷达数据为新一代多普勒雷达探测数据。雷达数据的下载和读取与云图数据类似，数据在线分析耗时较长，因此只分析显示与人工影响天气作业密切相关的回波强度数据。处理数据时，保留雷达所有仰角的回波强度数据，在三维空间中分层显示。系统还可通过 Marching Cubes 三维空间差值算法，以三维实体方式重建雷达回波体，回波体由可调整的外层、中间层、内层三层结构构成，用户可选择三层回波强度值范围，以透明化方式逐层剥离回波体，找到强回波中心位置、中心回波强度值及其体积，为人工影响天气作业提供科学依据。

降雨量数据为自动气象站、区域气象站和无人气象站的小时降雨量数据。系统根据观测站位置和相同时次的降雨量数据，利用反距离加权均值算法进行插值，获取内蒙古全域格点雨量值，再根据不同降水量等级的阈值进行分级处理，绘制等值线图和色斑图，并标注所有有降水站点的小时雨量值，实现较直观的降水量数据展示效果。

3. 人工影响天气作业信息显示

人工影响天气作业信息显示包括飞机和地面作业装备的作业过程展示。飞机作业展示包括飞机飞行轨迹、飞行高度、飞机催化播撒模拟、同步视频播放、作业方案模拟等。地面作业展示包括火箭作业轨迹、火箭发射、催化播撒和高炮发射、爆炸，以及烟炉点燃、催化播撒等作业过程状态。

实时飞机作业数据来源于人工影响天气地空通信系统，地空通信系统的机载端实时采集和记录飞机的作业参数，在天线的支持下采用北斗通信传输方式以 20 s 的间隔向地面端传输作业数据。人工影响天气区域联防平台通过内网实时采集地面端的作业数据到系统数据库中入库保存，供沙盘系统读取。

飞机作业数据内容包括时间、飞机位置、海拔高度、飞机播撒状态及大气状况等信息。系统数据以时间索引检索数据库，调取实时或历史作业数据，提取飞机作业状态，以飞机模型和航迹墙方式三维显示飞机飞行动态，并模拟催化播撒过程。用户在展示飞机作业过程时，可以利用“视角调整”按钮，从任意视角、任意距离监视飞机的动态作业过程，还可添加飞机前挡玻璃处向飞行方向拍摄的视频文件，建立视频文件和作业时间的对应关系，同步观看任意时段飞机作业过程的视频录像。

系统还具备飞机作业模拟功能。用户可根据实际需求进行飞机飞行方案的设计，设计内容包括飞行参数、飞行航线、飞行高度、催化作业参数等，以模型和动画方式仿真模拟设计方案的飞行情况。人工影响天气作业的仿真模拟，能够清晰简洁地展示预设飞行路线、飞行高度和作业时间等信息，对决策指挥和人工影响天气作业能力的提升有较大帮助。

地面人工影响天气作业数据来源于地面终端设备，以无线通信(3G/4G)方式直接向数据库发送数据，数据内容包括站点信息、时间、经纬度、作业开始时间和结束时间、催化播撒等信息。系统从数据库读取实时或历史作业数据，并对作业装备类型、弹药类型、作业位置、弹道参数和催化播撒模式进行逻辑判别，以动态和静态 2 种方式在地图上显示火箭、高炮和烟炉作业过程的三维模拟结果。

4. 多源数据集成展示

系统可叠加显示人工影响天气基础信息、天气监测数据和人工影响天气作业数据信息。云图、雷达等监测数据与地面干旱监测数据、火情点等数据的叠加显示，能够判断关注区是否满足人工影响天气作业条件；云图、雷达等监测数据与作业站点信息的叠加，大致能判断出哪些作业点具备人工影响天气作业的条件；飞机、地面作业信息与云图、雷达等数据的集成显示，能够清晰地看到当时作业过程的气象条件，是否在云中飞行，是否在强回波区作业等情况，并与实时拍摄的视频数据进行对接，能够直观地看到实际的作业画面。人工影响天气作业数据与降水监测数据的叠加显示，能够对比作业区与未作业区的降水效果。

思考题

1. 内蒙古云降水精细化分析系统主要基于什么进行开发？开发的内容有哪些？
2. 内蒙古云降水精细化分析系统包括哪些功能？
3. 内蒙古云降水精细化分析系统采用的数据包括哪些内容？监测数据有哪些？
4. 内蒙古云降水精细化分析系统数据综合分析有哪些方法？
5. 目前人工影响天气业务人员利用内蒙古云降水精细化分析系统开展的业务有哪些？

6. 人工影响天气综合业务系统有哪些模块组成？
7. 上传产品需要注意哪些事项？
8. 人工影响天气装备弹药物联网系统有哪些功能？
9. 在系统中如何添加新的作业点信息？
10. 地空通信系统由哪几部分构成？各自的作用是什么？
11. 如何在地面端设置航线？

第9章 人工影响天气管理及法规知识

9.1 人工影响天气管理

9.1.1 人工影响天气概述

人工影响天气是指为避免或者减轻气象灾害，合理利用气候资源，在适当条件下通过科技手段对局部大气的物理、化学过程进行人工影响，实现增雨(雪)、防雹、消雨、消雾、防霜等目的的活动。目前，我国人工影响天气工作已基本建立了以国家指导和协调、地方各级政府组织领导、气象部门承担管理和实施的人工影响天气领导管理体系。

9.1.1.1 人工影响天气工作性质

人工影响天气工作是气象事业的组成部分，是以政府行为为主进行防灾、减灾、救灾、生态保护与修复和重大社会活动保障，为社会进步和经济发展提供服务和保障的基础性、公益性事业。

我国是一个农业大国，也是世界上气象灾害发生最为严重的国家之一，农业生产一直受到干旱、冰雹、霜冻等气象灾害的威胁。特别是20世纪90年代以来，受全球气候变化影响，我国干旱发生更加频繁，水资源短缺日趋严重，生态环境进一步恶化，已经成为制约我国社会经济进一步发展的关键因素之一。多年来，在党中央、国务院的坚强领导和各地区、各有关部门及军队的合作支持下，人工影响天气工作走过了不平凡的历程，取得了非常显著的成就，为保障国家粮食安全、水安全、生态安全和重大社会活动的运行安全做出了重要贡献。特别是党的十八大以来，人工影响天气工作进入发展最快、服务最广、效益最突出的阶段，服务领域由抗旱减灾向粮食安全、生态安全、水安全等全方位发展并取得显著服务成效。一是开展抗灾救灾功绩卓著。在抗御多次大旱中，积极开展人工增雨作业数十万次，降下了“救命水”；在扑救多起森林大火中，数百次降下“及时雨”，发挥了极其关键的作用。二是保障粮食安全功不可没。在作物生长关键期、需水关键期和关键农时季节，尽最大可能抓住有利天气条件，开展人工增雨防雹作业，对粮食减灾保产、实现增产发挥了重要作用。三是服务生态建设成效明显。在生态脆弱区、重点江河流域和大型水库汇水区、水资源严重短缺地区，常态化开展人工增雨(雪)作业，改善了水资源条件，优化了生态环境。四是成功保障重大活动。圆满完成南京青奥会、G20杭州峰会、抗战胜利70周年纪念活动、建军90周年阅兵活动、北京冬奥会申办等人工影响天气保障服务，保证了活动的顺利开展。

毛泽东同志曾经在1956年1月25日指出，“人工造雨是非常重要的，希望气象工作者多努力”。江泽民同志对解决我国水资源短缺问题，指示要“开源”与“节流”并重。加强人工影响天气工作，通过人工增雨(雪)开发空中云水资源，是“开源”的一项重要措施。习近平同志指出，“气象工作关系生命安全、生产发展、生活富裕、生态良好，做好气象工作意义重大、责任重大。要求广大气象工作者发扬优良传统，加快科技创新，做到监测精密、预报精准、服务精细，推动气象事业高质量发展，提高气象服务保障能力，发挥气象防灾减灾'第一道防线'作用。"推进人工影响天气高质量发展，是切实发挥气象防灾减灾"第一道防线"作用的重要抓手。2005年4月4日，国务院办公厅印发了《关于加强人工影响天气工作的通知》(国办发〔2005〕22号)，要求充分认识人工影响天气工作重要性，提高作业能力，加强人工增雨，加入投入力度，加强领导、明确责任，明确了人工影响天气工作重要性，并指明了发展方向和举措。2012年8月26日，国务院办公厅印发了《关于进一步加强人工影响天气工作的意见》(国办发〔2012〕44号)，确定了人工影响天气工作的基本原则和发展目标，要求做好重点领域作业服务、加强能力建设、强化保障措施、加强组织领导，为人工影响天气工作明确了发展方向、提供了行动纲领。2020年11月24日，国务院办公厅印发了《关于推进人工影响天气工作高质量发展的意见》(国办发〔2020〕47号)，进一步明确了人工影响天气工作的基础性、公益性定位，确定了人工影响天气工作高质量发展的基本原则、发展目标，要求加强作业服务保障能力、业务现代化能力、科技创新能力和安全监管能力建设，完善人工影响天气保障机制，着力推进人工影响天气服务保障精准化、基础设施建设现代化、安全管理科学化、中央地方投入规范化、政策机制保障体系化，实现人工影响天气工作高质量发展。

多年来，各级气象主管机构按照国家领导人的指示精神，在各级人民政府的领导和支持下，利用人工影响天气这一防灾、减灾的科技手段，开展了大规模的人工增雨(雪)、防雹、消雾、防霜等人工影响天气作业，受到了各级人民政府和人民群众的赞扬和欢迎。

9.1.1.2　人工影响天气工作特点

(1)社会性。人工影响天气工作关系到社会各个层面，影响到社会进步和经济发展，并与人民群众的生活息息相关，国家和整个社会对于人工影响天气有着强烈的需求。

(2)专业性。人工影响天气是大气科学的一个分支，具有非常强的专业性，其业务作业不是一般人员和组织能实施的，必须依托整个气象行业，由专业气象科技人员采用科学的方法，才能够取得防灾减灾、趋利避害的效果。

(3)系统工程性。人工影响天气是涉及众多部门、行业的一项非常复杂的系统工程，必须在各级政府的统一领导下，由气象部门与民航、军队、农业农村、水利、自然资源、应急管理、林业和草原等部门与单位协调组织实施。

(4)发展性。人工影响天气是一门发展中的科学技术，一些基础理论和作业技术仍有待于进一步发展、完善和提高，因此必须不断加强相关的科学研究和技术开发，逐步提高其科学水平和作业效果。

(5)存在一定程度的不确定性和风险性。由于人工影响天气的理论和技术比较复杂，有些属于世界性的难题，目前仍处于边应用、边试验的发展阶段，因而目前人工影响天气还存在一定程度的不确定性。同时，用于人工影响天气作业的炮弹、火箭弹属于军工和火工产品，其质量检测只能采用批量抽检法，此为世界各国普遍采用的常规方法，安全性能尚不能达到百分之百。因此，采用高炮、火箭进行人工影响天气作业具有一定的风险。

9.1.1.3　人工影响天气工作要求

新时期的人工影响天气工作，要深入贯彻习近平新时代中国特色社会主义思想，坚持服务全面建设社会主义现代化国家目标，坚持基础性、公益性工作定位，完善体制机制，强化能力建设，提高科学作业、精准作业、安全作业能力，全面提升工作质量和效益，实现人工影响天气工作战略性的转变。一是要从以防灾、减灾为主的作业向防灾、减灾、救灾、缓解水资源短缺、改善生态环境等多目标、多功能的作业转变；二是要从单纯地注重发展规模向注重提高科学水平、技术含量和作业效益转变；三是要从使用传统的作业技术向采用高新技术转变；四是要从粗放型管理向依法规范管理转变。

人工影响天气工作要依靠科技进步，大力推进现代化建设，努力提高科技内涵和科技水平；适应国家和地方的需求，积极拓展工作领域，努力提高作业效益。要按照“适应需求，加强服务，依靠科技，提高效益，规范管理，保障安全”的工作方针，努力提高人工影响天气工作的科学水平和作业效益。

(1)人工影响天气工作要与经济建设和社会发展紧密结合，不断拓宽人工影响天气的工作领域，为国民经济和社会发展做出新的、更大的贡献。人工影响天气需要适时进行调整，适应形势的变化和国家对人工影响天气工作新的需求。要在做好传统的抗旱增雨和防雹减灾业务的基础上，积极稳妥地拓宽人工影响天气的服务领域，如探索以生态环境建设、生态修复、水源地蓄水、森林草原防扑火为目的的人工增雨作业，机场、港口、高速公路等的人工消雾，重大社会活动的人工消云、消雨试验，参与国家重大科学试验等。利用人工影响天气作业飞机兼任多种观测试验任务，如大气化学探测、空气质量监测、航空遥感、城市规划、农牧业播种、病虫害防治等。

(2)依靠科技进步，提高人工影响天气的科学水平和作业效益。首先应提高对人工影响天气科学重要性的认识。人工影响天气是处于发展中、具有巨大应用效益的一门科学技术，目前尚有许多科学问题需要研究、解决，应当时时牢记要不断提高其科学水平。人工影响天气的发展需要依靠科技进步，要充分利用现代科学技术、气象现代化建设和人工影响天气基础设施建设的成果来提高我国人工影响天气的监测、作业、效果评估的水平。

开展人工影响天气工作，要有科学的设计，还要有科学的规划。各省、地区都要有科学的规划，要利用高新技术，提高科学水平。经验来自于实践，理论也来自于实践。我们要有科学意识，在人工影响天气作业中不断发现新的现象、总结新的成果，进一步提高对人工影响天气科学的认识，提高人工影响天气的科学水平。

(3)要坚持“以人为本”，加强培训，全面提高人工影响天气工作队伍的整体素质，适应人工影响天气发展的需要。

(4)贯彻落实《人工影响天气管理条例》，促进人工影响天气工作的规范管理、安全作业和健康发展，按照人工影响天气自身的规律开展有特色的工作。

9.1.1.4　人工影响天气管理性质及特点

人工影响天气管理，指对人工影响天气工作的组织、协调、指导和管理，包括依法行政，有关政策规章、业务技术规范以及发展规划和计划的制定，作业专用装备管理，科研管理，新技术应用和推广，作业组织实施等。

1. 管理的性质

人工影响天气管理属于依法行政的管理范畴。

2. 管理的主要特点

人工影响天气管理的特点由人工影响天气自身的特点所决定，主要特点如下。

(1)社会性。人工影响天气管理是面向社会的，涉及与人工影响天气工作有关的各个方面，不应仅限于气象部门。

(2)系统性、复杂性。人工影响天气是涉及众多部门、多个行业的一项非常复杂的系统工程，因此人工影响天气管理必然是多部门协作的系统性、复杂性工作。

(3)科学性。人工影响天气管理必须遵从人工影响天气自身的科学规律，同时要不断提高管理工作的科学性，高效、及时地管理人工影响天气活动。

(4)防范风险和危险性。人工影响天气本身具有一定的风险性和危险性，因此人工影响天气管理要提前预见、防范可能的风险，采取有效的措施消除隐患。

9.1.1.5　人工影响天气管理依据

人工影响天气管理法规，是有关人工影响天气管理的法律、规章，以及相关的国家和行业技术标准规范的总称，是管理人工影响天气活动的依据。

我国人工影响天气管理法规主要涵盖以下四方面内容：

(1)有关人工影响天气活动的法律、规章。

(2)国家、军队的有关技术标准和中国气象局、公安部颁布的行业标准及各省(区、市)发布的地方标准。

(3)关于人工影响天气管理部门行政行为的法律规范，包括抽象的行政行为，如受委托制定起草法律、规章或者制定、发布规范性文件和行政命令等；具体的行政行为，如许可、审核、检验、检查、组织、指挥、实施行政处罚等。

(4)制约人工影响天气管理部门及管理人员的规范。

当前，我国人工影响天气管理法规主要包括：

(1)《中华人民共和国气象法》(以下简称《气象法》)；

(2)《人工影响天气管理条例》；

(3)其他涉及人工影响天气的法律、规章；

(4)国家、国务院气象主管机构关于人工影响天气的规范性文件和规章制度；

(5)国家、军队、部门、地方涉及人工影响天气的标准；

(6)各省、自治区、直辖市依据《气象法》和《人工影响天气管理条例》等有关法律、规章、规定颁布的适用于本辖区的人工影响天气管理的行政法规、管理办法；

(7)各省、自治区、直辖市气象主管机构制定的与人工影响天气有关的各项规章、制度、业务流程等。

9.1.1.6　人工影响天气管理体制

依据《气象法》和《人工影响天气管理条例》，人工影响天气工作作为地方气象事业的重要组成部分，在县级以上地方人民政府领导下，由各级部门实行分级管理，即国家人工影响天气管理工作由国务院气象主管机构负责，地方管理工作由当地各级气象主管机构负责。地方各级人工影响天气管理部门在同级人民政府领导下，接受上级人工影响天气管理部门的业务管理和指导。

国务院气象主管机构负责全国人工影响天气工作的宏观组织、管理和指导，主要是组织拟订全国人工影响天气工作的方针政策、发展战略和规划及有关规范标准，协调人工影响天气与有关部门的工作，管理人工影响天气炮弹、火箭等作业专用设备，指导人工影响天气科研和推广先进技术。省、自治区、直辖市及以下各级气象主管机构承担人工影响天气有关的各项具体管理工作。

目前，我国人工影响天气工作已基本建立了以国家指导和协调、地方各级政府组织领导、气象部门承担管理和实施的人工影响天气领导管理体系。

9.1.1.7　人工影响天气管理的重要性

由于国民经济和社会发展对防灾减灾提出的需求越来越大，我国人工影响天气工作进入了一个快速发展的阶段。在国务院和有关部门的关心与支持下，在中国气象局和地方各级政府的直接领导下，我国人工影响天气工作在农业抗旱、防雹减灾、开发空中水资源、森林灭火、生态环境建设以及重大社会活动的气象保障方面取得了明显成绩，受到社会各界的广泛赞扬和民众的普遍欢迎，成为防灾减灾、水资源开发利用、改善生态环境的一项重要手段。全国共有 30 个省（区、市）及新疆生产建设兵团、2374 个县（市、区以及团场等县级单位）开展人工影响天气作业，使用增雨飞机 70 架，年均实施飞机人工增雨作业 1016 架次，飞行 2813 h；投入使用高炮 6163 门、新型火箭发射架 8034 部、碘化银发生器 984 台，年均实施地面增雨作业 1.67 万次、防雹作业 3.11 万次，发射炮弹 84.6 万发、火箭弹 12.3 万枚，作业规模居世界第一位。人工影响天气工作是一项复杂的系统工程，涉及多学科、多部门，需要军队、民航、财政、公安、农业农村、水利、自然资源、应急管理、林业和草原等多部门、多单位的协作配合，而且作业中涉及高炮、火箭发射架装置、炮弹、火箭弹等武器装备、爆炸物品的安全问题。

由于具有上述种种特性，面对日益扩大的作业规模，必须在提高人工影响天气作业科技水平的同时，大力加强依法规范管理工作，最大限度地减少和避免作业事故，确保作业安全，维护社会稳定，才能不断满足国家和社会的需求。

9.1.2　人工影响天气管理内容

地方各级人工影响天气管理的主要内容由各级气象主管机构按照有关规定进行设置，在此仅做一般概述。

9.1.2.1　省、自治区、直辖市人工影响天气管理内容

省、自治区、直辖市人工影响天气管理内容主要包括组织制定本省（区、市）人工影响天气发展规划、年度作业计划和年度经费使用计划，按时上报中央财政和地方财政预算；组织制定本省（区、市）人工影响天气规章制度、地方标准、业务规范、业务流程、考核办法等，并对执行情况进行监督、检查和考核；负责本省（区、市）人工影响天气业务管理、安全管理、专项资金管理等；负责本省（区、市）行政区内人工影响天气作业站点布局的规划和审批工作；负责本省（区、市）人工影响天气作业单位的管理；组织本省（区、市）人工影响天气作业设备的年检工作，安排维修和编制更新、报废计划，并对各地市、县执行情况进行检查；组织本省（区、市）人工影响天气作业人员的技术培训考核和备案管理；组织编报本省（区、市）人工影响天气作业用高炮、火箭发射装置、地面发生器、机载播撒装置等作业设备及炮弹、火箭弹、焰条等催化物资的需求计划，统一采购符合国务院气象主管机构要求的人工影响天气作业设备，并负责其在本省（区、市）内以及跨省（区、市）的调配、审批等管理工作；负责本省（区、市）人工影响天气安全管理工作，组织开展全省（区、市）安全检查，协助有关地方人民政府处理人工影响天气重大安全事故并按规定及时上报；根据需要组织实施飞机人工增雨作业，申请飞机人工增雨作业空域和作业时限，也可负责统一申请本省（区、市）范围内地面高炮、火箭人工增雨防雹作业的空域和作业时限，并组织实施；指导下级单位科学开展人工影响天气工作，组织现代化建设和科研工作，推广新技术，提高人工影响天气科技水平；按照本省（区、市）人民政府的要求和规定，协调处理跨省（区、市）的人工影响天气作业；组织开展本省（区、市）人工影响天气作业单位能力等级评估和作业点安全等级评定；负责本省（区、市）人工影响天气业务和现代化建设项目的组织协调；负责本省（区、市）人工影响天气档案管理工作；负责本省（区、市）人工影响天气宣传工作；依法监督检查，查处违反《人工影响天气管理条例》等的行为；接受上级的指导和管理。

9.1.2.2　地、市级人工影响天气管理内容

地、市级人工影响天气管理内容主要包括组织制定本地、市人工影响天气发展规划、工作计划和年度经费使用计划；在省（区、市）人工影响天气管理部门指导下，管理本地、市人工影响天气工作，可依据上级人工影响天气管理部门的规定，制定本地、市的有关规章制度；组织实施人工影响天气作业。可按照省（区、市）人工影响天气管理部门的规定，统一向空域管理部门申请本地、市区域内省（区、市）人工影响天气管理部门授权的飞机作业和地面高炮、火箭等人工影响天气作业的空域和作业时限，指挥或指导人工影响天气作业；本地、市人工影响天气作业单位的日常管理；负责本地、市人工影响天气的安全管理工作，负责安全教育，制定安全管理规定和安全责任制，并进行检查和纠正；协助有关人民政府和省（区、市）、市有关部门对重大安全事故进行处理，并及时上报省（区、市）人工影响天气管理部门；可按照省（区、市）人工影响天气管理部门的规定负责本地、市人工影响天气作业设备的年检、维修工作；可按照省（区、市）人工影响天气管理部门的规定，培训作业人员；负责本地、市人工影响天气作业设备的申请、运输、存储、报废等管理工作，及时向省（区、市）人工影响天气管理部门编报高炮、火箭发射装置、炮弹、火箭弹等的需求计划，并负责作业设备在本行政区内的调配；指导下级单位开展人工影响天气工作，组织现代化建设和科研工作，推广新技术，提高人工影响天气科技水平；接受上级的指导和管理。

9.1.2.3　县级人工影响天气管理内容

县级人工影响天气管理内容主要包括负责本县人工影响天气工作的安全管理，制定本县的安全管理规定和安全责任制，并对各作业点的作业进行检查和纠正；协助本级政府及上级有关部门对重大安全事故进行处理，并及时逐级上报；对本县作业单位和人员进行管理，落实安全教育和安全作业工作；负责本县人工影响天气工作年度计划制定和申报工作；协助做好作业设备的年检、维修工作；负责本县人工影响天气作业高炮、火箭发射装置、炮弹、火箭弹的储运、管理工作和组织实施作业，可按照上级人工影响天气管理部门的规定向空域管理部门申请空域和作业时限，指挥作业点作业；接受上级的指导和管理。

9.1.3　人工影响天气作业单位管理

9.1.3.1　管理依据

《气象法》第三十条第三款："实施人工影响天气作业的组织必须具备省、自治区、直辖市气象主管机构规定的条件，并使用符合国务院气象主管机构要求的技术标准的作业设备，遵守作业规范。"

省、自治区、直辖市气象主管机构应根据有关法规，制定并及时完善作业单位的条件，并定期对从事人工影响天气作业的单位进行审验。对未通过审验的作业单位，应停止其作业。同时，对未经审验的单位擅自开展作业的行为，要依法追究其责任。省以下的各级气象主管机构也应加强对作业单位的日常管理和检查工作，并及时将有关情况逐级上报，配合做好作业单位的管理工作。

对于违反规定条件的，《气象法》在第七章"法律责任"中的第三十九条规定："违反本法规定，不具备省、自治区、直辖市气象主管机构规定的条件实施人工影响天气作业的，或者实施人工影响天气作业使用不符合国务院气象主管机构要求的技术标准的作业设备的，由有关气象主管机构按照权限责令改正，给予警告，可以并处十万元以下的罚款；给他人造成损失的，依法承担赔偿责任；构成犯罪的，依法追究刑事责任。

9.1.3.2　实施人工影响天气作业的组织具备的条件

实施人工影响天气作业的组织应具备的条件包括县级以上人民政府批准开展人工影响天气作业,落实了开展人工影响天气作业的专项经费;具有法人资格;有符合要求的人工影响天气作业地点;作业组织必须建设装备库、弹药库、值班室、休息室、作业平台等基础设施,并符合《人工影响天气地面作业站建设规范》(QX/T 329—2016)、《小型民用爆炸物品储存库安全规范》(GA 838—2009)等标准和安全管理的规定要求;有符合要求的人工影响天气专用技术装备;有培训合格的作业人员,其中每门高炮作业人员不少于4人(经自动化改造的高炮,每门作业人员不少于3人),每部火箭作业装置作业人员不少于2人;具有与人工影响天气作业指挥中心和飞行管制部门保持联系的通信工具;具有相关的安全管理制度、业务规范、作业流程、学习资料和符合《37 mm高炮人工影响天气作业点安全射界图绘制规范》(QX/T 256—2015)要求的安全射界图;法律、规章规定的其他条件。

9.1.3.3　实施人工影响天气作业的组织备案管理

实施人工影响天气作业的组织实行备案管理,且由当地气象主管机构定期进行审查。

具备实施人工影响天气作业规定条件的组织,需携带相关材料到当地气象主管机构或直接提供业务技术服务的气象主管机构进行登记审查,经审查后报省(区、市)气象主管机构备案,并组织对其进行人工影响天气作业单位能力等级评估。取得人工影响天气作业单位能力等级后,方可实施人工影响天气作业。

9.1.3.4　作业单位能力评估

作业单位是指具备省级气象主管机构规定条件,实施人工影响天气作业的组织。作业单位分为A、B、C三类。A类单位可以从事作业指挥、飞机增雨(雪)作业,B类单位可以从事地面作业指挥、地面增雨(雪)和防雹作业,C类单位可以从事地面增雨(雪)和防雹作业。作业单位的能力评估由省(区、市)气象主管机构负责组织,作业单位应当积极配合开展能力评估工作。

1. 评估内容

A类单位评估内容包括独立法人单位;一定数量的从业人员,包括指挥人员和作业人员;作业设备,包括作业飞机、催化播撒设备、机载观测设备和空地通信设备;业务支撑能力,具备人工影响天气综合业务平台,能够实现气象资料实时收集、作业条件分析、作业指挥、作业空域实时申请、作业信息实时收集等;评估能力,包括云水资源评估、作业效果评估;弹药存储、运输管理能力;业务和安全管理等规章制度;省(区、市)气象主管机构规定的其他条件。

B类单位评估内容包括独立法人单位;一定数量的从业人员,包括指挥人员和作业人员;符合规定的地面作业装备;业务支撑能力,具备人工影响天气综合业务平台,能够实现气象资料实时收集、作业条件分析、作业指挥、作业空域实时申请、作业信息实时收集等;作业点经过安全等级评定且取得安全等级;弹药存储、运输管理能力;业务和安全管理等规章制度;省(区、市)气象主管机构规定的其他条件。

C类单位评估内容包括独立法人单位;一定数量的作业人员;符合规定的地面作业装备;通信能力,能够实现作业空域实时申请、作业指令实时接收、作业信息实时报送等;作业点经过安全等级评定且取得安全等级;弹药存储、运输管理能力;业务和安全管理等规章制度;省(区、市)气象主管机构规定的其他条件。

2. 评估方法

作业单位能力评估实行百分制量化评分,区分基本项目和其他项目指标,基本项目指标实行一票否决。评估参考表见表9.1～9.3。

表9.1 人工影响天气作业能力评估参考表(A类)

评估机构：　　　　　　　　　　　　　　　　　　　　　　评估时间：　年　月　日

作业单位名称			
单位地址			
评估项目	飞机作业		
联系人		电话	
基本项目(满分60分)			

序号	评估项目	评估指标	评估结果
1	法人单位(5分)	独立法人机构(5分)	
2	从业人员(15分)	2名以上指挥人员和4名以上作业人员(5分)	
		全部指挥和作业人员通过年度培训考核(5分)	
		全部作业人员抄送当地公安部门备案(5分)	
3	作业设备(15分)	满足需求的作业飞机(5分)	
		符合规定的催化播撒设备(5分)	
		实时空地通信设备(5分)	
4	业务平台(15分)	气象资料实时收集平台(3分)	
		作业条件分析平台(3分)	
		作业指挥平台(3分)	
		作业空域实时申请平台(3分)	
		作业信息实时收集平台(3分)	
5	弹药管理(10分)	符合以下任一存储条件的：(5分) 军队弹药库/人民武装部弹药库/民用爆炸物品储存库/经公安机关验收认可的自建库房/其他符合存储规定的场所	
		运输车辆符合要求(5分)	

其他项目(40分)

序号	评估项目	评估指标	评估结果
6	评估能力(10分)	云水资源评估(5分)	
		作业效果评估(5分)	
7	机载云物理探测设备(10分)	含水量仪LWC(2分)	
		云粒子谱探头CDP/快速云粒子谱探头FCDP(2分)	
		云降水粒子组合探头CIP(2分)	
		气溶胶和云降水粒子组合探头CCP(2分)	
		降水粒子图像探头PIP/云粒子图像仪CPI(2分)	
8	规章制度(15分)	飞机作业安全生产责任制度(1.5分)	
		事故行政责任追究制度(1.5分)	
		作业事故应急处置预案(1.5分)	
		值班制度(1.5分)	
		增雨飞机运行管理制度(1.5分)	
		弹药运输存储及使用管理制度(1.5分)	
		装备存储及维护保养制度(1.5分)	
		作业操作规程规范(1.5分)	
		作业空域申请制度(1.5分)	
		作业公告制度(1.5分)	
9	年度报告(5分)	a)按时提交报告且符合要求(5分) b)按时提交报告但不符合要求(3分)	

得分：基本项目________分，其他项目________分，总分________分

评估结果：□Ⅰ级　□Ⅱ级　□Ⅲ级

注：基本项目总分达到60分的方可进行等级评定。

表 9.2 人工影响天气作业能力评估参考表(B 类)

评估机构：　　　　　　　　　　　　　　　　　　　　　　　　评估时间：　年　月　日

作业单位名称			
单位地址			
评估项目	口火箭作业　口高炮作业		
联系人		电话	

基本项目(满分 60 分)

序号	评估项目	评估指标	评估结果
1	法人单位(5 分)	独立法人机构(5 分)	
2	从业人员(15 分)	1 名以上指挥人员(5 分)	
		作业人员满足要求:(5 分) 每套火箭发射装置作业人员不少于 2 名 每门高炮作业人员不少于 4 名(经自动化改造的高炮,每门作业人员不少于 3 名)	
		全部作业人员通过年度培训考核(3 分)	
		全部作业人员抄送当地公安部门备案(2 分)	
3	装备设施(15 分)	装备年检合格且档案齐全(5 分)	
		拥有经过安全等级评定且取得安全等级的作业点(10 分)	
4	业务平台(10 分)	气象资料实时收集平台(2 分)	
		作业条件分析发布平台(2 分)	
		作业指挥平台(2 分)	
		作业空域实时申请平台(2 分)	
		作业信息实时收集平台(2 分)	
5	弹药管理(15 分)	符合以下任一存储条件的:(10 分) 军队弹药库/人民武装部弹药库/民用爆炸物品储存库/经公安机关验收认可的自建库房/其他符合存储规定的场所	
		租赁民用爆炸物品车辆运输(5 分)	

其他项目(40 分)

序号	评估项目	评估指标	评估结果
6	规章制度(30 分)	地面作业安全生产责任制度(3 分)	
		事故行政责任追究制度(3 分)	
		作业事故应急处置预案(3 分)	
		值班制度(3 分)	
		地面作业运行管理制度(3 分)	
		弹药运输存储及使用管理制度(3 分)	
		装备存储及维护保养制度(3 分)	
		作业操作规程规范(3 分)	
		作业空域申请制度(3 分)	
		作业公告制度(3 分)	
7	年度报告(10 分)	a)按时提交报告且符合要求(10 分) b)提交报告但不符合要求(3 分)	

得分:基本项目________分,其他项目________分,总分________分

评估结果:口Ⅰ级　口Ⅱ级　口Ⅲ级

注:基本项目总分达到 60 分的方可进行等级评定

表 9.3　人工影响天气作业能力评估参考表(C 类)

评估机构：　　　　　　　　　　　　　　　　评估时间：　年　月　日

作业单位名称			
单位地址			
委托法人机构(非独立法人机构填写)：			
评估项目	口火箭作业　口高炮作业		
联系人		电话	

基本项目(满分 60 分)

序号	评估项目	评估指标	评估结果
1	法人单位(5 分)	独立法人单位或其委托的组织(5 分)	
2	从业人员(15 分)	作业人员满足要求:(10 分) 每套火箭发射装置作业人员不少于 2 名 每门高炮作业人员不少于 4 名(经自动化改造的高炮,每门作业人员不少于 3 名)	
		全部作业人员通过年度培训考核(3 分)	
		全部作业人员抄送当地公安部门备案(2 分)	
3	装备设施(15 分)	装备年检合格且档案齐全(5 分)	
		拥有经过安全等级评定且取得安全等级的作业点(10 分)	
4	通信能力(10 分)	实时空域申请(4 分)	
		作业指令接收(3 分)	
		作业信息报送(3 分)	
5	弹药管理(15 分)	符合以下任一存储条件的:(10 分) 军队弹药库/人民武装部弹药库/民用爆炸物品储存库/经公安机关验收认可的自建库房/其他符合存储规定的场所	
		租赁民用爆炸物品车辆运输(5 分)	

其他项目(40 分)

序号	评估项目	评估指标	评估结果
6	规章制度(30 分)	地面作业安全生产责任制度(3 分)	
		事故行政责任追究制度(3 分)	
		作业事故应急处置预案(3 分)	
		值班制度(3 分)	
		地面作业运行管理制度(3 分)	
		弹药运输存储及使用管理制度(3 分)	
		装备存储及维护保养制度(3 分)	
		作业操作规程规范(3 分)	
		作业空域申请制度(3 分)	
		作业公告制度(3 分)	
7	年度报告(10 分)	a)按时提交报告且符合要求(10 分) b)提交报告但不符合要求(3 分)	

得分:基本项目________分,其他项目________分,总分________分

评估结果：口Ⅰ级　口Ⅱ级　口Ⅲ级

注：基本项目总分达到 60 分的方可进行等级评定。

3. 评估等级

能力等级由高到低划分为Ⅰ级、Ⅱ级、Ⅲ级。

Ⅰ级：90分以上（含）；

Ⅱ级：75分以上（含）且不足90分；

Ⅲ级：60分以上（含）且不足75分。

未达到60分的作业单位不予评定能力等级。

经评估未取得能力等级的作业单位，应当停止作业并整改。整改完成后，须重新进行作业能力评估，取得能力等级方可开展作业。

4. 作业单位能力评估办理程序

(1)市、县级气象主管机构负责本行政区域内B类、C类作业单位能力评估材料的收集和初评工作，逐级汇总至省（区、市）气象主管机构。

(2)省（区、市）气象主管机构负责A类单位能力评估材料的收集工作，组织开展A类、B类、C类作业单位能力评估，并对评估结果进行通报。

5. 评估周期

作业单位能力评估应当每3年开展一次。对新成立的作业单位，应当及时评估。

9.1.4 人工影响天气作业站点管理

《人工影响天气管理条例》第八条规定“人工影响天气的作业地点，由省、自治区、直辖市气象主管机构根据当地气候特点、地理条件，依照《中华人民共和国民用航空法》《中华人民共和国飞行基本规则》的有关规定，会同有关飞行管制部门确定。”设立人工影响天气作业站点时，由法人单位提出申请，当地县级气象主管机构应依据有关规定和规范要求，进行可行性论证，地、市级气象主管机构复审后，报省（区、市）气象主管机构审查通过后，经所属飞行管制分区航管部门同意，由省（区、市）气象主管机构批复。

9.1.4.1 作业站点选址条件

作业站点选址条件为当地工农业生产、生态环境保护、城市供水等对防御雹灾、减轻旱灾、增加水源供给具有迫切需求，可望获得明显的经济效益；冰雹多发区、增雨作业影响区的上风方；符合《中华人民共和国民用航空法》《中华人民共和国飞行基本规则》的有关规定，避开空中走廊、航线、航路、城镇、油库、重要电力设施、国道和重点文物保护单位；周围视野开阔，水平视角不小于45°，射击点远离居民区500 m以上，远离油库、仓库、电力等重要设施区；作业点距离国境线10 km以上；作业点应远离强磁场和高射频区域；有符合探测要求的天气雷达予以保障，并在雷达有效监测范围内；交通运输便利和通信联络畅通；安全射击方向不少于3个，且每个射击方向安全射击方位角范围不小于15°；作业点设置应在地势较高、土质坚实，没有山洪、滑坡和其他地质危害的地方。

9.1.4.2 作业站点建设基本要求

作业站点建设基本要求为选址符合9.1.4.1节规定的各项条件；建设值班室、专用设备库和临时弹药库；建设射击平台；绘制安全射界图，标注作业设备最大射程范围内城镇、工矿企业、村庄等地标，确定安全射击区域和对应的射击角度（仰角、方位角）范围；设立安全射击参照坐标，在射击平台上，以作业设备为中心，按30°间隔绘制方位角射线，在半径2～3 m的圆周上，以扇形圆弧形式标示各安全射击区域对应的方位角范围，并标注安全射击仰角范围；岗位职责、安全制度、值班制度、弹药保管使用等制度和安全射界图上墙，悬挂在值班室醒目位置；有效的通信设备；有避雷、消防设施和必要的防盗设施；设有备用电源，应急照明设备不少于 3 套；头盔、雨衣、雨鞋和防静电工作服等劳保用品每人 1 套；周围有围墙形成场院，并设立警戒标志。

9.1.4.3　作业站点建设标准

各地应加强人工影响天气作业站点的建设，积极推进站点建设规范化、标准化。规范化站点应符合气象行业标准《人工影响天气地面作业站建设规范》(QX/T 329—2016)要求。设备库、弹药库宜采用框架结构，建筑面积分别不小于 20 m^2、10 m^2，值班室、休息室采用砖混结构，建筑面积分别不小于 20 m^2、20 m^2；弹药库达到防火、防盗、防潮、防静电、防雷击要求；加设围墙建成独立场院，并设立警戒标志；射击平台半径不小于 3.5 m；设备库至射击平台间路面硬化；根据主要作业目的，安装相关气象观测仪器和设备，如雨量计、测雹板、滴谱观测设备等。

9.1.4.4　作业点安全等级评定

作业点安全等级评定范围为利用高炮、火箭发射装置实施人工影响天气作业的地点，包括固定作业点和流动作业点。固定作业点是指有固定建(构)筑物、设备、观测仪器、作业装备、作业平台等的作业点。流动作业点是指具有作业平台，作业装备可移动的作业点。安全等级评定工作由省(区、市)气象主管机构负责组织，作业点所属单位应积极配合。

1. 评估内容

作业点安全等级评定的指标体系包括规章制度、环境设施、装备弹药、人员管理等 4 个方面，分为基本项和提升项指标，基本项指标实行一票否决。参考表见表 9.4、表 9.5。

2. 评定等级

作业点安全等级评定实行百分制量化评分与作业安全事故考量相结合办法，安全等级由高到低划分为Ⅰ级、Ⅱ级、Ⅲ级。

Ⅰ级：90 分以上(含)，近 5 年内未发生作业安全事故；

Ⅱ级：75 分以上(含)且不足 90 分，近 3 年内未发生作业安全事故；

Ⅲ级：60 分以上(含)且不足 75 分，近 1 年内未发生作业安全事故。

未达到 60 分的作业点不予评定安全等级。

对于未取得安全等级的作业点，应当发出整改通知书，整改期间停止作业。整改完成后，须重新进行安全等级评定，取得安全等级后方可开展作业。

3. 评定周期

作业点安全等级评定应当每 3 年开展一次。对新设立的作业点，应当及时评定。对发生作业安全事故或违反有关规定并造成严重影响的作业点，应当立即撤销其安全等级认定。

9.1.5　人工影响天气从业人员管理

人工影响天气从业人员主要包括人工影响天气作业指挥人员、业务管理人员和作业人员等。到 2018 年，全国约有 4.77 万人从事人工影响天气作业，主要形成政府主导、社会化服务、民兵预备役三类作业人员管理模式。人工影响天气作业职业命名为人工影响天气工程技术人员，收录于 2015 年修订的《国家职业分类大典》中，为人工影响天气队伍建设发展提供了职业政策依据。

表 9.4　固定作业点安全等级评定指标参考表

评估机构：　　　　　　　　　　　　　　　　　　　　　　　　　评估时间：　　年　月　日

作业点名称：				所属单位：		
	基本项(1.5 分/项,共 60 分)		是否满足	提升项(1 分/项,共 40 分)		是否满足
规章制度	01	作业点管理制度		01	作业事故报告制度	
	02	岗位职责		02	装备故障处理预案	
	03	值班制度		03	安全检查资料齐备,记录完整	
	04	作业公告制度		04	通过 2 种以上方式发布作业公告	
	05	空域申请制度		05	作业时安全警戒范围合理、标识清楚	
	06	装备弹药管理制度		06	空域申请和使用记录完整	
	07	设备安全操作规程		07	安全射界图符合标准	
	08	安全射界图		08	作业记录完整、准确规范,上报率达到 100%	
	09	信息记录上报制度		09	临时存放弹药符合规定	
	10	作业事故应急处置预案		10	弹药盘存制度	
环境设施	11	作业点设置符合规定		11	远离航路	
	12	作业点建(构)筑物结构安全,满足作业需要		12	高炮库不少于 20 m^2,火箭库不少于 15 m^2	
	13	有安全隔离围墙(栏)		13	弹药室面积不少于 10 m^2	
	14	作业点信息准确、标识规范醒目		14	有人员工作室和休息室	
	15	作业平台平整夯实		15	报警装置	
	16	安全射击范围累加≥45°,安全视角无遮挡物		16	远程视频监控系统	
	17	作业安全区及禁区		17	位于气象雷达探测覆盖范围之内	
	18	有实时双向通信设备		18	能接收上级预警与作业指令信息	
	19	有防盗、防雷、防静电、防潮及通风措施		19	信息化业务接收终端	
	20	配有消防器材		20	交通运输条件便利	
装备弹药	21	符合国务院气象主管机构准入条件		21	装备档案完备	
	22	出厂验收合格		22	弹药清单完整,账物相符	
	23	装备年检合格,记录完整		23	外观完好,放列整齐,符合规定	
	24	必要的专用维护工具		24	装备仰角 0°转动自如	
	25	装备调运手续齐备,符合规定		25	防晒、防雨淋措施	
	26	装备维护记录完整		26	符合要求的装备备件	
	27	弹药处于有效期内		27	信息化全程监控	
	28	弹药存放、运输符合规定		28	自动化作业功能	
	29	弹药使用符合规定,记录完整		29	作业信息数字化采集设备	
	30	过期弹、故障弹处理符合规定		30	专用的弹药存储柜	

续表

人员管理	31	作业人员身体健康		31	具备初中以上文化程度	
	32	全部作业人员在当地公安机关备案或政审合格		32	了解当地云系主要特征和作业要领	
	33	高炮作业点不少于 4 名作业人员(自动化改装后不少于 3 名),火箭作业点不少于 2 名作业人员		33	至少 1 人从事作业 3 年以上	
	34	近一年内通过作业技能和安全知识培训考核		34	安全负责人明确	
	35	熟悉装备性能、维护与存在的安全风险		35	签订规范用工合同	
	36	定期学习业务安全知识与操作技能		36	作业期间有稳定工资收入	
	37	定期故障隐患排查与整改		37	作业人员月工资不低于当地最低工资标准	
	38	定期安全事故应急演练		38	购买养老、医疗、公众责任险等其他保险	
	39	签订安全责任书		39	地方有扶持政策	
	40	购买人身意外保险		40	配有劳保医用物(药)品	
总计: 分; 基本项全部满足:□是 □否						
作业安全事故	□近 5 年内未发生作业安全事故 □近 3 年内未发生作业安全事故 □近 1 年内未发生作业安全事故					
评定结果:□Ⅰ级 □Ⅱ级 □Ⅲ级						

表 9.5 流动作业点安全等级评定指标参考表

评估机构: 评估时间: 年 月 日

作业点名称:				所属单位:		
	基本项(1.5 分/项,共 60 分)		是否满足	提升项(1.6 分/项,共 40 分)		是否满足
规章制度	01	作业点管理制度		01	作业事故报告制度	
	02	岗位职责		02	安全检查资料齐备,记录完整	
	03	作业公告制度		03	通过 2 种以上方式发布作业公告	
	04	空域申请制度		04	作业时安全警戒范围合理、标识清楚	
	05	装备弹药管理制度		05	空域申请和使用记录完整	
	06	设备安全操作规程		06	安全射界图符合标准	
	07	安全射界图		07	作业记录完整,准确规范,上报率达到 100%	
	08	信息记录上报制度				
	09	作业事故应急处置预案				

续表

环境设施	10	作业点设置符合规定		08	远离航路	
	11	作业点信息准确、标识规范醒目		09	作业安全区及禁区	
	12	作业平台平整夯实		10	位于气象雷达探测覆盖范围之内	
	13	安全射击范围累加≥45°,安全视角无遮挡物		11	能接收上级预警与作业指令信息	
	14	有实时双向通信设备		12	有围墙(栏)等防护设施	
	15	满足装备运输的交通条件				
装备弹药	16	符合国务院气象主管机构准入条件		13	装备档案完备	
	17	出厂验收合格		14	弹药清单完整,账物相符	
	18	装备年检合格,记录完整		15	外观完好,放列整齐,符合规定	
	19	装备调运手续齐备,符合规定		16	防晒、防雨淋措施	
	20	装备维护记录完整		17	信息化全程监控	
	21	弹药处于有效期内		18	作业信息数字化采集设备	
	22	弹药运输、使用符合规定,记录完整		19	临时存放弹药符合规定	
	23	过期弹、故障弹处理符合规定				
人员管理	24	全部作业人员在当地公安机关备案或政审合格		20	具备初中以上文化程度	
	25	高炮作业点不少于4名作业人员(自动化改装后不少于3名),火箭作业点不少于2名作业人员		21	了解当地云系主要特征和作业要领	
	26	近一年内通过作业技能和安全知识培训考核		22	至少1人从事作业3年以上	
	27	熟悉装备性能、维护与存在的安全风险		23	定期学习业务安全知识与操作技能	
	28	定期安全事故应急演练		24	安全负责人明确	
	29	签订安全责任书		25	购买养老、医疗、公众责任险等其他保险	
	30	购买人身意外保险				

总计：　　分;基本项全部满足:口是　口否

作业安全事故	□近5年内未发生作业安全事故 □近3年内未发生作业安全事故 □近1年内未发生作业安全事故

评定结果:口Ⅰ级　口Ⅱ级　口Ⅲ级

9.1.5.1　人工影响天气从业人员入职管理

1.人工影响天气从业人员要求

因人工影响天气工作具有社会性、专业性、系统工程性、发展性、一定程度的不确定性和风险性等特点,特别是人工影响天气作业人员,他们工作中使用的高炮、火箭发射系统、炮弹、火箭弹等属于军事装备、民用爆炸物品、火工品，具有一定危险性、高风险性。因此，在选人用人时一定要严格审查。

人工影响天气从业人员基本要求：政治可靠，责任心强，热爱人工影响天气工作；具有一定的文化水平，了解和掌握基本气象知识、有关法律法规和相关的人工影响天气业务知识及作业装备性能等；年龄在 18～60 周岁；身体健康。

人工影响天气作业指挥人员要求：具有本科及以上学历，气象专业或参加过 1 年及以上气象专业学习并取得结业证书；具有相关专业初级以上技术职称，并至少从事 3 年以上人工影响天气工作；参加县级以上气象主管机构组织的专业知识、安全管理和法律法规等方面的培训，并考核合格；熟悉人工影响天气监测分析、条件预报、决策指挥、效果评估等业务。

人工影响天气业务管理人员要求：掌握人工影响天气业务知识、气象知识及相关法律法规，了解人工影响天气作业装备和催化剂性能，熟悉人工影响天气安全事故及其应急处置等工作；具有至少 2 年以上管理工作经验。

人工影响天气作业人员要求：树立"安全第一"的意识，忠于职守，尽职尽责；具有初中及以上文化水平；具有完全民事行为能力，无犯罪记录；身体健康，能从事野外作业；组织纪律性强，服从命令，听从指挥；参加符合作业人员培训标准的培训并取得培训合格证，掌握相关作业规范和操作规程。

2. 人工影响天气作业人员入职程序

从事人工影响天气作业的人员实行自愿原则。凡是符合从业人员基本要求和人工影响天气作业人员要求的人员经培训，取得《人工影响天气作业人员岗位培训合格证》后，填写《人工影响天气作业人员信息登记表》(表 9.6)，报作业点法人单位。同时还需提交以下材料：本人身份证(正反面)复印件；学历证书复印件；所在地派出所出具的无犯罪记录证明；医疗机构出具的体检报告；人工影响天气作业人员培训合格复印件；一寸彩色免冠近照 4 张。

作业点法人单位应将《人工影响天气作业人员信息登记表》和提交材料报当地气象主管机构进行备案登记。

3. 人工影响天气作业人员备案

根据《人工影响天气管理条例》第十条第二款之规定"利用高射炮、火箭发射装置从事人工影响天气作业的人员名单，由所在地的气象主管机构抄送当地公安机关备案。"人工影响天气作业人员实行备案制，既要在当地气象主管机构备案，又要在当地公安机关备案。

(1)气象主管机构备案

人工影响天气作业人员在当地气象主管机构备案工作由作业点法人单位负责。

备案内容主要包括身份证号、姓名、性别、民族、学历、政审情况、身体情况、培训情况、联系电话、所在作业点及人工影响天气作业人员入职要求提交的相关材料。

作业点法人单位汇总人工影响天气作业人员信息后，将汇总信息、《人工影响天气作业人员信息汇总表》(表 9.7)及相关材料报当地气象主管机构进行备案。

表 9.6 人工影响天气作业人员信息登记表

姓名		性别		民族		照片
身份证号						
所在作业点	省 市 县 镇 作业点					
政治面貌		职务/职称				
学历		身体状况				
培训合格证证号						
参加人工影响天气工作日期						
联系电话						
岗位类别	□飞机作业 □高炮作业 □火箭作业 □烟炉作业					
提交材料	□身份证复印件 □学历证书复印件 □无犯罪记录证明 □医疗机构出具的体检报告 □培训合格证复印件					
备注						

表 9.7 人工影响天气作业人员信息汇总表

序号	身份证号	姓名	性别	民族	职称/职务	学历	政审情况	身体情况	培训情况	联系电话	所在作业点

(2)公安机关备案

人工影响天气作业人员向当地公安机关备案工作由所在地气象主管机构负责。气象主管机构汇总辖区内人工影响天气作业人员信息，填写《人工影响天气作业人员信息汇总表》(表 9.7)，结合当地公安机关要求，向当地公安机关备案。

4. 人工影响天气从业人员档案管理

人工影响天气从业人员档案应记录姓名、性别、年龄、身份证号码、政治面貌、工作单位、职称、职务、从事人工影响天气作业时间、岗位名称、培训情况、培训合格证获取及登记情况等。人工影响天气作业人员的备案登记材料及本人照片和身份证复印件等材料应存入档案。

9.1.5.2 人工影响天气从业人员组织管理

按照“谁用人，谁负责”的管理思路，作业点法人单位负责人工影响天气作业人员组织管理，气象部门负责人工影响天气作业人员指导和培训。多年来，人工影响天气作业人员组织管理主要形成了政府主导、社会化服务、民兵预备役三类作业人员管理模式。

1. 政府主导模式

政府主导模式是由地方政府牵头组织、协调、开展人工影响天气工作，政府相关部门分工协作，负责安全管理，落实作业机构、人员编制和经费保障，由基层政府工作人员或雇员实施作业。气象部门主要负责人工影响天气作业人员指导和培训。政府主导模式主要有 2 种方式，一种是通过政府落实机构编制、设立公益性岗位；另一种是通过作业点法人单位与人工影响天气作业人员签订劳务派遣合同来落实。

(1)公益性岗位

公益性岗位是指以实现公共利益和安置就业困难人员为主要目的，由政府设置的非营利性公共管理和社会公益性服务岗位。公益性岗位主要包括社会公共管理类岗位、城市社区公益性岗位、机关事业单位工勤保障和公共服务岗位以及其他岗位。

人工影响天气事业属于公益性事业，从事人工影响天气作业的人员纳入公益性岗位管理，是稳定人工影响天气作业队伍的一种行之有效的方法。因此，作业所在地政府应加强与相关部门协调，将从事人工影响天气作业人员纳入公益性岗位。

(2)劳务派遣

劳务派遣是指由劳务派遣单位与派遣劳动者订立劳动合同，并支付报酬，把劳动者派向接受以劳务派遣形式用工的单位，再由用工单位向劳务派遣单位支付服务费用的一种用工形式。劳务派遣业务是近年我国人才市场运用的一种新的用人方式，可跨地区、跨行业进行。

劳务派遣单位应当依法与被派遣劳动者订立 2 年以上的固定期限书面劳动合同，并向被派遣劳动者给付劳务报酬，劳动合同关系存在于劳务派遣单位与被派遣劳动者之间，但劳动力给付的事实则发生于派遣劳动者与用工单位之间。劳务派遣的业务程序如下：业务咨询：初步了解双方意向，确认劳务派遣单位的合法资质；用人单位提出要求：用人单位根据自身情况提出用人需求及标准；分析考察：依据用人单位提出的要求，对实际工作环境、岗位进行了解，如有必要可进行考察，确定派遣人员招聘方法；提出派遣方案：根据不同用人单位要求及现有状况，制定劳务派遣方案；洽谈方案：双方研究、协商劳务派遣方案内容，并在合法用工的前提下修改、完善派遣方案；签订《劳务派遣协议》：明确双方权利、义务，分清法律责任；实施：严格执行《劳务派遣协议》的各项约定。

劳务派遣协议应当载明下列内容：派遣的工作岗位名称和岗位性质；工作地点；派遣人员数量和派遣期限；按照同工同酬原则确定的劳动报酬数额和支付方式；社会保险费的数额和支付方式；工作时间和休息休假事项；被派遣劳动者工伤、生育或者患病期间的相关待遇；劳动安全卫生以及培训事项；经济补偿等费用；劳务派遣协议期限；劳务派遣服务费的支付方式和标准；违反劳务派遣协议的责任；法律、法规、规章规定应当纳入劳务派遣协议的其他事项。

用工单位应当按照国家劳动标准，提供相应的劳动条件和劳动保护；告知被派遣劳动者的工作要求和劳动报酬；支付加班费、绩效奖金，提供与工作岗位相关的福利待遇；对在岗被派遣劳动者进行工作岗位所必需的培训；连续用工的，实行正常的工资调整机制。

遇有下列情形之一的，用工单位可以将被派遣劳动者退回劳务派遣单位：劳务派遣协议订立时所依据的客观情况发生重大变化，致使劳动合同无法履行，经用人单位与劳动者协商，未能就变更劳动合同内容达成协议的。用人单位提前 30 日以书面形式通知劳动者本人或者额外支付劳动者一个月工资后，可以将被派遣劳动者退回劳务派遣单位；用工单位依照企业破产法规定进行重整的；用工单位生产经营发生严重困难的；用工单位转产、重大技术革新或者经营方式调整，经变更劳动合同后，仍需裁减人员的；用工单位被依法宣告破产、吊销营业执照、责令关闭、撤销、决定提前解散或者经营期限届满不再继续经营的；劳务派遣协议期满终止的。

依据用人单位重整、经营发生严重困难、转产等原因将被派遣劳动者退回劳务派遣单位时，用工单位需要裁减人员 20 人以上或者裁减不足 20 人但占用工单位职工总数 10％以上的，用工单位提前 30 日向工会或者全体职工说明情况，听取工会或者职工的意见后，裁减人员方案向劳动行政部门报告。

2. 社会化服务模式

社会化服务模式是指由社会主体承担人工影响天气作业服务，包括需求主体开展自我服务、政府购买社会服务等方式。自我服务由相关行业部门或农业经营体等需求主体自行解决作业人员和经费保障，负责人员和安全管理。政府购买服务是由政府部门组织，通过采购招标方式，将作业服务交由符合要求的社会力量承担实施，所需资金由财政预算统筹安排。气象部门主要负责作业指导、作业指挥、人员培训和协助作业装备采购等工作。社会化服务模式主要有 2 种形式，一种是行业系统组织实施，如农垦、森林公安、乡镇综合农业技术服务系统组织实施；另一种是农业经营体自我服务，如种植大户或企业集团、政府购买服务模式，将人工影响天气作业劳动服务列入当地政府购买服务清单。

3. 民兵预备役模式

民兵预备役模式是指将人工影响天气作业队伍编入预备役部队、民兵组织进行准军事化管理。预备役部队有正式的军队建制，对训练时间、训练内容、战时任务及其隶属关系等都有明确的规定。人工影响天气作业人员作训费、制服等由军费列支，业务经费主要由地方财政解决。人工影响天气作业人员的军事训练由县人民武装部组织实施。农村人工影响天气民兵在训练期间由当地政府给予误工补贴，企业事业单位人工影响天气民兵干部在训练期间由原单位负责工资奖金发放及伙食补助和往返差旅费开支。气象部门主要负责作业指导、作业指挥、协助作业装备采购、部门内作业人员日常管理等工作。民兵预备役模式主要有 2 种方式，一种是预备役骨干队伍方式，另一种是民兵组织管理方式。

9.1.5.3 人工影响天气从业人员培训管理

1. 人工影响天气作业人员培训

从事人工影响天气作业的人员，必须参加符合有关标准要求的培训，取得《人工影响天气作业人员岗位培训合格证》，掌握相关作业规范和操作规程，方可实施人工影响天气作业。

(1)培训主要内容。作业装备的基本原理、结构、实践操作、安全技术规定；作业装备维护保养技能、故障处置流程；弹药安全使用、运输、存储等常识；气象基础知识；人工影响天气业务规范和行业标准；相关的法律、法规及规章制度。

(2)培训考核标准。熟悉作业装备的基本构造，熟练掌握操作规程和安全使用要求；能够排除作业装备的一般故障；熟练掌握作业装备的保养、维护；熟悉弹药的安全保管常识，掌握正确的使用方法；掌握人工增雨防雹等基本的气象知识并能熟练应用；熟记相关法律、规章制度；掌握业务规范和标准，并能熟练应用；按要求对作业情况进行记录，按时上报作业的有关数据、总结等材料。

(3)培训考核程序。人工影响天气作业人员实行年度培训考核制。作业单位按有关标准组织开展作业人员培训工作，由省级气象主管机构统一印制、颁发《人工影响天气作业人员岗位培训合格证》(图 9.1)。对已经取得培训合格证的作业人员，每年应在作业期前进行安全培训、考核，填写考核结果，未通过考核的，收回其培训合格证。各级气象主管机构应建立健全作业人员培训、考核档案。作业人员的培训考核采取实践操作与笔试考试相结合的方式进行。

人工影响天气作业人员

培训合格证

×××制

盟(市)		旗(县)	乡(镇)
姓名		性别	
出生年月		职务/职称	
岗位类别		所在作业单位	
培训情况			
日期	考试科目	考试成绩	备注

照片

人员编码：
身份证号：
发证日期：　年　月　日

培训情况			
日期	考试科目	考试成绩	备注

图 9.1　《人工影响天气作业人员岗位培训合格证》样式

2. 人工影响天气作业指挥人员和业务管理人员培训

人工影响天气作业指挥人员和业务管理人员培训内容包括人工影响天气的基本原理，云、降水动力学和微物理学基础，数值模式，人工影响天气的催化技术，人工影响天气作业和科学试验的方案设计和外场试验，人工影响天气的效果检验，业务技术系统，相关的法律、规章等。

在岗期间，人工影响天气作业指挥人员和业务管理人员要持续进行相关知识学习。不仅只是被动的课堂式学习，还包括自我提高。大气是千变万化的，需要在业务实践中加深了解，掌握规律，不断提高水平和能力。

9.1.5.4　人工影响天气从业人员职责管理

1. 人工影响天气业务管理人员职责

人工影响天气业务管理人员主要负责人工影响天气业务管理和安全管理。具体职责为负责组织制定人工影响天气发展规划和年度工作计划；组织制定人工影响天气标准、业务规范、业务流程、规章制度、考核办法等；组织落实安全生产责任制，组织人工影响天气业务安全检查、督查；组织协调人工影响天气安全事故调查、上报和善后处理等工作；制定人工影响天气弹药年度计划，统一购置，组织调拨和过期弹药销毁等工作；组织人工影响天气作业装备的购置、转让、调拨和报废等工作；组织人工影响天气作业人员备案登记工作；负责人工影响天气作业单位能力等级证和作业点安全等级证管理工作；负责人工影响天气档案管理工作。

2. 人工影响天气作业指挥人员职责

人工影响天气作业指挥人员职责为负责人工影响天气特种监测资料和常规气象观测资料整理分析工作；负责人工影响天气作业过程天气预报，制作人工影响天气作业计划；负责人工影响天气作业条件潜力预报，制作人工影响天气作业预案；负责人工影响天气作业条件监测预警，制作人工影响天气作业方案；负责人工影响天气作业决策指挥、作业实施工作；负责人工影响天气作业效果评估工作；负责人工影响天气作业空域请示工作；负责人工影响天气作业信息汇总、上报工作。

3. 人工影响天气作业人员职责

(1)班长职责

人工影响天气作业单位应对作业点指定一名作业人员作为班长，负责作业点管理。具体职责为负责作业点全面管理；认真贯彻执行各项规章制度，遵守人工影响天气作业操作规程，执行作业点工作制度；负责作业点的安全管理工作，严格按作业装备操作规程、作业流程进行操作，严禁违规操作；负责组织作业人员参加当地气象主管机构组织的作业人员业务培训；负责组织作业人员的操作训练，严防各种事故的发生；负责人工影响天气作业时间、空域申请工作，并严格按空域审批制度执行，严禁未经请示批复和超时作业；负责定期检查、维护、保养作业设备，确保作业装备处于良好状态；负责组织完成每一次作业任务；负责作业信息及值班日志信息的填写，并负责作业信息的上报工作；负责作业用弹药安全管理，做到出入库手续齐全；负责保管弹药库钥匙，熟悉弹药的型号、数量、批号、质量、入库时间及存放位置，了解其构造、性能和配套情况；正确使用、管理库房配备的工具设备；做好库房的安全、通风、密闭、吸湿及温湿度登记等工作；负责对弹药库进行 24 小时看护；负责人工影响天气相关工作的上传下达。

(2)作业人员职责

作业人员应在班长带领下开展人工影响天气作业。具体职责为积极参加当地气象主管机构组织的作业人员业务培训，坚持学习人工影响天气知识。作业装备操作技术及保养维护技能，胜任本职工作；熟练操作作业装备，严格按作业装备操作规程和操作要领、作业流程进行操作，严禁违规操作；坚守工作岗位，密切监视天气变化，抓住每次天气过程开展作业，不擅离职守；做好库房日常勤务管理工作；协助班长进行定期检查、维护、保养作业设备，保持作业装备的良好状态，严禁作业装备带病作业，防止各类事故的发生；协助并监督班长进行弹药安全管理，协助班长做好库存物资的技术管理工作；积极配合班长完成各项工作，完成班长交办的各项工作。

9.1.5.5 人工影响天气从业人员保障管理

依据《人工影响天气安全管理规定》第四条第五款之规定“作业人员应享有人身安全保险”,作业点法人单位应为人工影响天气作业人员购买办理人身意外伤害保险。法人单位可根据本地区实际情况,规定人身意外伤害保险的附加险要求。办理人身意外伤害保险需满足如下要求:保险期限为人工影响天气作业期开始之日到作业期结束之日;法人单位应在作业期开始前办理完投保手续;投保的保险金额不低于因作业人员伤亡需补偿的金额;保险费应当列入人工影响天气专项经费,保险费由所在单位支付,各单位不得向作业人员摊派;投保人办理投保手续后,应将投保有关信息告知被保险人;在发生人工影响天气意外事故后应立即向保险公司提出索赔,使伤亡人员能够得到及时、足额的赔付。

作业点法人单位应当为人工影响天气作业人员配备工作服、安全帽、手套、雨衣、雨鞋等必要劳动保护用品。

9.1.6 人工影响天气作业装备管理

9.1.6.1 作业装备购买

各省(区、市)气象主管机构应当制定人工影响天气作业装备报废的审批程序和处理规定。禁止各级气象主管机构和作业单位转让已报废的作业装备。

人工影响天气作业装备实行统一订购制度。

作业用高炮必须由省级气象主管机构按照有关程序统一组织向军队购买,并按有关技术标准进行验收。

火箭发射架等作业装备的购置,必须由省级气象主管机构统一组织向国务院气象主管机构定点的生产企业购买经国务院气象主管机构鉴定,并由其验收单位验收合格的产品;购买合同副本应交国务院气象主管机构验收单位。

各省(区、市)气象主管机构应按时组织编报高炮、火箭发射架等作业装备的年度需求计划,上报国务院气象主管机构。

禁止非法倒买、倒卖人工影响天气作业装备。因工作需要确需进行调配的,自转让之日起30日内向省(区、市)气象主管机构备案。

9.1.6.2 作业装备运输与存储

各地气象主管机构应当制定作业装备的出入库规章制度,准确掌握数量、批号、使用和配发等情况。作业装备的运输应遵守国家的有关规定。

在非作业期间,对于自建仓库保管的,应经当地公安机关验收认可。高炮、火箭发射架必须入库封存,关键部件要拆卸交专人保管。

9.1.6.3 作业装备日常管理

各省(区、市)气象主管机构应当建立高炮、火箭发射架等作业装备的年检制度,规范年检的组织形式,建立、健全作业装备档案。按照有关的技术要求,委托有资质的第三方采用专用检测设备进行定量检测;对检测合格的作业装备,签发年检合格证。

禁止使用未取得年检合格证的人工影响天气作业装备。

作业结束后,对高炮、火箭发射架进行维护、保养,并存放于库房中。

9.1.7 人工影响天气催化物资管理

催化物资包括炮弹、火箭弹等特殊物资,以及飞机用增雨焰条、地基碘化银焰条等一般物资。

9.1.7.1 催化物资购买

炮弹、火箭弹等催化物资的购置，必须由省级气象主管机构统一组织向国务院气象主管机构定点的生产企业购买经国务院气象主管机构鉴定，并由其验收单位验收合格的产品；购买合同副本应交国务院气象主管机构验收单位。

各省(区、市)气象主管机构应按时组织编报炮弹、火箭弹等催化物资的年度需求计划，上报国务院气象主管机构。

禁止非法倒买、倒卖人工影响天气催化物资。因工作需要确需进行调配的，自转让之日起30日内向省(区、市)气象主管机构备案。

9.1.7.2 催化物资运输与存储

各地气象主管机构应当制定炮弹、火箭弹等催化物资的出入库规章制度，准确掌握催化物资的存储数量、批号、使用期限和配发等情况。炮弹、火箭弹的运输，应遵守国家的有关规定。

在非作业期间，炮弹、火箭弹应当由县级以上气象主管机构统一组织清点回收，由军队、当地人民武装部协助存储，作业站点禁止存放。对于自建仓库保管的，应经当地公安机关验收认可。

禁止使用未获得国务院气象主管机构许可使用的，以及超过保存期或有破损的炮弹、火箭弹。

各级气象主管机构在检查中发现上述炮弹、火箭弹，应立即封存，由县级以上气象主管机构及时组织回收保管，并由省级气象主管机构组织销毁。

违法使用未获得国务院气象主管机构许可使用的或超过保存期的炮弹、火箭弹等催化物资，应追究主管领导和当事人的责任。

9.1.7.3 催化物资日常管理

为加强人工影响天气安全管理工作，保障人民生命财产和社会公共安全，炮弹、火箭弹应分库管理。日常管理中注意防潮、防火、防盗、防雷击，以及下述要求：禁止无培训合格证的人员实施作业；炮弹、火箭弹等必须存放于弹药库中，禁止与其他易燃、易爆等危险品共同存放，弹药库必须有专人看管；作业前，弹药库管理人员应对弹药进行认真检查，确保弹药处于完好状态，作业人员应遵守作业规程和业务规范，按照弹药的使用方法和程序进行操作、排除故障，禁止违规操作；作业结束后应及时清点、回收弹壳，统计故障弹，上报作业情况，剩余炮弹、火箭弹及时存放于库房中；严格遵守炮弹、火箭弹的出入库规章制度，准确掌握弹药的存储数量、批号、使用期限和配发等情况，炮弹、火箭弹的运输应遵守国家的有关规定；炮弹、火箭弹等的故障弹应单独存放，并有清楚的标注，严禁使用外表磕碰、损坏的弹药，其中有条件的作业站点可在远离弹药库和建筑物的地方设置哑弹坑存放哑弹；故障弹情况应及时向上级管理部门报告，省级人工影响天气管理部门应及时向国家人工影响天气管理部门报告，并与催化物资的生产厂家联系故障弹返厂、销毁事宜；弹药库管理人员要定期检查弹药库，做好弹药库的防火、防盗、防潮、防雷击，如有意外情况发生，要保护好现场，及时报告应急、公安部门，配合相关部门做好善后处理工作。

9.2 人工影响天气法规和标准

9.2.1 人工影响天气法律法规

9.2.1.1 人工影响天气上位法律:中华人民共和国气象法

1999年10月31日,《中华人民共和国气象法》(简称《气象法》)经第九届全国人民代表大会常务委员会第十二次会议审议通过,2000年1月1日起施行。2016年11月7日第十二届全国人民代表大会常务委员会第二十四次会议第三次修正。《气象法》是我国第一部规范全社会气象活动的重要法律,该法实施20多年来,在规范气象工作,促进气象事业发展,有效防御和减轻气象灾害,保障人民生命财产安全,推进经济和社会全面、协调和可持续发展等方面,发挥了积极的促进作用。《气象法》第三十条规定,"县级以上人民政府应当加强对人工影响天气工作的领导,并根据实际情况,有组织、有计划地开展人工影响天气工作。"

国务院气象主管机构应当加强对全国人工影响天气工作的管理和指导。地方各级气象主管机构应当制定人工影响天气作业方案,并在本级人民政府的领导和协调下,管理、指导和组织实施人工影响天气作业。有关部门应当按照职责分工,配合气象主管机构做好人工影响天气的有关工作。

实施人工影响天气作业的组织必须具备省、自治区、直辖市气象主管机构规定的条件,并使用符合国务院气象主管机构要求的技术标准的作业设备,遵守作业规范。

9.2.1.2 人工影响天气行政法规:人工影响天气管理条例

根据《气象法》的有关规定,2002年3月13日国务院第56次常务会议讨论通过《人工影响天气管理条例》并以中华人民共和国国务院令第348号的形式颁布,2002年5月1日起施行,根据2020年3月27日《国务院关于修改和废止部分行政法规的决定》进行了修订。《人工影响天气管理条例》是为了在人工影响天气工作中建立有效的机制,发挥人工影响天气工作的总体效果;加强安全作业和人工影响天气作业人员的规范培训;规范统一合格的作业炮弹、火箭弹、火箭发射装备;加强作业设备运输、存储管理等。

《人工影响天气管理条例》(下简称《条例》)就以下13项问题进行了规定:立法目的、依据和适用范围;关于管理体制问题;关于人工影响天气工作计划的制定、性质和资金渠道问题;人工影响天气作业的实施条件和科研效果问题;作业地点的确定;作业主体和人员条件;作业空域的申请;关于作业安全问题;关于作业所需资料的提供;跨省作业问题;关于人工影响天气作业设备的管理;关于法律责任问题;授权立法和实施时间。各级气象主管机构应在当地政府统一领导下,协调有关部门工作,严格依照《条例》的规定进行人工影响天气活动,严格执法,使《条例》确立的各项制度、措施真正落到实处,保证人工影响天气工作安全、顺利地进行。

1. 人工影响天气工作的组织实施

人工影响天气工作作为气象工作的一个组成部分,是一项基础性、公益性事业。多年来,在各级人民政府组织的防灾、减灾工作中发挥了重要作用。目前,人工影响天气工作从性质上分为2种形式,一是由各级人民政府根据当地防灾、减灾的需要,组织开展的人工影响天气工作,属于政府行为,是目前我国人工影响天气工作的主体;二是根据企业、事业单位等用户的特殊需要开展的人工影响天气工作。随着社会主义经济的发展,这种情况会越来越多。由于这种实施人工影响天气的行为是为满足特定用户的需要开展的,按照条例的规定,应当属于民事行为，而不是政府行为，因此，所需经费应当按照民事法律的规定，实行有偿服务的方式。对于第一种情况，《条例》第五条第二款规定："按照有关人民政府批准的人工影响天气工作计划开展的人工影响天气工作属于公益性事业，所需经费列入该级人民政府的财政预算。"

根据《国务院关于加快气象事业发展的若干意见》(国发〔2006〕3 号)、《国务院办公厅关于进一步加强人工影响天气工作的意见》(国办发〔2012〕44 号)和《国务院办公厅关于推进人工影响天气工作高质量发展的意见》(国办发〔2020〕47 号)的规定，人工影响天气工作由各级人民政府领导和协调。但是，由于人工影响天气是一项专业性和技术性很强的工作，是气象灾害防御工作的重要组成部分，因此，条例第四条规定："人工影响天气工作按照作业规模和影响范围，在作业地县级以上地方人民政府的领导和协调下，由气象主管机构组织实施和指导管理。"明确了人工影响天气工作由气象主管机构具体组织实施和指导管理。

由于实施人工影响天气工作涉及多个部门和单位，需要多个部门和单位配合和支持，因此，《条例》规定，人工影响天气工作由各级气象主管机构具体组织实施和指导管理，人工影响天气工作计划由有关气象主管机构商同级有关部门编制，计划经本级人民政府批准后才能组织实施。同时，《条例》在第七条第二款规定："县级以上地方人民政府应当组织专家对人工影响天气作业的效果进行评估，并根据评估结果，对提供决策依据的有关单位给予奖惩。"

2. 主要法律制度

(1)制定人工影响天气工作计划的制度。《条例》第五条第一款规定："开展人工影响天气工作，应当制定人工影响天气工作计划。人工影响天气工作计划由有关地方气象主管机构商同级有关部门编制，报本级人民政府批准后实施。"这里的制定人工影响天气工作计划，主要是指年度计划，是开展人工影响天气工作的依据。这个计划由各级地方气象主管机构商同级有关部门编制，其主要内容包括每年开展人工影响天气工作的主要任务、经费预算、站点布局、作业时间、设备需求等。因此，各级气象主管机构应当在当地政府领导下，会同相关部门制定工作计划。

(2)作业单位的审查制度。人工影响天气是一项涉及安全的高科技工作。开展人工影响天气作业需要使用飞机、火箭发射装置、高炮等作业设备，同时还涉及航空器飞行安全以及高炮、火箭发射装置等其他作业工具的安全使用和管理，涉及公民的生命、财产安全问题。因此，《条例》第九条规定："从事人工影响天气作业的单位，应当符合省、自治区、直辖市气象主管机构规定的条件。"明确规定了从事人工影响天气作业的单位，在组织管理、作业装备、作业点设施、作业技术规范、人员技术水平、作业安全管理等各个方面，都应当符合省级气象主管机构规定的条件。

人工影响天气作业要求对作业实施方案的设计、作业的保障、作业条件的差别以及作业效果的科学评估等各环节应有严格的技术规范，省级气象主管机构应当根据国家的相关法律、法规，对从事人工影响天气作业的单位应具备的条件制定出具体的规定。在执行这项制度时，对符合条件的单位进行作业单位能力等级评估，取得能力等级的同意备案批复；对不符合条件的单位应禁止其开展人工影响天气作业；同时，对未经审定的单位擅自开展作业的行为，要依法追究其责任。

(3)作业人员培训考核制度。《条例》第十条规定："人工影响天气作业单位应当按照国务院气象主管机构制定的人工影响天气作业人员培训标准对从事人工影响天气作业的人员进行岗前培训。人工影响天气作业人员应当掌握相关作业规范和操作规程后，方可实施人工影响天气作业。”“利用高射炮、火箭发射装置从事人工影响天气作业的人员名单，由所在地的气象主管机构抄送当地公安机关备案。”这里的作业人员包括作业指挥人员和炮手、火箭手等操作人员。在人工影响天气作业活动中，无论是作业指挥人员，或是炮手、火箭手等操作人员，都应当经培训、考核合格，方能履行其职责，从事人工影响天气工作。因此，各省级气象主管机构应当根据作业的规程、技术要求和安全措施等，制定相应的作业人员岗位培训制度及实施办法。

(4)作业装备的年检制度。《条例》第十七条规定：“实施人工影响天气作业使用的高射炮、火箭发射装置，由省、自治区、直辖市气象主管机构组织年检；年检不合格的，应当立即进行检修，经检修仍达不到规定的技术标准和要求的，予以报废。”人工影响天气作业使用的专用装备从使用的安全、效果考虑，要求性能稳定、可靠，各项技术指标必须保持在规定的标准范围内，方可投入使用，以确保在实施人工影响天气作业过程中能发挥安全、高效的作用。实施作业装备和作业设备的年检制度就是要通过定期对人工影响天气作业专用装备的检测、保养、维修和验收达到上述目的。因此，《条例》规定对人工影响天气作业专用装备实行年检制度，这是一项责任重大和技术性很强的工作，必须高度重视并把好年检质量关。

《条例》规定人工影响天气作业专用装备的年检工作由省级气象主管机构负责组织实施。这样规定主要是为了防止各地作业装备的年检工作马虎从事或擅自放宽标准等现象发生，还可做到在各省级气象主管机构对本省人工影响天气作业专用装备年检实施统一技术标准、方法和手段，并为省级气象主管机构全面掌握和了解本省的人工影响天气作业专用装备的情况，以及加强管理奠定良好的基础；也为全省人工影响天气作业专用装备的未来建设和发展提供必要的基础资料。

《条例》还规定了年检不合格的人工影响天气作业专用装备的处理方法。对人工影响天气作业专用装备实行年检制度，就是要严格把好装备性能和安全的入关口。年检合格的，可继续使用。如经检测技术指标达不到规定要求的，即年检不合格的，应立即组织技术力量进行检修，该换件的换件，该保养的保养，经检修后各项技术指标达到所规定的技术标准和要求的，即经检修合格的，还可继续投入作业使用；经检修仍达不到规定的技术标准和要求的，由使用单位逐级上报，由省级气象主管机构批准后按照有关规定予以报废。严禁年检不合格的作业专用装备投入使用；严禁转让和倒卖年检不合格或者报废的装备。同时，各省级气象主管机构要通过年检，建立相应的检测、维修和年检档案，并逐一登记备案。

(5)专用的火箭发射装置、炮弹、火箭弹定点生产制度。人工影响天气作业专用装备是实施人工增雨、防雹、消云、消雨的必备作业工具，也是人工影响天气的物质基础。由于其特殊性，人工影响天气作业专用装备管理是根据国家有关规定和人工影响天气业务工作的需要，采取强制性技术标准和行政手段，对开发、试验、生产、技术质量监督、供应、储备、运输、使用、维修、检定、更新、报废等实行全面综合管理。因此，《条例》第十五条第一款规定：“实施人工影响天气作业使用的火箭发射装置、炮弹、火箭弹，由国务院气象主管机构和有关部门共同指定的企业按照国家有关强制性技术标准和要求组织生产。”生产人工影响天气作业专用装备的企业由国务院气象主管机构商有关部门指定。被指定的企业必须按照国家有关强制性技术标准和要求生产，以保证人工影响天气使用标准统一、技术先进、经济合理、安全适用、质量可靠、维护方便的设备。

目前，用于人工影响天气作业的专用装备均属军、民用火工类产品，其产品的综合技术指标没有一个统一的国家标准(含军用标准)，但为了保证人工影响天气作业专用装备的性能、质量、经济和安全性，必须由国务院气象主管机构和有关部门共同指定的企业按照国家有关强制性技术标准和要求生产，即产品应符合国务院气象主管机构关于人工影响天气业务规范和技术指标的企业标准；必须具有按国家有关规定程序批准的设计定型、生产定型和技术鉴定等有关技术文件；应通过省、部级鉴定，并由指定的正规生产单位按气象企业标准生产；生产过程中要有严格的质量保证措施；生产单位要有健全的售后服务体系。所有这些规定，都是为了严格把住进入人工影响天气作业专用装备的入口关，防止非正规渠道生产的非法产品流入人工影响天气作业专用装备中。

(6)人工影响天气作业专用装备的统一采购制度。《条例》第十五条第二款规定："因作业需要采购前款规定设备的，由省、自治区、直辖市气象主管机构按照国家有关政府采购的规定组织采购。"人工影响天气作业专用装备由定点企业生产出来以后，省级气象主管机构应当按照国家有关规定统一组织采购，除省级气象主管机构外，其他任何单位和个人不得擅自购买、转让和出售人工影响天气作业专用装备。实施由省级气象主管机构统一采购，首先严把进货渠道关，杜绝非正规企业生产的人工影响天气作业专用装备流入人工影响天气作业系统，从而避免发生安全事故和影响作业效果；其次，省级气象主管机构通过有计划、分步骤组织集中采购，不仅节约人力和资金，并能实现省级人工影响天气作业系统的统一调配，有利于人工影响天气作业系统现代化建设发展的统一规划、统一布局、统一管理；再次，有利于省级气象主管机构掌握各地作业装备和用弹量的具体情况(如作业装备的配备、数量、使用年限、零配件供应、检修、更新、报废情况等)，从而实现对省内各地人工影响天气作业专用装备的有效监督。

(7)空域申请制度。《条例》第十一条规定："利用高射炮、火箭发射装置实施人工影响天气作业，由作业地的县级以上地方气象主管机构向有关飞行管制部门申请空域和作业时限。利用飞机实施人工影响天气作业，由省、自治区、直辖市气象主管机构向有关飞行管制部门申请空域和作业时限；所需飞机由军队或者民航部门按照供需双方协商确定的方式提供；机场管理机构及有关单位应当根据人工影响天气工作计划做好保障工作。有关飞行管制部门接到申请后，应当及时做出决定并通知申请人。"空域申请是分层级的，地面人工影响天气作业空域申请工作由县级气象主管机构或地市级气象主管机构负责，飞机人工影响天气作业空域申请工作由省级气象主管机构负责。地(市)级作业单位开展飞机人工影响天气作业的，空域申请工作由省级气象主管机构授权后，方可开展。同时，条例明确地面人工影响天气作业中，只有利用高射炮、火箭发射装置实施人工影响天气作业才需进行空域申请，利用其他作业设备(如地面发生器等)实施人工影响天气作业无需进行空域申请工作。

各省(区、市)人工影响天气主管机构负责制定各地申报空域计划和相关规定，监督各地对规定的执行情况。县(市、区)级人工影响天气主管机构负责或协助省级人工影响天气主管机构检查监督本地区开展人工影响天气作业单位对规定的执行情况。县(市、区)级人工影响天气主管机构为空域申报的基本单位，直接负责与邻近机场申报空域，并且严格执行空域管制部门的有关规定。申报空域的内容包括申报地区、申请人姓名或代号、作业点地址与编号、预计使用空域的时间等。在收到邻近机场确切答复后，要详细记载答复内容、答复人姓名、时间，特别是机场同意允许作业时间和作业范围，全部过程严格登记备查。申报人必须认真做好记录并校对通话内容，避免听错而误事，申报人通话时语言简明精炼，不得含糊其辞。

(8)作业前公告制度。《条例》第二十条第二款规定："实施人工影响天气作业，作业地的气象主管机构应当根据具体情况提前公告，并通知当地公安机关做好安全保卫工作。"人工影响天气作业前应向社会和公众发布作业公告，作业时间提前或推迟或超时段作业应补发公告。可通过政府部门下发文件或作业单位通过新闻媒体、手机发布短信等形式发布公告。公告内容应包括作业目的、作业时段、作业区域和影响范围以及向公众告知应注意的事项等。作业结束后应及时公告结束时间和作业效果等。公告应注明发布单位、发布日期和时间。

9.2.1.3　其他相关法规和部门规章

(1)《中华人民共和国飞行基本规则》，中华人民共和国国务院、中华人民共和国中央军事委员会第509号令，2007年10月18日发布，2007年11月22日起施行。其对中华人民共和国境内空域管理、飞行管制进行了明确规定。《中华人民共和国飞行基本规则》第二十三条规定，临时飞行空域的划设，由申请使用空域的航空单位提出方案，经有关飞行管制部门划定，并通报有关单位。

(2)《通用航空飞行管制条例》，中华人民共和国国务院、中华人民共和国中央军事委员会第371号令，2003年5月1日起施行。《通用航空飞行管制条例》第六条规定，从事通用航空飞行活动的单位、个人使用机场飞行空域、航路、航线，应当按照国家有关规定向飞行管制部门提出申请，经批准后方可实施。第七条规定，从事通用航空飞行活动的单位、个人，根据飞行活动要求，需要划设临时飞行空域的，应当向有关飞行管制部门提出划设临时飞行空域的申请。划设临时飞行空域的申请应当包括下列内容：临时飞行空域的水平范围、高度；飞入和飞出临时飞行空域的方法；使用临时飞行空域的时间；飞行活动性质；其他有关事项。

(3)《民用爆炸物品管理条例》规定，使用爆破器材的单位，临时存放爆破器材时，要选择安全可靠的地方单独存放，指定专人看管，并报所在地县、市公安局批准。临时少量存放的，向所在地公安派出所备案。储存爆破器材的仓库、储存室，必须建立出入库检查、登记制度。收存和发放爆破器材必须进行登记，做到账目清楚、账物相符。库房内储存的爆破器材数量不得超过设计容量。性质相抵触的爆破器材，必须分库储存。库房内严禁存放其他物品。

(4)《人工影响天气安全管理规定》，中国气象局2003年2月13日发布。《人工影响天气安全管理规定》第四条规定，各省、自治区、直辖市气象主管机构应当建立人工影响天气作业人员培训、考核、持证上岗制度，规范培训的组织形式、培训内容和教材、培训时间、考核程序、上岗证审批程序，并建立作业人员档案。培训内容应包括有关法律、法规和规定，作业业务规范，作业装备、仪器操作技能和安全注意事项，基本气象知识。

第五条规定，各省、自治区、直辖市气象主管机构应当建立高炮、火箭发射架等作业装备的年检制度，规范年检的组织形式，建立、健全作业装备档案，按照有关的技术要求，采用专用检测设备进行定量检测；对检测合格的作业装备，给予年检合格证。

第六条规定，高炮、火箭作业站点的布设，应当遵守《中华人民共和国民用航空法》《中华人民共和国飞行基本规则》以及国务院气象主管机构业务规范的有关规定。经批准的作业站点，必须调查和掌握高炮、火箭射程范围内的城镇、厂矿企业、村庄等人口稠密区的分布情况，绘制安全射界图。作业时，高炮、火箭的发射方向和角度应避开上述地点，减少意外事故的发生。

第七条规定，存放高炮、火箭的作业站点必须建设专用库房。人雨弹、火箭弹等必须存放于弹药库中，禁止与其他易燃、易爆等危险品共同存放。作业装备必须有专人看管。

第八条规定，采用向空中施放人雨弹、火箭弹、焰弹等方式实施人工影响天气作业的，作业单位在作业前应按照空域申请的程序和有关规定申请作业空域，并将申请过程记录、留存，在有关部门批复的空域和时限内实施作业；未申请空域或虽申请空域但未得到批准的，禁止实施作业。

(5)各省、自治区、直辖市依据《气象法》和《人工影响天气管理条例》等有关法律、法规、规定，颁布的适用于本辖区人工影响天气的行政法规和管理办法。

9.2.2　人工影响天气标准规范

9.2.2.1　国家标准

(1)《人工影响天气用燃烧剂和致冷剂的存储技术条件》

原国家质量监督检验检疫总局和国家标准化管理委员会于 2017 年 5 月 12 日发布《人工影响天气用燃烧剂和致冷剂的存储技术条件》(GB/T 33679—2017)，2017 年 12 月 1 日起实施。其规定了人工影响天气用燃烧剂、致冷剂的存储基本要求、存储方式和存储条件，适用于人工影响天气业务中燃烧剂、致冷剂的储存及管理，不包括《小型民用爆炸物品储存库安全规范》(GA 838)中规定的民用爆破器材产品。

(2)《人工防雹作业预警响应》

原国家质量监督检验检疫总局和国家标准化管理委员会于 2017 年 9 月 7 日发布《人工防雹作业预警响应》(GB/T 34292—2017)，2018 年 4 月 1 日起实施。其规定了使用高炮、火箭弹实施人工防雹作业预警响应的要求，适用于使用高炮、火箭弹实施人工防雹作业的预警响应。

(3)《人工防雹作业预警等级》

原国家质量监督检验检疫总局和国家标准化管理委员会于 2017 年 9 月 7 日发布《人工防雹作业预警等级》(GB/T 34304—2017)，2018 年 4 月 1 日起实施。其规定了人工防雹作业的预警等级，适用于人工防雹作业工作。

(4)《37 mm 高射炮防雹作业方式》

原国家质量监督检验检疫总局和国家标准化管理委员会于 2017 年 9 月 7 日发布《37 mm 高射炮防雹作业方式》(GB/T 34305—2017)，2018 年 4 月 1 日起实施。其规定了 37 mm 高射炮人工防雹的作业方式，适用于 55 式、65 式 37 mm 高射炮发射弹丸以爆炸播撒方式开展的人工防雹作业。

(5)《人工影响天气火箭作业点安全射界图绘制规范》

原国家质量监督检验检疫总局和国家标准化管理委员会于 2018 年 12 月 28 日发布《人工影响天气火箭作业点安全射界图绘制规范》(GB/T 37274—2018)，2018 年 12 月 28 日起实施。其规定了人工影响天气火箭作业点安全射界选取、安全射界图标绘与审核的要求，适用于人工影响天气火箭作业点安全射界图的绘制。

9.2.2.2　行业标准

目前，与人工影响天气有关行业标准共 32 项，其中气象行业标准 30 项、公共安全行业标准 2 项。

(1)《37 mm 高炮防雹增雨作业安全技术规范》

中国气象局于 2019 年 12 月 26 日发布气象行业标准《37 mm 高炮防雹增雨作业安全技术规范》(QX/T 17—2019)，2020 年 4 月 1 日开始实施。其规定了 37 mm 高炮人工增雨防雹的作业点、空域安全和作业安全要求，适用于使用口径为 37 mm 高炮和人工防雹增雨炮弹所进行的人工影响天气作业。

(2)《人工影响天气作业用 37 mm 高炮检测规范》

中国气象局于 2020 年 6 月 16 日发布气象行业标准《人工影响天气作业用 37 mm 高炮检测规范》(QX/T 18—2020),2020 年 9 月 1 日开始实施。其规定了用于人工影响天气作业的 37 mm 高炮(含自动化改造的高炮)主要部件检测的技术要求、检验方法以及检测项目的分类,适用于人工影响天气作业用的六五式及自动化改造的双管 37 mm 高炮检测,其他 37 mm 高射炮可参照使用。

(3)《人工影响天气安全增雨防雹火箭作业系统安全操作规范》

中国气象局于 2019 年 12 月 26 日发布气象行业标准《人工影响天气安全增雨防雹火箭作业系统安全操作规范》(QX/T 99—2019),2020 年 4 月 1 日开始实施。其规定了人工增雨防雹火箭作业系统的发射场、操作人员、作业空域申请、作业前检查、作业实施、作业结束、维护保养、故障处置等内容,适用于人工增雨防雹火箭作业系统安全操作。

(4)《人工影响天气术语》

中国气象局于 2012 年 8 月 30 日发布气象行业标准《人工影响天气术语》(QX/T 151—2012),2012 年 11 月 1 日开始实施。其界定了人工影响天气作业的基本术语及其定义,适用于人工影响天气作业。

(5)《人工影响天气作业用 37 mm 高炮安全操作规范》

中国气象局于 2012 年 11 月 29 日发布气象行业标准《人工影响天气作业用 37 mm 高炮安全操作规范》(QX/T 165—2012),2013 年 3 月 1 日开始实施。其规定了使用 37 mm 高炮实施人工影响天气作业时操作员的安全操作规范,包括射前准备、射击、故障排除及射后处理等安全操作内容,适用于使用 37 mm 高炮人工防雹增雨弹所进行的人工影响天气安全作业。

(6)《人工影响天气作业点防雷技术规范》

中国气象局于 2013 年 12 月 22 日发布气象行业标准《人工影响天气作业点防雷技术规范》(QX/T 226—2013),2014 年 5 月 1 日开始实施。其规定了人工影响天气作业点营房、弹药库房、作业平台、监控系统的雷电防护措施及防雷装置的管理与维护要求,适用于新建、改建、扩建的人工影响天气作业点防雷装置的设计、施工、验收和定期维护。

(7)《37 mm 高炮人工影响天气作业点安全射界图绘制规范》

中国气象局于 2015 年 1 月 26 日发布气象行业标准《37 mm 高炮人工影响天气作业点安全射界图绘制规范》(QX/T 256—2015),2015 年 5 月 1 日开始实施。其规定了 37 mm 高炮人工影响天气作业点安全射界选取、安全射界图绘制、安全射界图审核的技术要求,适用于 37 mm 高炮人工影响天气作业点安全射界图的绘制。

(8)《地面人工影响天气作业安全管理要求》

中国气象局于 2015 年 12 月 11 日发布气象行业标准《地面人工影响天气作业安全管理要求》(QX/T 297—2015),2016 年 4 月 1 日开始实施。其规定了地面人工影响天气作业安全管理涉及的作业点管理、作业装备管理、空域安全使用、作业人员管理、作业实施、作业安全检查和安全事故处置,适用于使用高炮、火箭作业系统、地面发生器进行人工影响天气作业的安全管理。

(9)《人工影响天气作业用弹药保险柜》

中国气象局于 2016 年 5 月 31 日发布气象行业标准《人工影响天气作业用弹药保险柜》(QX/T 328—2016),2016 年 11 月 1 日开始实施。其规定了人工影响天气作业用弹药保险柜的技术要求、检验方法、检验规则、标志、包装、贮存和运输要求，适用于人工影响天气作业点临时存储所有人工影响天气作业用弹药的保险柜。

(10)《人工影响天气地面作业站建设规范》

中国气象局于 2016 年 5 月 31 日发布气象行业标准《人工影响天气地面作业站建设规范》(QX/T 329—2016)，2016 年 11 月 1 日开始实施。其规定了采用高炮/火箭实施人工影响天气地面作业的作业站选址及建设要求，适用于采用高炮/火箭实施人工影响天气作业的作业站新建或改建。

(11)《火箭增雨防雹作业岗位规范》

中国气象局于 2016 年 9 月 29 日发布气象行业标准《火箭增雨防雹作业岗位规范》(QX/T 338—2016)，2017 年 3 月 1 日开始实施。其规定了火箭增雨防雹作业岗位的设置、职责、上岗条件和岗位规程，适用于火箭增雨防雹作业岗位的管理。

(12)《高炮火箭防雹作业点记录规范》

中国气象局于 2016 年 9 月 29 日发布气象行业标准《高炮火箭防雹作业点记录规范》(QX/T 339—2016)，2017 年 3 月 1 日开始实施。其规定了地面人工影响天气作业点高炮、火箭防雹作业的记录内容与要求，适用于地面人工影响天气作业记录的管理。

(13)《人工影响天气地面作业单位安全检查规范》

中国气象局于 2016 年 9 月 29 日发布气象行业标准《人工影响天气地面作业单位安全检查规范》(QX/T 340—2016)，2017 年 3 月 1 日开始实施。其规定了对使用 37 mm 高炮、火箭进行人工影响天气地面作业的单位进行安全检查的项目和要求，适用于对使用 37 mm 高炮、火箭进行人工影响天气地面作业的单位开展安全检查。

(14)《增雨防雹高炮系统技术要求》

中国气象局于 2016 年 12 月 12 日发布气象行业标准《增雨防雹高炮系统技术要求》(QX/T 358—2016)，2017 年 5 月 1 日开始实施。其规定了增雨防雹高炮系统的组成与分类以及技术要求，适用于增雨防雹高炮系统的设计、研发、定型、生产、验收和使用。

(15)《增雨防雹火箭系统技术要求》

中国气象局于 2016 年 12 月 12 日发布气象行业标准《增雨防雹火箭系统技术要求》(QX/T 359—2016)，2017 年 5 月 1 日开始实施。其规定了增雨防雹火箭系统的组成和技术要求，适用于增雨防雹火箭系统的设计、研发、定型、生产、验收和使用。

(16)《碘化银人工影响天气催化剂静态检测规范》

中国气象局于 2016 年 12 月 12 日发布气象行业标准《碘化银人工影响天气催化剂静态检测规范》(QX/T 360—2016)，2017 年 5 月 1 日开始实施。其规定了碘化银(AgI)类人工影响天气催化剂成核率静态检测的内容、检测装置、样品的制备、检测方法、成核率计算和文档管理，适用于人工影响天气作业燃烧型 AgI 类催化剂的成核率静态检测。

(17)《人工影响天气作业用 37 mm 高炮维修技术规范》

中国气象局于 2017 年 10 月 30 日发布气象行业标准《人工影响天气作业用 37 mm 高炮维修技术规范》(QX/T 390—2017)，2018 年 3 月 1 日开始实施。其规定了人工影响天气作业用 37 mm 高炮完整状态主要部件维修的基本要求及技术要求，适用于人工影响天气作业用 37 mm 高炮的维修。

(18)《飞机人工增雨(雪)作业宏观记录规范》

中国气象局于 2018 年 4 月 28 日发布气象行业标准《飞机人工增雨(雪)作业宏观记录规范》(QX/T 421—2018),2018 年 8 月 1 日开始实施。其规定了飞机人工增雨(雪)作业宏观记录的内容和方式,适用于飞机人工增雨(雪)作业、科学试验和大型活动人工影响天气服务中宏观记录的存档和管理。

(19)《人工影响天气地面高炮、火箭作业空域申报信息格式》

中国气象局于 2018 年 4 月 28 日发布气象行业标准《人工影响天气地面高炮、火箭作业空域申报信息格式》(QX/T 422—2018),2018 年 8 月 1 日开始实施。其规定了人工影响天气地面高炮、火箭对空射击作业空域申报的报文种类与内容、报文数据项编码规则,适用于人工影响天气地面高炮、火箭作业空域申报信息的编写和使用。

(20)《人工影响天气火箭弹验收通用规范》

中国气象局于 2018 年 9 月 20 日发布气象行业标准《人工影响天气火箭弹验收通用规范》(QX/T 445—2018),2019 年 2 月 1 日开始实施。其规定了人工影响天气用火箭弹的验收内容、检验方法、产品抽样、合格判定以及验收报告的要求,适用于人工影响天气用火箭弹的验收,不适用于人工影响天气用火箭弹的型式检验。

(21)《人工影响天气作业装备与弹药标识编码技术规范》

中国气象局于 2019 年 1 月 18 日发布气象行业标准《人工影响天气作业装备与弹药标识编码技术规范》(QX/T 471—2019),2019 年 5 月 1 日开始实施。其规定了人工影响天气各种作业装备与弹药标识的编码内容、格式与规则,适用于人工影响天气作业装备与弹药(含弹箱)的生产、查验、储运、使用以及日常维护维修等各环节的信息化管理。

(22)《人工影响天气炮弹运输存储要求》

中国气象局于 2019 年 1 月 18 日发布气象行业标准《人工影响天气炮弹运输存储要求》(QX/T 472—2019),2019 年 5 月 1 日开始实施。其规定了人工影响天气炮弹的运输和存储要求,适用于人工影响天气作业用炮弹的道路运输和存储。

(23)《螺旋桨式飞机机载焰剂型人工增雨催化作业装备技术要求》

中国气象局于 2019 年 1 月 18 日发布气象行业标准《螺旋桨式飞机机载焰剂型人工增雨催化作业装备技术要求》(QX/T 473—2019),2019 年 5 月 1 日开始实施。其规定了螺旋桨飞机机载焰剂型人工增雨催化作业装备的技术要求,适用于螺旋桨飞机机载焰剂型人工增雨催化作业装备的设计、制造、验收及维修维护。

(24)《大型活动气象服务指南——人工影响天气》

中国气象局于 2019 年 9 月 18 日发布气象行业标准《大型活动气象服务指南——人工影响天气》(QX/T 492—2019),2019 年 12 月 1 日开始实施。其提供了大型活动人工影响天气服务任务提出、作业方案制定、技术方案、组织实施、安全管理、保障总结等方面的指导和建议,适用于大型活动人工影响天气保障服务工作。

(25)《人工影响天气火箭弹运输存储要求》

中国气象局于 2019 年 9 月 18 日发布气象行业标准《人工影响天气火箭弹运输存储要求》(QX/T 493—2018),2019 年 12 月 1 日开始实施。其规定了人工影响天气火箭弹运输、存储的安全要求,适用于人工影响天气作业用火箭弹的运输和存储。

(26)《人工影响天气作业飞机通用技术要求》

中国气象局于 2019 年 9 月 30 日发布气象行业标准《人工影响天气作业飞机通用技术要

求》(QX/T 505—2019),2019 年 11 月 1 日开始实施。其规定了人工影响天气作业飞机的分类、基本要求,高性能作业飞机和常规作业飞机的通用技术要求,适用于人工影响天气作业飞机的选型、改装和使用,不适用于无人驾驶作业飞机。

(27)《人工影响天气安全——地面作业空域申请和使用规范》

中国气象局于 2020 年 4 月 14 日发布气象行业标准《人工影响天气安全——地面作业空域申请和使用规范》(QX/T 547—2020),2020 年 7 月 1 日开始实施。其规定了人工影响天气地面作业空域申请和使用的基本要求、空域使用方案、作业空域申请和批准、作业空域使用,适用于人工影响天气地面高炮、火箭对空射击作业空域申请和使用。

(28)《飞机人工增雨(雪)作业流程》

中国气象局于 2020 年 6 月 16 日发布气象行业标准《飞机人工增雨(雪)作业流程》(QX/T 556—2020),2020 年 9 月 1 日开始实施。其规定了飞机人工增雨(雪)作业的计划制定、装备物资确定、业务协调、方案制定和实施及效果评估的流程,适用于飞机人工增雨(雪)作业。

(29)《人工增雨(雪)地面催化剂发生器选址安装技术要求》

中国气象局于 2020 年 7 月 31 日发布气象行业标准《人工增雨(雪)地面催化剂发生器选址安装技术要求》(QX/T 569—2020),2020 年 12 月 1 日开始实施。其规定了人工增雨(雪)地面催化剂发生器的选址、安装、验收、归档等要求,适用于人工增雨(雪)地面催化剂发生器的选址、安装。

(30)《人工影响天气安全——炮弹、火箭弹残骸坠落现场技术调查》

中国气象局于 2020 年 11 月 5 日发布气象行业标准《人工影响天气安全——炮弹、火箭弹残骸坠落现场技术调查》(QX/T 579—2020),2021 年 2 月 1 日开始实施。其规定了对人工影响天气炮弹、火箭弹残骸坠落现场技术调查的程序和要求、分析和结论、资料存档备案的要求,适用于有报告的人工影响天气炮弹、火箭弹残骸坠落现场技术调查。

(31)《民用爆炸物品储存库治安防范要求》

公安部于 2009 年 6 月 29 日发布公共安全行业标准《民用爆炸物品储存库治安防范要求》(GA 837—2009),2009 年 8 月 1 日开始实施。其规定了民用爆炸物品储存库的治安防范基本要求,是民用爆炸物品储存库治安防范设计、验收、评价等工作的基本依据,适用于民用爆炸物品从业单位,教学、科研、检测等单位和中国人民解放军、武装警察部队从事非军事目的工程爆破的爆炸物品储存库。

(32)《小型民用爆炸物品储存库安全规范》

公安部于 2009 年 6 月 29 日发布公共安全行业标准《小型民用爆炸物品储存库安全规范》(GA 838—2009),2009 年 8 月 1 日开始实施。其规定了小型民用爆炸物品储存库的基本要求,是小型民用爆炸物品储存库设计、建设、改建、验收、评价和管理的基本依据,适用于爆破作业单位储存量符合相关规定的小型民用爆炸物品储存库。

9.2.2.3 地方标准

(1)《飞机人工增雨(雪)业务规范》

内蒙古自治区质量技术监督局于 2015 年 7 月 1 日发布地方标准《飞机人工增雨(雪)业务规范》(DB15/T 878—2015),2015 年 10 月 1 日起实施。其规定了飞机人工增雨(雪)作业的资质、协调保障、作业条件预报、作业实施、作业总结等,适用于飞机人工增雨(雪)作业。

(2)《地面人工影响天气安全管理规范》

内蒙古自治区质量技术监督局于2017年1月15日发布地方标准《地面人工影响天气安全管理规范》(DB15/T 1123—2017),2017年4月15日起实施。其规定了地面人工影响天气管理涉及的术语和定义、作业站点管理、作业装备管理、作业人员管理、作业管理、安全检查和作业事故等,适用于组织开展地面人工影响天气安全管理工作。

(3)《人工影响天气作业站点、作业单位和作业人员编码规范》

内蒙古自治区质量技术监督局于2019年1月18日发布地方标准《人工影响天气作业站点、作业单位和作业人员编码规范》(DB15/T 1565—2019),2019年4月18日起实施。其规定了人工影响天气作业站点、作业单位和作业人员的代码结构、编码方法和赋码要求,适用于人工影响天气作业站点、作业单位和作业人员代码的编制、信息处理、信息交换和管理及备案。

(4)《高炮、火箭人工影响天气作业公告规范》

内蒙古自治区质量技术监督局于2019年1月18日发布地方标准《高炮、火箭人工影响天气作业公告规范》(DB15/T 1566—2019),2019年4月18日起实施。其规定了高炮、火箭人工影响天气作业公告的发布单位、发布时间、发布内容、发布方式、发布流程及公告期限,适用于使用高炮、火箭开展人工影响天气作业的气象主管机构或作业单位制作、发布人工影响天气作业公告。

(5)《地面燃烧炉人工增雨(雪)业务规范》

内蒙古自治区质量技术监督局于2019年1月18日发布地方标准《地面燃烧炉人工增雨(雪)业务规范》(DB15/T 1567—2019),2019年4月18日起实施。其规定了地面燃烧炉选址和安装、催化剂管理、作业条件预报、作业实施、作业记录、作业总结、设备维护保养等技术要求,适用于地面燃烧炉人工增雨(雪)业务。

(6)《火箭人工增雨防雹作业规范》

内蒙古自治区质量技术监督局于2019年1月18日发布地方标准《火箭人工增雨防雹作业规范》(DB15/T 1568—2019),2019年4月18日起实施。其规定了使用火箭作业系统实施人工增雨防雹作业时的作业规范,适用于使用RYI系列、WR系列、JFJ系列、BL系列、ZBZ系列等火箭作业系统进行的人工增雨防雹作业。

(7)《新一代天气雷达冰雹云识别技术指标》

内蒙古自治区质量技术监督局于2019年1月18日发布地方标准《新一代天气雷达冰雹云识别技术指标》(DB15/T 1569—2019),2019年4月18日实施。其规定了新一代天气雷达20～150 km探测范围内冰雹云识别指标,适用于天气预报、人工影响天气等领域。

9.2.2.4　业务规范

《飞机人工增雨(雪)作业业务规范(试行)》于2000年12月由中国气象局科技教育司印发实施。其主要包括飞机人工增雨(雪)业务程序及组织工作、基本装备条件、催化剂的选择与使用、作业条件选择、作业过程中的天气条件监测分析、作业计划的申报及方案设计、作业飞行技术保障、效果检验、资料收集与存储等内容。

《高炮人工防雹增雨作业业务规范(试行)》于2000年12月由中国气象局科技教育司印发实施。其给出了高炮防雹增雨作业的依据、技术条件、作业流程,规定了高炮防雹增雨作业的基础条件、技术任务、作业时机选择、作业设计与实施等。

各省、自治区、直辖市人工影响天气主管机构也制定了相应人工影响天气制度、业务流程和操作规范等。

9.3 人工影响天气管理工作中应加强的工作和应注意的问题

新时期人工影响天气工作的总体要求和任务是，按照“适应需求，加强服务，依靠科技，提高效益，规范管理，保障安全”的工作方针，努力提高人工影响天气工作的科学水平和作业效益。为此，在人工影响天气管理工作中，各级人工影响天气管理人员必须切实负起职责，严格按照《气象法》《人工影响天气管理条例》《民用爆炸物品管理条例》等法律法规及标准规范，依法加强管理工作，及时查处违法违规的行为，确保人工影响天气工作的高效、安全。

9.3.1 积极主动地进行组织实施和协调工作

(1)按照《气象法》《人工影响天气管理条例》的要求，科学地宣传人工影响天气工作。积极主动地宣传《人工影响天气管理条例》并协调有关单位的工作，争取各级人民政府和有关部门、单位的支持，并在当地人民政府的领导下开展人工影响天气工作。

(2)加强人工影响天气地方立法工作。争取制定与《人工影响天气管理条例》相配套的地方法规、政府规章和相应的规范文件，使各级人工影响天气工作逐步规范化、制度化。

9.3.2 严格遵守作业设备管理的有关规定，确保作业效果和作业安全

《人工影响天气管理条例》将作业用高炮、火箭发射装置、炮弹、火箭弹等列入武器装备和民用爆炸物品的管理范畴。对此，各级人工影响天气管理部门应高度重视，严格执行《人工影响天气安全管理规定》《民兵武器装备管理条例》《民用爆炸物品管理条例》的有关规定。

违反此类规定的，将可能触犯刑法，承担刑事责任。

9.3.2.1 规范作业装备的年检工作

《人工影响天气安全管理规定》第五条规定：“各省、自治区、直辖市气象主管机构应当建立高炮、火箭发射架等作业装备的年检制度，规范年检的组织形式，建立、健全作业装备档案，按照有关的技术要求，采用专用检测设备进行定量检测；对检测合格的作业装备，给予年检合格证。禁止使用未取得年检合格证的人工影响天气作业装备。”第十三条对年检工作中的设备报废做出规定：“各省、自治区、直辖市气象主管机构应当制定人工影响天气作业装备报废的审批程序和处理规定。禁止各级气象主管机构和作业单位转让已报废的作业装备。”

作业设备年检工作是一项责任重大和技术性很强的工作，必须高度重视并把好年检质量关。特别要注意属于武器装备的高炮和火箭，高炮年检执行气象行业标准《人工影响天气作业用 37 mm 高射炮技术检测规范》(QX/T 18—2020)；火箭发射架年检暂时执行气象行业标准《人工影响天气安全——增雨防雹火箭作业系统安全操作规范》(QX/T 99—2019)中有关技术要求部分和各定点生产厂家的企业标准。

9.3.2.2 严格执行作业装备统一订购的规定

《人工影响天气安全管理规定》第十四条规定：“人工影响天气作业装备实行统一订购制度。作业用高炮必须由省级气象主管机构按照有关程序统一组织向军队购买，并按有关技术标准进行验收。人雨弹、火箭弹(发射架)等作业装备的购置，必须由省级气象主管机构统一组织向国务院气象主管机构定点的生产企业购买经国务院气象主管机构鉴定，并由其验收单位验收合格的产品；购买合同副本应交国务院气象主管机构验收单位。各省、自治区、直辖市气

象主管机构应按时组织编报人雨弹、火箭弹(发射架)等作业装备的年度需求计划,上报国务院气象主管机构。人工影响天气作业专用装备由定点企业生产出来以后,省级气象主管机构应当按照国家有关规定统一组织采购,除省级气象主管机构外,其他任何单位和个人不得擅自购买、转让和出售人工影响天气作业专用装备。”

《人工影响天气安全管理规定》第十六条同时对定点生产厂家做出规定:“国务院气象主管机构定点生产人工影响天气作业装备的企业和单位,应当遵守人工影响天气作业装备统一订购制度,作好售后服务工作。禁止销售未经国务院气象主管机构鉴定的以及未经国务院气象主管机构验收单位验收合格的人工影响天气作业装备。因产品质量原因造成人员伤亡等事故时,有关生产企业和单位应迅速赶赴现场,协助当地有关部门分析事故原因,承担应有的责任,并将产品质量、原因分析报告报国务院气象主管机构。”

各级人工影响天气管理部门必须严格执行该方面的规定,并加强对作业单位的监督检查,杜绝非定点企业生产的、未经国务院气象主管机构验收合格的人工影响天气作业专用设备流入人工影响天气作业单位。

对于违反规定或不执行省统一订购规定,私自转让、倒买、倒卖属于武器装备或爆炸物的高炮、火箭发射装置、炮弹、火箭弹的单位和个人,交由公安机关追究其行政、刑事责任。

9.3.2.3 采取有效措施,确保作业装备的安全储运

《人工影响天气安全管理规定》第十条规定:“各地气象主管机构应当制定人雨弹、火箭弹的出、入库规章制度,准确掌握弹药的存储数量、批号、使用期限和配发等情况。人雨弹、火箭弹的运输应遵守国家的有关规定。”第十一条规定:“在非作业期间,人雨弹、火箭弹应当由县级以上气象主管机构统一组织清点回收,由军队、当地人民武装部协助存储,作业站点禁止存放。对于自建仓库保管的,应经当地公安机关验收认可。高炮、火箭发射架必须入库封存,关键部件要拆卸交专人保管。”

人工影响天气地面作业专用装备均属军、民用火工类特殊产品,在运输、存储过程中稍有不当,随时都可发生涉及国家、公众和自身的人身和财产安全事故,因此安全管理责任十分重要。而且,高炮、火箭本身即为军品。为此,《人工影响天气管理条例》规定“运输、存储人工影响天气作业使用的高射炮、火箭发射装置、炮弹、火箭弹,应当遵守国家有关武器装备、爆炸物品管理的法律、法规”。需要运输时,应当在当地公安机关申请办理《准购证》《准运证》,待审批后实施;运输过程中,应派专人押运,炮弹、火箭弹不准同车运载,并严禁摔碰、跌落和倒放。在存储时,应符合军、民用武器装备的安全要求,建立健全值班、交接、登记、检查、保养等制度,做到无丢失、无损坏、无锈蚀、无霉变,严禁作业装置和弹药同放一个库房,不同类型的作业装置或弹药也必须分开存放。存储人工影响天气地面作业专用装备的库房要求干燥、阴凉、通风良好,要采取措施防盗、防潮、防爆、防雷、防火、防晒。有关人员入库时,严禁携带任何引火物品。切实做到防患于未然,牢固树立“安全第一”的意识。

非作业期间,为保证弹药存储条件,防火、防盗,严防意外事故,弹药必须由县级以上气象主管机构统一保管。为维护社会稳定,严防恐怖极端事件,高炮、火箭发射装置的关键部件必须拆卸交由专人保管。

9.3.2.4 安全使用

《人工影响天气安全管理规定》第九条第一款规定:“作业前,作业人员应对作业装备进行

认真检查,确保作业装备处于完好状态。作业指挥人员和作业人员应遵守作业规程和业务规范,按照作业装备的使用方法和程序进行操作、排除故障,禁止违规操作。”第十二条规定:“禁止使用未获得国务院气象主管机构许可使用的,以及超过保存期和有破损的人雨弹、火箭弹。各级气象主管机构在检查中发现上述人雨弹、火箭弹,应立即封存,由县级以上气象主管机构及时组织回收保管,并由省级气象主管机构组织销毁。违法使用未获得国务院气象主管机构许可使用的或超过保存期的人雨弹、火箭弹,应追究主管领导和当事人的责任。”

人工影响天气作业设备只能用于人工影响天气作业,不能用于其他活动,以避免高炮、火箭发射架等造成意外事故。特别应当注意的是,人工影响天气管理部门和管理人员,更不得违法批准和放任违反规定的行为,如批准或默许使用过期的炮弹、火箭弹等。

9.3.3 严格执行规定,遵守作业规范,安全、高效地实施人工影响天气作业

严格执行空域申请制度,确保航空安全。实施人工影响天气作业之前,必须按规定由作业地县级以上地方气象主管机构向飞行管制部门提出作业空域和时限申请,经空管部门批复同意后才能实施作业,并严格地执行空管部门所批准的作业空域和作业时限,不得随意变动,特别是批准的作业时限必须从严掌握。未经批准,严禁作业。作业过程中突然收到空管部门要求停止作业的命令,必须立即停止作业。实施飞机人工增雨作业,同样要在批准的空域和时限内进行,并遵守空中交通管制规定,作业结束后,及时向空管部门报告。

《人工影响天气安全管理规定》第八条规定:“采用向空中施放人雨弹、火箭弹、焰弹等方式实施人工影响天气作业的,作业单位在作业前应按照空域申请的程序和有关规定申请作业空域,并将申请过程记录、留存,在有关部门批复的空域和时限内实施作业;未申请空域或虽申请空域但未得到批准的,禁止实施作业。”

实施人工影响天气作业,要严格按照国务院气象主管机构规定的作业规范和操作规程进行。这不仅使人工影响天气作业更加规范、科学和高效,也可有效规避作业中可能出现的空中和地面安全事故。《飞机人工增雨(雪)作业业务规范》《高炮人工防雹增雨作业业务规范》和一系列国家标准、气象行业标准对实施作业应具备的基本条件、作业方案的设计和作业流程、催化剂的选择与使用、作业技术保障、作业效果评估以及安全技术等都进行了明确规定,各级气象主管机构、作业单位和作业人员都应认真学习,掌握规范中的具体内容,并严格遵守。

依托气象部门的业务,应用计算机技术、探测技术、气象业务网络化等先进技术和手段,充分发挥人工影响天气作业指挥系统现代化建设的作用,管理业务、指挥作业,确保安全。

实施人工影响天气作业前,作业地的气象主管机构应当根据具体情况提前公告,让公众增加对人工影响天气工作的认识和了解,同时提醒公众树立安全意识。由于人工影响天气作业具有依赖天气条件的极强的实效性,故可以根据具体情况公告作业起止时间、作业区域、作业使用设备以及对发现的故障弹(炮弹、火箭弹)处理注意事项等内容。条件允许时,在实施人工影响天气作业前,通知当地公安机关做好安全保卫工作,预防意外事故的发生。对于违反上述规定的,《人工影响天气管理条例》第十九条规定:“违反本条例规定,有下列行为之一,造成严重后果的,依照刑法关于危险物品肇事罪、重大责任事故罪或者其他罪的规定,依法追究刑事责任;尚不够刑事处罚的,由有关气象主管机构按照管理权限责令改正,给予警告;情节严重的,禁止从事人工影响天气作业;造成损失的,依法承担赔偿责任:(一)违反人工影响天气作业规范或者操作规程的;(二)未按照批准的空域和作业时限实施人工影响天气作业的;(三)将人工影响天气作业设备转让给非人工影响天气作业单位或者个人的;(四)人工影响天气作业单

位之间转让人工影响天气作业设备,未按照规定备案的;(五)将人工影响天气作业设备用于与人工影响天气无关的活动的。”

此外,鉴于目前炮弹引信和火箭弹安全着陆系统存在一定的不可靠性,为预防故障炮弹、火箭弹意外坠落造成意外事故,《人工影响天气安全管理规定》第六条第二款规定:“经批准的作业站点,必须调查和掌握高炮、火箭射程范围内的城镇、厂矿企业、村庄等人口稠密区的分布情况,绘制安全射界图。作业时,高炮、火箭的发射方向和角度应避开上述地点,减少意外事故的发生。”

9.3.4 积极探索跨省区、地区实施人工影响天气作业的协作机制,提高作业效果和效率

在人工影响天气作业中,由于气候背景原因,天气系统的演变、地理环境的影响以及技术力量、作业装备的限制等,常常需要进行跨省区的区域联防作业,以求取得最佳的作业效果。

由于各省(区、市)人工影响天气工作属于地方气象事业,在当地政府领导下,直接为当地经济建设服务,其工作计划须报人民政府批准后实施。跨省区的人工影响天气作业属省与省之间的合作,应由相关省区的人民政府负责协调,只有人民政府才能根据省内经济发展的需求和防灾、减灾的实际,组织有关部门统筹分析开展跨省区作业的必要性和可行性,并在此基础上做出决定;也只有通过人民政府才能对作业涉及的军队、民航、公安、农业农村、林业和草原、水利、保险等部门进行综合协调,部署作业实施期间各部门应承担的具体任务,明确各单位应尽的义务。此外,作业过程中出现的意外事故,也需要人民政府负责协调解决。

各级人工影响天气管理部门应在制定人工影响天气工作计划和规划时,统筹考虑跨行政区的联合协作作业工作,争取有关人民政府的理解和支持,逐步建立有效的协作机制。

国务院气象主管机构负责对全国人工影响天气业务工作进行管理和指导,根据国家对人工影响天气工作的总体要求和国家经济建设的重点,制定我国人工影响天气发展战略和长远规划,并对国家下达的人工影响天气重点项目进行指导和协调。在跨省区作业的省区之间出现意见分歧时,通过协调促使有关省区从局部利益服从整体利益、眼前利益服从长远利益的角度对跨省区的人工影响天气工作达成共识。

9.3.5 加强科研、技术推广和效果评估工作

9.3.5.1 科研和技术推广

人工影响天气是一门发展中的科学技术,提高人工影响天气工作水平和作业效果与科技进步关系密切。《国务院关于加快气象事业发展的若干意见》(国发〔2006〕3号)指出:要加快气象科技创新。按照职责明确、评价科学、开放有序、管理规范的原则,不断深化气象科技体制改革,构建气象科技创新体系,增强自主创新能力。加强气象观测、气象灾害监测预警预报、气候变化应对、人工影响天气、大气成分分析、气象资源利用等领域的基础研究和应用研究,重点研发具有自主知识产权的数值天气预报模式和气候系统模式。在实施国家重大科技计划中重视气象领域的科学研究,给予气象科研稳定的投入支持。在国家重大气象工程建设中,设立气象科技研发专项资金,切实加大对气象领域高新技术研究、开发的支持力度,加快气象科技成果的应用和推广。《国务院关于进一步加强人工影响天气工作的意见》(国办发〔2012〕44号)要求“增强科技支撑能力。加强基础研究和新技术开发应用,重点推进探测和作业装备自主研发。加快相关重点实验室和试验基地建设,加强人工增雨(雪)、消雾、防雹机理研究。加强作业示范区建设。推进科研体制机制创新,建立公益性科研院所、高校、企业相结合的科研体制。

加强国际合作与交流，吸收借鉴国际先进技术成果。”《国务院办公厅关于推进人工影响天气工作高质量发展的意见》(国办发〔2020〕47 号)要求“强化科技创新和人才支撑，聚焦关键核心技术攻关。完善人工影响天气科技创新体系。支持人工影响天气基础研究、应用研究，加大重大科技攻关力度，深入开展全球气候变化背景下的云降水和人工影响天气机理研究，着力在云水资源评估、作业条件监测预报、作业催化、效果检验和效益评价等关键技术上实现突破。加快重大技术装备研发，推进人工智能、大数据、互联网等新技术应用。加强国际交流，提高技术创新开放合作水平。改善科学试验基础条件。建设国家级人工影响天气科学试验基地和重点实验室。分类建设人工影响天气科学试验示范区，持续开展人工增雨(雪)、防雹、消云减雨、消雾、改善空气质量等科学试验，逐步提高科技水平和科技成果转化成效。加强人才和专业队伍建设。围绕重大科技攻关，加强人工影响天气科技创新团队和高层次人才队伍建设，培养相关专业科技人才。统筹各类专业队伍集约发展，加强基层专业化作业队伍建设，强化技术培训，健全聘用管理制度和激励机制，配强骨干力量。健全人工影响天气作业人员劳动保护、人身意外伤害和公众责任保险等保障制度，按规定落实津补贴政策，保障合理待遇。”国家鼓励和支持人工影响天气科学技术研究，推广使用先进技术，要求各级政府应高度重视和支持人工影响天气科学技术研究和新技术的推广应用工作，各级气象主管机构应积极主动做好科研、技术开发和新技术推广应用工作。各地应根据自身的需求和可能开展科学研究和技术开发工作，在以下方面展开深入的研究：各地域空中云水资源的评估及其转化机制和途径，区域空中云水资源调控原理和物理模型，人工影响天气的新理论、新技术和新方法，人工影响天气作业条件的预报、判断和识别技术，人工影响天气信息的采集、传输、综合处理、决策、指挥技术的开发和业务化，人工影响天气催化技术，区域人工影响天气外场试验设计和效果检验技术方法及效益评估方法等。

9.3.5.2 效果评估

人工影响天气作业的效果评估是一个极为重要而又复杂的科学技术问题。随着对云、降水机制研究的不断深入，以及探测技术、数值模式和计算机技术的发展，人们对作业云系中云物理条件变化更深入的了解已成为可能。采用统计检验、物理检验和数值模拟预测相结合的办法，对人工影响天气作业的效果进行检验和评估，是切实可行的。但云和自然降水随地域和时间变率较大，受诸多客观条件的限制，这一问题的根本解决还有赖于大气科学的发展进步。对此，各级人工影响天气管理部门应正确认识其重要性和复杂性，并在制定工作计划时给予充分的考虑，同时应向有关人民政府和有关部门说明情况，争取政府、部门的支持；在组织实施作业时，应按照作业规范的要求，收集整理作业期间所取得的各种监测资料并建立相应的数据库，以此作为作业效果评估的重要依据。

各级人工影响天气管理部门接受并积极主动配合地方人民政府做好效果评估的有关工作，这样利于总结经验，提高人工影响天气管理和作业服务能力和水平。

9.3.6 加强安全生产管理

加强人工影响天气的安全管理工作，是《人工影响天气管理条例》的重要立法原因之一，其中的许多条款均为确保安全作业而做出的规定。《人工影响天气安全管理规定》依据《人工影响天气管理规定》所确定的原则，对涉及安全作业的工作进行了全面的规定。

《人工影响天气管理条例》第二十条规定：“违反本条例规定，组织实施人工影响天气作业，造成特大安全事故的，对有关主管机构的负责人、直接负责的主管人员及其他直接责任人员，依照《国务院关于特大安全事故行政责任追究的规定》处理。”

《人工影响天气安全管理规定》第十七条规定：“各级气象主管机构必须经常组织安全检查工作，规范检查内容，制定检查提纲。对检查中发现的问题，应以书面形式责令限期整改。”第十八条规定：“地方各级气象主管机构应当制定人工影响天气作业安全事故处理预案。发生重大安全事故和违法、违规事件时，必须及时逐级上报，不得隐瞒不报、谎报和拖延不报。”第十九条规定：“地方各级气象主管机构应当依据《人工影响天气管理条例》和国家其他有关的法律、法规，建立和健全本地人工影响天气工作安全责任制度和责任追究制度。”

各级人工影响天气管理部门必须严格地按照规定健全各种安全制度，开展规范化的安全检查工作，加强基层作业单位和作业站点的基础设施建设，狠抓安全生产管理，预防人工影响天气事故的发生。

思考题

1. 人工影响天气工作有哪些特点？
2. 人工影响天气管理的主要依据有哪些？
3. 省级人工影响天气主要管理内容有哪些？
4. 实施人工影响天气作业的组织需具备哪些条件？
5. C类作业单位能力评估内容是什么？
6. 作业站点管理主要包含哪些内容？
7. 作业点安全等级评定内容有哪些？
8. 作业装备管理主要包含哪些内容？
9. 催化物资管理主要包含哪些内容？
10. 人工影响天气从业人员组织管理有哪些内容？
11.《人工影响天气管理条例》确立了哪些法律制度？

参考文献

安英玉，金凤岭，张云峰，等，2008. 地面雨滴谱观测的图像自动识别方法[J]. 应用气象学报，19(2)：188-192.

敖雪，王振会，徐桂荣，等. 2011. 地基微波辐射计资料在降水分析中的应用[J]. 暴雨灾害，30(4)：358-365.

蔡淼，2013. 中国空中云水资源和降水效率的评估研究[R]. 北京：中国气象科学研究院.

蔡淼，欧建军，周毓荃，等，2014. L波段探空判别云区方法的研究[J]. 大气科学，38(2)：213-222.

曾光平，刘峻，郑淑真，等，1990. 华南前汛期锋面云系降水效率及其人工影响的可能性[J]. 热带气象，6(4)：365-371.

陈磊，陈宝君，杨军，等，2013. 2009—2010年梅雨锋暴雨雨滴谱特征[J]. 大气科学学报，36(4)：481-488.

陈蕾，张珏，冯亚耐，等，2016. 利用气象探空资料开展河道生态流量的研究[J]. 水利水电工程设计，35(4)：28-30.

陈龙虎，江大春，吴月友，等，2009. 利用L波段探空雷达秒级数据分析安庆近地层逆温特征[C]//第五届苏皖两省大气探测、环境遥感与电子技术学术研讨会专辑. 南京：江苏省气象学会.

达布希拉图，朝伦巴根，苏立娟，等，2008. 内蒙古地区与全球云水资源分布情况研究[J]. 干旱区资源与环境，5(22)：165-168.

代娟，黄建华，王华荣，等，2009. 襄樊市空中云水资源分布及人工增雨潜力研究[J]. 暴雨灾害，28(1)：79-83.

戴进，余兴，ROSENFELD D，等，2008. 秦岭地区气溶胶对地形云降水的抑制作用[J]. 大气科学，32(6)：1319-1332.

翟清斌，2005. 利用地基GPS遥感大气水汽含量的研究[D]. 北京：清华大学.

丁金才，2009. GPS气象学及其应用[M]. 北京：气象出版社.

董昊，徐海明，罗亚丽，2012. 云凝结核浓度对WRF模式模拟飑线降水的影响：不同云微物理参数化方案的对比研究[J]. 大气科学，36(1)：145-169.

樊志超，周盛，汪玲，等，2018. 湖南秋季积层混合云系飞机人工增雨作业方法[J]. 应用气象学报，29(2)：200-216.

方春刚，郭学良，王盘兴，2009. 碘化银播撒对云和降水影的中尺度数值模拟研究[J]. 大气科学，33(3)：621-633.

房文，郑国光，2011. 巨核对暖云降水影响的模拟研究[J]. 大气科学，35(5)：938-944.

冯雷，陈宝君，2009. 利用PMS的GBPP-100型雨滴谱仪观测资料确定*Z-R*关系[J]. 气象科学，29(2)：192-198.

邹进上，刘蕙兰，1983. 我国大陆上空平均水汽含量及其季节变化[J]. 气象科学，1：32-40.

宫德吉，1996. 内蒙古中西部自然降水效率及人工增雨潜力的研究[J]. 内蒙古气象(2)：11-16.

郭学良，2011. 大气物理与人工影响天气[M]. 北京：气象出版社.

郝民，田伟红，龚建东，2014. L波段秒级探空资料在GRAPES同化系统中的应用研究[J]. 气象，40(2)：158-165.

郝民，龚建东，田伟红，等，2018. L波段探空仪湿度资料偏差订正及同化试验[J]. 应用气象学报，29(5)：559-570.

侯团结，雷恒池，牛生杰，2009. 非感应起电参数化方案的对比性研究[J]. 气候与环境研究，14(2)：143-152.

侯团结，胡朝霞，雷恒池，2011. 吉林一次降水层状云的结构和物理过程研究[J]. 气象学报，69(3)：508-520.

侯叶叶，刘红燕，鲍艳松，2016. 地基微波辐射计反演水气密度廓线精度分析[J]. 气象科技，44(5)：702-721.

胡志晋,蔡利栋.1979.积云暖雨过程及其盐粉催化的参数化数值模拟[J].大气科学,3(4):334-342.

胡志晋,严采繁.1986.层状云微物理过程的数值模拟(一)[J].中国气象科学研究院院刊,1(1):37-52.

胡志晋,何观芳.1987.积雨云微物理过程的数值模拟(一)[J].气象学报,45(4):467-484.

黄建平,何敏,阎虹如,等,2010.利用地基微波辐射计反演兰州地区液态云水路径和可降水量的初步研究[J].大气科学,34(3):548-558.

黄晓莹,毛伟康,万齐林,等,2013.微波辐射计在强降水天气预报中的应用[J].广东气象,35(3):50-53.

贾星灿,郭学良,2012.人为大气污染物对一次冬季浓雾形成发展的影响研究[J].大气科学.36(5):995-1008.

孔凡铀,黄美元,徐华英,1990.对流云中冰相过程的三维数值预报(Ⅰ)模式建立及冷云参数化[J].大气科学,14(4):441-453.

雷恒池,魏重,沈志来,等,2001.微波辐射计探测降雨前水汽和云液水[J].应用气象学报,12(增刊):73-79.

雷蕾,孙继松,魏东,2011.利用探空资料判别北京地区夏季强对流的天气类别[J].气象,37(2):136-141.

李国平,2007.地基GPS遥感大气可降水量及其在气象中的应用研究[D].成都:西南交通大学.

李铁林,刘金华,刘艳,2007.利用双频微波辐射计测空中水汽和云液水含量的个例分析[J].气象,12:62-68.

李文娟,赵放,赵璐,等,2017.基于单站探空资料的不同强度短时强降水预报指标研究[J].暴雨灾害,36(2):132-138.

李兴宇,郭学良,朱江,2008.中国地区空中云水资源气候分布特征及变化趋势[J].大气科学,23(5):1094-1106.

李玉林,杨梅,曾光平,2004.江西省夏季降水效率特征[J].气象科技,32(1):44-47.

李玉林,杨梅,2008.夏季对流云降水资源分析[J].自然灾害学报,17(3):63-68.

李玉林,吴万友,蔡定军,等,2010.江西省云水资源特征分析[J].气象科技,38(5):613-619.

廖晓农,俞小鼎,于波,2008.北京盛夏一次罕见的大雹事件分析[J].气象,34(2):10-17.

林长城,姚展予,林文,等,2017.福建省古田试验区云系回波特征与人工增雨作业条件分析[J].大气科学学报,40(1):138-144.

刘国伟,周仪,1985.中国大陆上空水汽输送的研究[J].水利学报,11:1-13.

刘红燕,雷恒池,2006.基于地面雨滴谱资料分析层状云和对流云降水的特征[J].大气科学,30(4):693-702.

刘建西,龙美希,杜远林,等,2001.川渝地区空中水资源分布及水汽输送特征[J].高原山地气象研究,30(2):31-35.

刘梦娟,陈敏,2014.BJ-RUC系统对北京夏季边界层的预报性能评估[J].应用气象学报,25(2):212-221.

刘蕊,杨青,2001.新疆大气水汽通量及其净收支的计算和分析[J].中国沙漠,30(5):1121-1128.

刘卫国,2011.ARPS中尺度模式双参数冰雹云微物理方案发展和研究[C]//中国气象科学研究院年报.北京:中国气象科学研究院.

刘晓春,毛节泰,2008.云中液水含量与云光学厚度的统计关系研究[J].北京大学学报(自然科学版),44(1):115-120.

刘艳华,李铁林,马鑫鑫,等,2011.河南省空中水汽资源的来源、分布及收支[J].气象与环境科学,34(1):42-48.

刘玉宝,周秀骥,胡志晋,1993.三维弹性套网格中尺度(β-γ)大气模式[J].气象学报,51(3):369-380.

刘玉玲,2003.对流参数在强对流天气潜势预测中的作用[J].气象科技,31(3):147-151.

楼小凤,2002.MM5模式的新显式云物理方案的建立和耦合原微物理方案的对比分析[D].北京:北京大学.

楼小凤,史月琴,孙晶,等.2012.中国人工影响天气准隐式云分辨模式的研制和应用[J].科学通报,57(7):580.

卢广献,郭学良,2012.环北京春季大气气溶胶分布、来源及其与CCN转化关系的飞机探测[J].科学通报,57(15):1334-1344.

陆渝蓉,高国栋,1983.中国大气中的水汽平均输送[J].高原气象,2(4):34-43.

罗启铭,谢蕾,刘黎平,等,2015. 利用雨滴谱检验毫米波雷达速度数据方法研究[J]. 暴雨灾害,34(4):360-366.

罗清,闵文彬,彭骏,2014. FY-2E卫星和探空湿度资料的对比分析[J]. 高原山地气象研究,34(1):29-32.

茆佳佳,张雪芬,王志诚,等,2018. 多型号地基微博辐射计亮温准确性比对[J]. 应用气象学报,29(6):724-736.

内蒙古气象科学研究所,2008. 内蒙古人工影响天气史料[C]//中国人工影响天气事业50周年纪念文集. 北京:中国气象学会:26-30.

宁津生,姚宜斌,张小红,2013. 全球导航卫星系统发展综述[J]. 导航定位学报,1(1):3-8.

牛生杰,安夏兰,桑建人,2002. 不同天气系统宁夏夏季降雨谱分布参量特征的观测研究[J]. 高原气象,21(1):37-44.

欧建军,2015. 利用探空数据分析云垂直结构的方法及其应用研究[D]. 南京:南京信息工程大学.

濮江平,赵国强,蔡定军,等,2007. Parsivel(R)激光降水粒子谱仪及其在气象领域的应用[J]. 气象与环境科学,30(2):3-8.

濮江平,张伟,姜爱军,等,2010. 利用激光降水粒子谱仪研究雨滴谱分布特性[J]. 气象科学,30(5):701-707.

濮江平,张昊,周晓,等,2012. 对流性降水雨滴谱特征及其与雷达反射率因子的对比分析[J]. 气象科学,32(3):253-259.

邵洋,刘伟,孟旭,等,2014. 人工影响天气作业装备研发和应用进展[J]. 干旱气象(4):649-658.

盛裴轩,毛节泰,李建国,等,2003. 大气物理学[M]. 北京:北京大学出版社.

石春娥,邓学良,杨元建,等,2014. 2013年1月安徽持续性霾天气成因分析[J]. 气候与环境研究,19(2):227-236.

石立新,汤达章,万蓉,等,2005. 利用多普勒天气雷达估算层状云的降水效率[J]. 气象科学,25(3):272-279.

史晋森,张武,陈添宇,等,2008. 2006年夏季祁连山北坡雨滴谱特征[J]. 兰州大学学报:自然科学版,44(4):55-61.

苏德斌,焦热光,吕达仁,2012. 一次带有雷电现象的冬季雪暴中尺度探测分析[J]. 气象,38(2):204-209.

苏立娟,2005. 内蒙古地区云、降水和可降水量的时空分布、变化趋势及其与气候因子的关系[D]. 兰州:兰州大学:12.

苏立娟,张自国,马慧萍,1999. 双通道微波辐射计在人工增雨作业中的应用研究[J]. 内蒙古气象,3:25-30.

苏立娟,达布希拉图,卢士庆,等,2010. 用GPS遥感资料分析大气水汽特征及与降水的关系[J]. 干旱区资源与环境,24(6):103-107.

苏立娟,达布希拉图,毕力格,2015. 内蒙古中部地区飞机人工增雨概念模型[J]. 干旱区资源与环境,29(4):97-101.

苏立娟,郑旭程,王凯,等,2017. 内蒙古中部地区云气候学特征及降水云垂直结构特征分析[J]. 内蒙古气象(2):3-8.

孙玉稳,李宝东,刘伟,等,2015. 河北秋季层状云物理结构及适播性分析[J]. 高原气象,34(1):237-250.

唐仁茂,李德俊,向玉春,等,2012. 地基微波辐射计对咸宁一次冰雹天气过程的监测分析[J]. 气象学报,70(4):806-813.

陶树旺,刘卫国,李念童,等,2001. 层状冷云人工增雨可播性实时识别技术研究[J]. 应用气象学报,12(增刊):14-22.

陶玥,史月琴,刘卫国,2012. 2008年1月南方一次冰冻天气中冻雨区的层结和云物理特征[J]. 大气科学,36(3):507-522.

王建新,2008. 浅谈控制L波段(1型)高空气象探测系统的探测数据质量[J]. 沙漠与绿洲气象(2):39-40.

王黎俊,银燕,李仑格,等,2013. 三江源地区秋季典型多层层状云系的飞机观测分析[J]. 大气科学,37(5):1038-1058.

王谦,胡志晋,1990. 三维弹性大气模式和实测强风暴的模拟[J]. 气象学报,48(1):91-101.
王晓艺,苏德斌,2018. 基于 X 波段双线偏振雷达的冰雹云降水粒子识别研究[J]. 成都信息工程大学学报,33(4):383-390
王笑芳,丁一汇,1994. 北京地区强对流天气短时预报方法的研究[J]. 大气科学,18(2):173-183.
王秀娟,李培仁,赵震,等,2013. 一次层状云系结构和降水机制的观测与数值模拟[J]. 气候与环境研究,18(3):311-328.
王叶红,赖安伟,赵玉春,2010. 地基微波辐射计资料同化对一次特大暴雨过程影响的数值试验研究[J]. 暴雨灾害,29(3):201-207.
王以琳,龚佃利,1994. 天气系统降水效率与增雨潜力的研究[J]. 山东气象,54:7-12.
王元,牛生杰,雷恒池,2017. 利用三架飞机联合探测资料分析层积混合云催化物理效应[J]. 大气科学学报,40(5):112-122.
魏重,吴玉霞,王普才,等,2000. 西太平洋暖池和北京地区大气水特征的地基遥感测量[J]. 大气科学,24(5):703-714.
武玉忠,樊艳萍,姜正勇,等,2007. 手机短信遥控人工增雨地面焰条播撒系统[J]. 气象科技,35(5):696-698.
肖辉,银燕,2011. 污染气溶胶对山西一次降水过程影响的数值模拟[J]. 大气科学,35(2):235-246.
肖辉,徐华英,黄美元,1988. 积云中云滴群形成的数值模拟研究:(一)盐核谱和浓度的作用[J]. 大气科学,12(2):121-130.
谢娜,李国平,李昕翼,等,2012. 地基 GPS 水汽总量在人工增雨中的应用[J]. 气象科技,40(4):666-670.
许焕斌,王思薇,1990. 三维可压缩大气中的云尺度模式[J]. 气象学报,48(1):80-90.
薛纪善,陈德辉,2008. 数值预报系统 GRAPES 的科学设计与应用[M]. 北京:科学出版社.
杨洁帆,雷恒池,2010a. AgI 焰剂对层状云催化的数值模拟[J]. 气候与环境研究,15(6):705-717.
杨洁帆,雷恒池,胡朝霞,2010b. 一次层状云降水过程微物理机制的数值模拟研究[J]. 大气科学,34(2):275-289.
杨俊梅,陈宝君,韩永翔,等,2016. 山西省不同地区雨滴谱的统计特征[J]. 气象科学,36(1):88-95.
姚雯,马颖,徐文静,2008. L 波段电子探空仪相对湿度误差研究及其应用[J]. 应用气象学报,19(3):356-361.
叶家东,程克明,曾光平,1981. 闽中雨季区域雨量统计特性及人工影响的效果[J]. 气象学报,39(4):474-482.
于水燕,苏立娟,2016. 内蒙古 12 个探空站上空云的初步统计分析[C]//第 33 届中国气象学会年会文集. 北京:中国气象学会:225-229.
岳治国,刘晓东,梁谷,2011. 气溶胶对北京地区不同类型云降水影响的数值模拟[J]. 高原气象,30(5):1356-1367.
张霭琛,2015. 现代气象观测. 第 2 版[M]. 北京:北京大学出版社.
张北斗,黄建平,郭杨,等,2015. 地基 12 通道微波辐射计反演大气温湿廓线及估算雷达路径积分衰减[J]. 兰州大学学报(自然科学版),51(2):193-201.
张焕昭,徐东亮,刘海群,2007. 黑龙江省空中云水资源开发现状分析与展望[J]. 黑龙江气象(1):10-14.
张杰,张强,田文涛,等,2006. 祁连山区云光学特征的遥感反演与云水资源的分布特征分析[J]. 冰川冻土,28(5):722-727.
张培昌,杜秉玉,戴铁丕,1986. 雷达气象学[M]. 北京:气象出版社.
张培昌,王振会,1995. 大气微博遥感基础[M]. 北京:气象出版社.
张雪梅,江志红,兰博文,2010. 西北地区水汽输送特征及其年际、年代际变化[J]. 灾害学,25(4):27-32.
张元,刘东升,王维佳,等,2016. TK-2GPS 人影火箭探空数据与 L 波段探空数据对比分析[J]. 高原山地气象研究,36(1):91-95.
张志红,周毓荃,2010. 一次降水过程云液态水和降水演变特征的综合观测分析[J]. 气象,36(3):83-89.
赵桂香,赵建峰,杨东,等,2013. 山西一次大暴雨过程云图及环境场的特征分析[J]. 高原气象,32(6):

1747-1757.
赵静,曹晓钟,代桃高,等,2017. 毫米波云雷达与探空测云数据对比分析[J]. 气象,43(1):101-107.
赵震,雷恒池,陈渭民,2005. 两种不同雨滴谱分布的分析[J]. 大气科学学报,28(1):138-143.
郑国光,郭学良,2012,工影响天气科学技术现状及发展趋势[J]. 中国工程科学,14(9):20-27.
郑娇恒,陈宝君,2007. 雨滴谱分布函数的选择:M-P 和 Gamma 分布的对比研究[J]. 气象科学,27(1):17-25.
郑旭程,苏立娟,达布希拉图,等,2018a. 内蒙古空中水汽资源气候特征分析[J]. 内蒙古气象(2):3-7,11.
郑旭程,苏立娟,魏学军,等,2018b. 内蒙古天气系统空中水物质及降水效率分析[J]. 内蒙古气象(4):3-6.
郑祚芳,刘红燕,张秀丽,2009. 局地强对流天气分析中非常规探测资料应用[J]. 气象科技,37(3):243-247.
中国气象局科技发展司,2003. 人工影响天气岗位培训教材[M]. 北京:气象出版社.
周德平,宫福久,张淑杰,等,2005. 辽宁云水资源分布特征及开发潜力分析[J]. 自然资源学报,20(5):644-650.
周非非,洪延超,赵震,2010. 一次层状云系水分收支和降水机制的数值研究[J]. 气象学报,68(2):182-194.
周秀骥,吕达仁,黄润恒,等,1982. 大气微波辐射及遥感原理[M]. 北京:科学出版社.
周毓荃,赵殊慧,2008. Cloud Sat 卫星及其在天气和云观测分析中的应用[J]. 南京气象学院学报,31(5):603-614.
周长艳,蒋兴文,李跃清,等,2009. 高原东部及邻近地区空中水汽资源的气候变化特征[J]. 高原气象,28(1):55-63.
周志敏,郭学良,2009a. 强雷暴云中电荷多层分布与形成过程的三维数值模拟研究[J]. 大气科学,33(3):600-620.
周志敏,郭学良,2009b. 强雷暴个例云内闪电与上升气流及液水含量关系的三维数值模拟[J]. 气候与环境研究,14(1):31-44.
周志敏,郭学良,崔春光,等,2011. 强风暴电过程对霰粒子含量和谱分布影响的数值模拟研究[J]. 气象学报,69(5):830-846.
朱士超,郭学良,2014. 华北积层混合云中冰晶形状、分布与增长过程的飞机探测研究[J]. 气象学报,72(2):366-389.
朱元竞,胡成达,甄进明,等,1994. 微波辐射计在人工影响天气研究中的应用[J]. 北京大学学报,30(5):597-606.
ARABEY E N,1975. Radiosonde data as means for revealing cloud layers[J]. Meteor Gidrol,6:32-37.
ATLAS D,ULBRICH C W,1977. Path and area integrated rainfall measurement by microwave attenuation in the 1-3 cm band[J]. J Appl Meteor,16(12):1322-1331.
BARTELS R H,BEATTY J C,BARSKY B A,1987. An Introduction to Splines for use in Computer Graphics and Geometric Modeling[M]. San Francisco:Morgan Kaufmann Publishers.
BAUMGARDNER D,JONSSON H,DAWSON W,et al,2001. The cloud,aerosol and precipitation spectrometer:A new instrument for cloud investigations[J]. Atmos Res,59-60:251-264.
BENTOM G S,1953. An evaluation of the water vapor balance of the North Ameriean Continent[J]. Baltimore Johns Hopkins Univ Sci Report,No. l/Contract A E,101(19):122-365.
BRUINTJES R T,1999. A review of cloud seeding experiments to enhance precipitation and some new prospects [J]. Bull Amer Meteor Soc,80:805-820.
CHERNYKH I V,ESKRIDGE R E,1996. Determination of clouds amount and level from radiosonde soundings [J]. J Appl Meteor,35:1362-1369.
CHERNYKH I V,ALDUCHOV O A,ESKRIDGE R E,2001. Trends in low and high cloud boundaries and errors in height determination of cloud boundaries[J]. Amer Meteor Soc,82(9):1941-1947.
COTTON W R,1986. Testing. Implementation and evolution of seeding concepts:A review [J] . Meteorologi-

cal Monographs,21:139-150.

COTTON W R,Stephens M A,Nehrkorn T,1982. The Colorado State University three-dimensional cloud/mesoscale model-1982. Part II:An ice phase parameterization [J]. J Rech Atmos,16:295-320.

DECKER M T, WESTWATER E R, GUIRAUD F O, 1978. Experimental evalution of ground2based microwave radiometric sensing of atmospheric temperature and water vapor profiles [J]. J Appl Meteor, 17: 1788-1795.

DUAN Y,1999. Estimation of artificial precipitation enhancement resource condition and cloud seeding potential by ground-based remote sensing data [J]. Acta Meteor Sinica,13(1):103-114.

GAUSSIAT N,SAUVAGEOT H, ILLINGWORTH A J,2003. Cloud liquid water and ice content retrieval by multiwavelength radar[J]. J Atmos Oceanic Technol,20:1264-1275.

HOBBS P V,MATEJKA T J,HERZEGH P H,et al,1980. The mesoscale and microscale struture and organization of clouds and precipitation in mid-latitude cyclones I:A case study of a cold front[J]. J Atmos Sci, 37:568-596.

HOGG D C, GUIRAUD F O, SNIDER J B, et al, 1983. A steerable dual-channel microwave radiometer for measurement of water vapor and liquid in the troposphere[J]. J Climate Appl Meteor,22(5):789-806.

HUTCHINGS J W, 1957. Water vapor flux and flux-divergence over southern England: Summer 1954[J]. Quart J Roy Meteor Soe,83:462-477.

KLEMP J B,WILHELMSON R B,1978. The storm dynamics[J]. J Atmos Sci,35:1070-1196.

LI X,TAO W K,KHAIN A P,et al,2009. Sensitivity of a cloud-resolving model to bulk and explicit bin microphysical schemes. Part I:Comparisons[J]. J Atmos Sci,66:3-21.

LOFFLER-MANG M,JOSS J,2000. An optical disdrometer for measuring size and velocity of hydrometeors [J]. J Atmos Oceanic Technol,17(2):130-139.

MALKUS J S,WITT G,1959. The evolution of a convective element:A numerical calculation[C]/The Atmosphere and the Sea in Motion. New York:Rockefeller Institution Press.

MARK H,RAUBER R M,1988. The characteristics and evolution of supercooled water in wintertime storms over the sierra nevada:A summary of microwave radiometric measurements taken during the sierra cooperative pilot project [J]. J Appl Meteor,27(9):989-1015.

MILBRANDT J A,YAU M K,2005. A multi-moment bulk microphysics parameterization. Part II:A proposed three-moment closure and scheme description[J]. J Atmos Sci,62:3065-3081

NIREL R,ROSENFELD D,1995. Estimation of the effect of operational seeding on rain amounts in Israel[J]. J Appl Meteor,34:2220-2229.

POORE K,WANG J,ROSSOW W B,1995. Cloud layer thicknesses from a combination of surface and upper air observations[J]. J Climate,8:550-568.

STARR V, PEIXOTO P,1964. The hemisphere eddy of water vapor and its implication for the mechanics of the general circulation[J]. Arch Meteor Gepgraphys Bioklimatol,(A12):111-130.

STEINER J T,1973. A three-dimensional model of cumulus cloud development [J]. J Atmos Sci,30:414-435.

TAO W K,SIMPSON J,1993. The Goddard cumulus ensemble model--Part I:Model description[J]. Terrestrial Atmos Ocean Sci,4:19-54.

TRIPOLI G J,COTTON W R,1982. The Colorado State University three-dimensional cloud mesoscale model--Part I:General theoretical framework and sensitivity experiments[J]. J Res Atmos,16:185-220.

TWOMEY S,COCKS T,1989. Remote sensing of cloud parameters from spectral reflectance in the near-infrared[J]. Beitr Phys Atmos,62:172-179.

VAN DEN HEEVER S C,CARRIó G G,COTTON W R,et al,2006. Impacts of nucleating aerosol on Florida storms. PartI: Mesoscale simulations[J]. J Atmos Sci, 63: 1752-1775.

WANG J, ROSSOW W B, 1995. Determination of cloud vertical structure from upper air observations[J]. J Appl Meteor, 34: 2243-2258.

WANG J, ROSSOW W B, UTTAL T, et al, 1999. Variability of cloud vertical structure during ASTEX from a combination of rawinsonde, radar, ceilometer, and satellite data[J]. Mon Wea Rev, 127: 2484-2502.

WESTWATER E R, 1978. The accuracy of water vapor and cloud liquid determination by dual-frequency ground based microwave radiometry[J]. Radio Science, 13: 677-685.

WESTWATER E R, GUIRAUD F O, 1980. Ground2based microwave radiometric retrieval of precipitable water vapor in the presence of clouds with high liquid content [J]. Radio Science, 15(5): 947-957.

WILLIS P T, 1984. Functional Fits to Some Observed Drop Size Distributions and Parameterization of Rain[J]. J Atmos Sci, 41(9): 1648-1661.

WISNER C, ORVILLE H D, MYERS C, 1972. A numerical simulation of hail bearing cloud[J]. J Atmos Sci, 29 (6): 1160-1181.

WITTMEYER I L, VONDER HAAR T H, 1994. Analysis of the globle ISCCP TOVS water vapor climatology[J]. J Climate (7): 325-333.

WMO, 1980. Statistical Design Considerations of Precipitation Enhancement Projects[R]. Precipitation Enhancement Project Report 17, WMO.

WMO, 2010. Documents on Weather Modification[R]. Updated in the Meeting of the Expert Team on Weather Modification Research, Abu Dhabi, U. A. E., 22-24 March 2010.

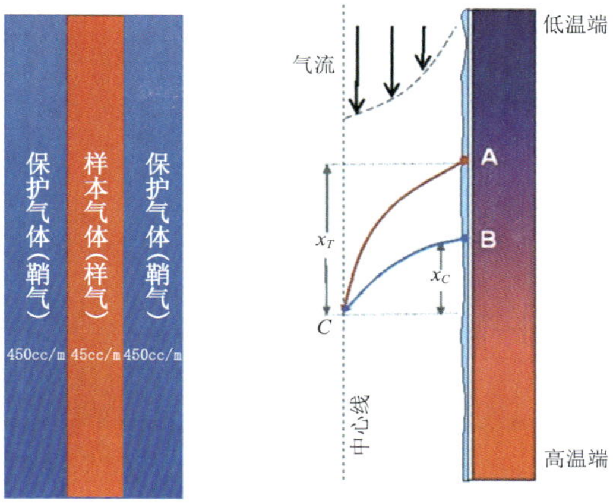

图 2.9 云凝结核计数器的测量原理

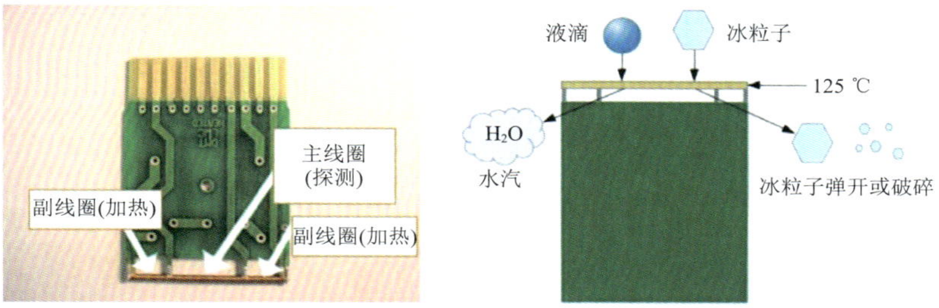

图 2.19 热线含水量仪(LWC-100)外观及探测原理

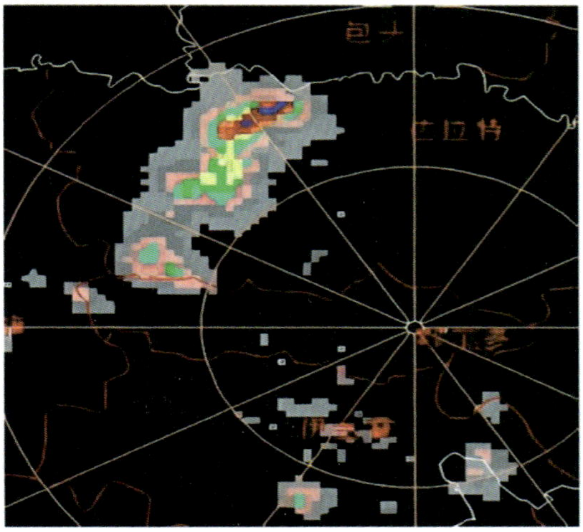

图 2.21 8 月 2 日 16:31 垂直累积液态水含量图

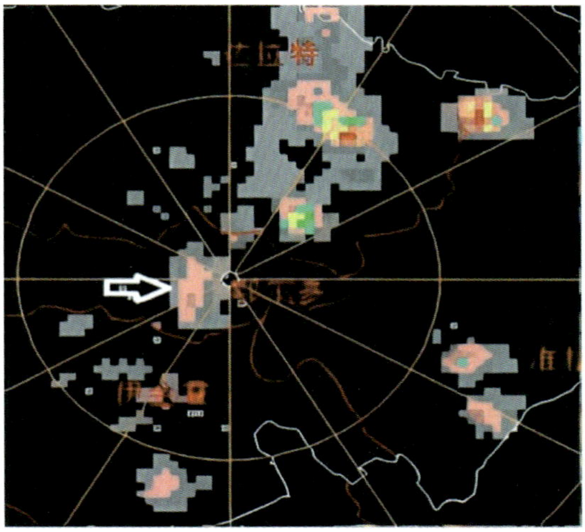

图 2.22 8 月 2 日 17:50 垂直累积液态水含量图

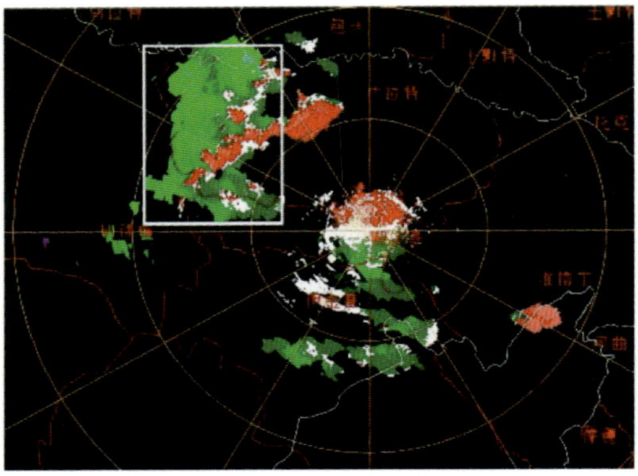

图 2.23　8 月 2 日 16:07 平均径向速度图

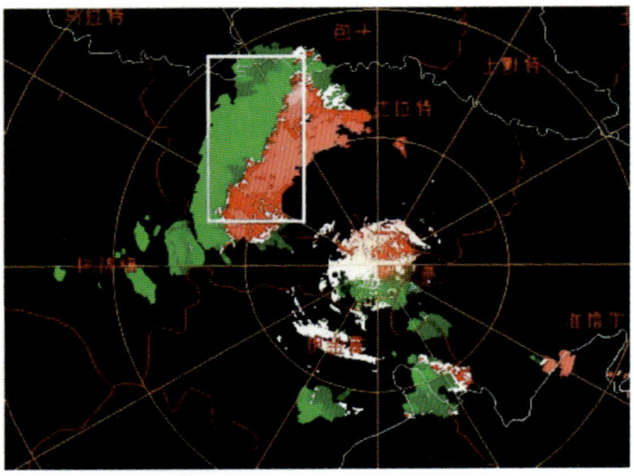

图 2.24　8 月 2 日 16:38 平均径向速度图

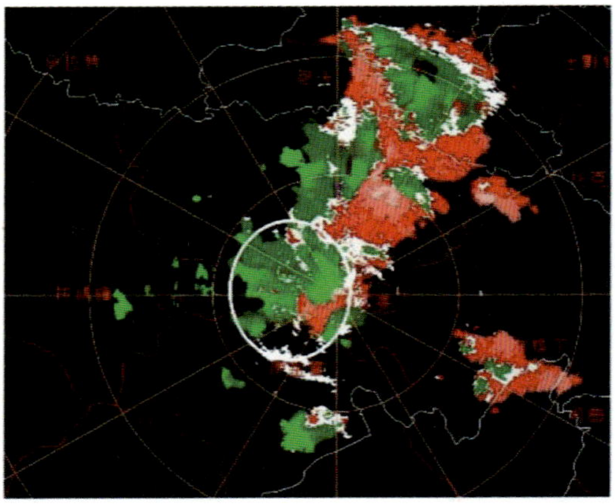

图 2.25　8 月 2 日 17:57 平均径向速度图

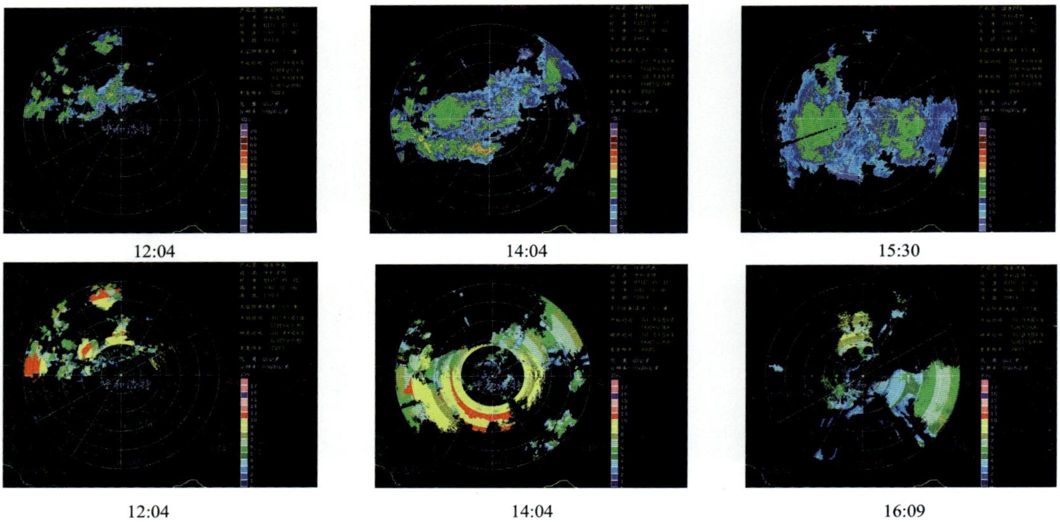

图 2.26　组合反射率(上)及回波顶高(下)变化

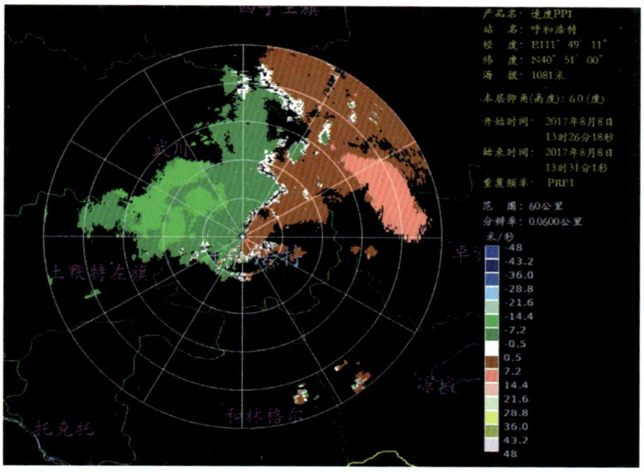

图 2.27　多普勒雷达径向速度

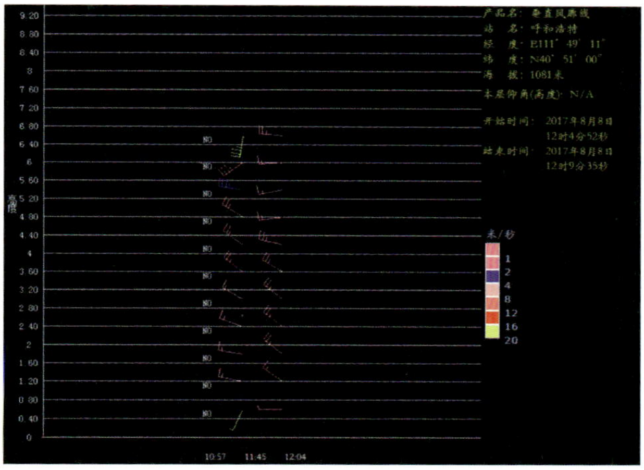

图 2.28　多普勒雷达垂直风廓线

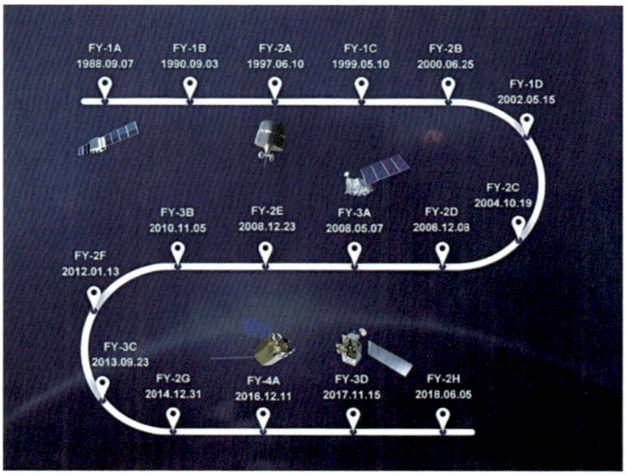

图 2.29　风云系列卫星发射情况

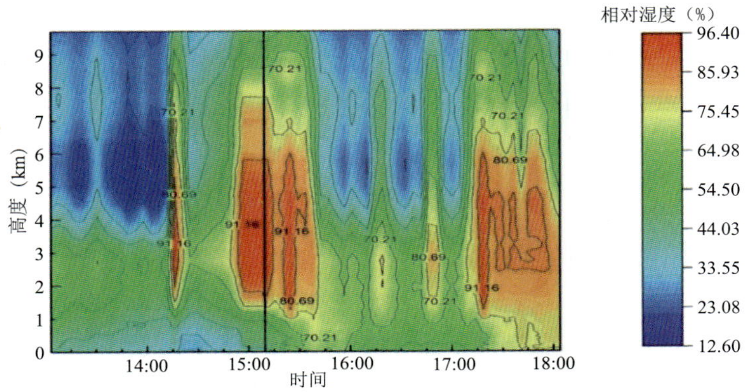

图 2.36　2016 年 6 月 9 日 13—18 时呼和浩特市相对湿度垂直廓线(图中黑竖线为降雹开始时间)

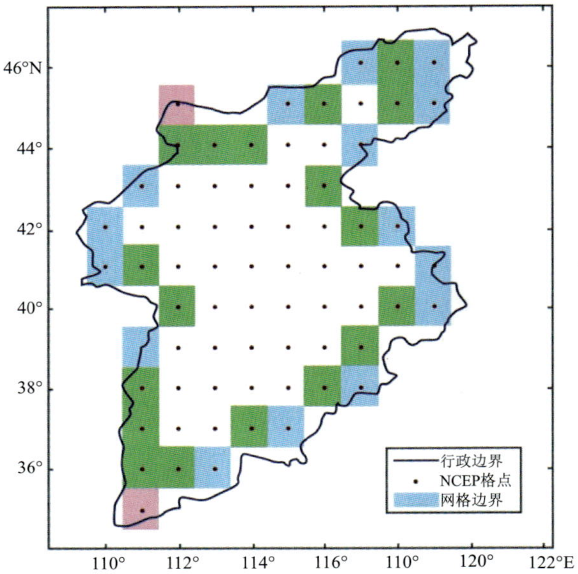

图 6.2　任意区域边界处理示意图(图中绿色、蓝色和红色分别表示经该格点的 1 条、2 条或 3 条边界有平流输送)